Python 快速入门（第3版）

THE Quick Python Book

THIRD EDITION

［美］娜奥米·塞德（Naomi Ceder）著

戴旭 译

人民邮电出版社

北京

图书在版编目（CIP）数据

Python 快速入门 : 第3版 / (美) 娜奥米·塞德
(Naomi Ceder) 著 ; 戴旭译. -- 北京 : 人民邮电出版
社, 2019.8(2020.5重印)
书名原文: The Quick Python Book, Third Edition
ISBN 978-7-115-50935-2

Ⅰ. ①P… Ⅱ. ①娜… ②戴… Ⅲ. ①软件工具—程序
设计 Ⅳ. ①TP311.561

中国版本图书馆CIP数据核字(2019)第043678号

版权声明

◆ 著　　　[美] 娜奥米·塞德（Naomi Ceder）
译　　　戴 旭
责任编辑　杨海玲
责任印制　焦志炜

◆ 人民邮电出版社出版发行　　北京市丰台区成寿寺路 11 号
邮编 100164　　电子邮件 315@ptpress.com.cn
网址 http://www.ptpress.com.cn
固安县铭成印刷有限公司印刷

◆ 开本：800×1000 1/16
印张：24.5
字数：530 千字　　　　2019 年 8 月第 1 版
印数：3 501－4 500 册　　　　2020 年 5 月河北第 2 次印刷

著作权合同登记号　图字：01-2018-4556 号

定价：89.00 元

读者服务热线：(010) 81055410　印装质量热线：(010) 81055316
反盗版热线：(010) 81055315
广告经营许可证：京东工商广登字 20170147 号

内容提要

这是一本 Python 快速入门书，基于 Python 3.6 编写。本书分为 4 部分，第一部分讲解 Python 的基础知识，对 Python 进行概要的介绍；第二部分介绍 Python 编程的重点，涉及列表、元组、集合、字符串、字典、流程控制、函数、模块和作用域、文件系统、异常等内容；第三部分阐释 Python 的高级特性，涉及类和面向对象、正则表达式、数据类型即对象、包、Python 库等内容；第四部分关注数据处理，涉及数据文件的处理、网络数据、数据的保存和数据探索，最后给出了相关的案例。

本书框架结构清晰，内容编排合理，讲解循序渐进，并结合大量示例和习题，让读者可以快速学习和掌握 Python，既适合 Python 初学者学习，也适合作为专业程序员的简明 Python 参考书。

对本书第 2 版的赞誉

学习 Python 基础知识的最快途径。

——Massimo Perga，微软公司

这是我中意的 Python 书籍……足以带我踏上 Python 编程之路。

——Edmon Begoli，美国橡树岭国家实验室

好书……涵盖了 Python 的新特性。

———William Kahn-Greene，网络共享文化基金会

正如 Python 本身一样，本书重点关注的是清晰易读和快速开发。

——David McWhirter，Cranberryink

本书绝对值得一读，推荐 Python 新人购买。

——Jerome Lanig，湾区 Python 兴趣小组用户组

Python 编程人员都会爱上这本好书。

——Sumit Pal，Leapfrogrx

如果你想学 Python，或者想要一本简明的案头参考书，本书正好合适。作者先对 Python 语言的语法和功能做了概述，然后再对所有要点做了详细介绍，包括库和模块的使用，并由此将 Python 用于生产实践。

——Jim Kohli，Dzone

本书最适合专业程序员及熟悉其他编程语言的人学习 Python……本书不会是你唯一的 Python 书，但应该是你的第一本 Python 书！

——亚马逊读者

序

我认识 Naomi Ceder 已有很多年了，我们一直是同事和朋友。她在 Python 社区里一直享有盛誉，她既是极具感召力的老师，又是专业程序员，还是了不起的社区组织者。对于她的至理名言，你一定会愿意洗耳恭听。

这可不是我的一家之言！作为一名导师，Naomi 帮助过无数人学习 Python 语言。Python 社区的很多成员，包括我本人在内，都曾受益于她的付出。她具有丰富的教学经验，这意味着，她很清楚对 Python 高手来说，这门语言学习的重点在哪里，而学生需要额外关注哪些地方。而这些智慧的结晶，已经巧妙地融入了本书的每一页当中。

Python 以功能完备而著称，正所谓“功能齐备”（batteries included）。由 Python 的众多模块（module）组建起来的生态系统，已经涵盖了大量应用领域，能胜任很多工作。快来掌握这强大、易学、欣欣向荣的编程语言吧，现在正是激动人心的时刻。

本书是一本 Python 快速入门书，充分体现了 Naomi 的简约教学风格，确保你有一本随手可翻的 Python 提要，而且这些重点内容都是 Python 编程的坚实基础。更为重要的是，本书能让你获得对 Python 足够的理解和背景知识，以便自主而高效地动手实践。有了本书，在成长为 Python 开发人员的道路上，你将知道该做什么、去哪里寻找答案、遇到困难时该问什么问题。

Naomi 的书正是体现 Python 风格的典范：优美胜于丑陋，简单胜于复杂，注重可读性。

你已手握一本精彩的 Python 入门指南。祝一路顺利、旅途愉快！

Nicholas Tollervey

Python 软件基金会（PSF）成员

前言

我用 Python 编程已经有 16 年了，远远超过了我用其他任何语言的时间。这 16 年来，我先后用 Python 完成了系统管理、Web 应用、数据库管理、数据分析等多种工作。但最重要的是，我已经开始用 Python 帮助自己更加清晰地思考问题。

如果按我早先的经验，我一定会认为自己现在应该被其他更快、更酷、更性感的编程语言所吸引。之所以没有如此有两点原因。第一，虽然有很多其他编程语言出现，但它们都不能像 Python 那样满足我对开发效率的要求。这么多年过去了，对 Python 用得越多，我对它的理解就越深，也愈发觉得自己的编程质量越来越高，越来越成熟。

第二个原因就是 Python 社区。这是我见过的最受欢迎、最包容、最活跃和最友善的社区之一，成员囊括了来自各大洲的科学家、金融分析师、Web 开发人员、系统开发人员和数据科学家。与这个社区的成员一起工作总是那么快乐和荣幸，我鼓励所有人都能加入进来。

本书的写作花了不少时间。我们虽然还是在用 Python 3，但 Python 3 的近期版本已经比 3.1 版大大进步了，并且人们使用 Python 的方式也发生了变化。尽管我始终致力于将前一版书的优质内容保留下来，但我还是希望这个版本既实用又能与时俱进，因此对相当多的内容都做了增减和重排。我尽量保持清晰低调的风格，而且避免乏味。

对我而言，本书的目标是要把大家引入 Python 3 的大门，把我的 Python 编程经验分享给你们。在我看来，Python 3 是迄今为止最伟大的 Python 版本。愿你的学习之旅一切如意，如我。

致谢

我要感谢 LaunchBooks 的 David Fugate，起初正是他引导我撰写本书的，也是他多年来一直给我支持和建议。我想再也找不到更好的经纪人和朋友了。我还要感谢 Manning 出版社的 Michael Stephens，是他提出了出版本书第 3 版的想法，也是他支持我尽全力让第 3 版能达到前两版的水平。我还要感谢 Manning 出版社中为本项目工作的每一个人，特别要感谢 Marjan Bace 的支持，感谢 Christina Taylor 在内容开发阶段的指导，感谢 Janet Vail 帮助我让本书顺利投产，感谢 Kathy Simpson 在编辑时的耐心，感谢 Elizabeth Martin 的校对。我还要衷心感谢众多的审稿人，他们的意见和反馈帮助甚大，包括本书的技术校对 André Filipe de Assunção e Brito，还有 Aaron Jensen、Al Norman、Brooks Isoldi、Carlos Fernández Manzano、Christos Paisios、Eros Pedrini、Felipe Esteban Vildoso Castillo、Giuliano Latini、Ian Stirk、Negmat Mullodzhanov、Rick Oller、Robert Trausmuth、Ruslan Vidert、ShobhaIyer 和 William E. Wheeler。

我还要感谢第 1 版的作者 Daryl Harms 和 Kenneth MacDonald，他们的作品如此完美，一直在印刷，超过了绝大部分技术书籍的平均寿命。这也让我有机会改进第 2 版书，并写出了第 3 版。我还要感谢所有购买了第 2 版书并给出积极评论的读者。我希望第 3 版书能延续前两版的成功，继承第 1 版和第 2 版的不老传统。

我还要感谢 Nicholas Tollervey 的友情，他为本版书作了序，感谢多年来我们的友谊和他为 Python 社区做的贡献。我还要感谢整个 Python 社区多年来一直给我支持、智慧、友谊和欢乐。感谢你们，我的朋友。还要感谢我的忠诚助理 Aeryn，和我写第 2 版时一样，她一直陪伴着我，并帮助我在撰写本书时保持清醒的头脑。

最重要的，一如既往地感谢 Becky，她不仅鼓励我承担这个项目，而且全程支持着我。没有她，我真的完不成本书。

关于本书

本书适用于已用过一种以上的编程语言并需要尽快掌握 Python 3 基础知识的读者。本书虽然也讲到了一些编程的基本概念，但并未对编程的基础技能进行讲授，并且假定读者已经掌握流程控制、OOP（面向对象编程）、文件访问、异常处理之类的基本概念。本书也可作为 Python 3 的简明参考书，供 Python 早期版本的用户使用。

本书的用法

第一部分简单介绍了 Python，解释了在本机系统中下载、安装 Python 的方法，并对语言进行了概述。这十分有助于经验丰富的程序员站在较高的层面了解 Python。

第二部分是本书的核心内容，涵盖了使用 Python 时必须掌握的知识点，这里将 Python 视为一门通用的编程语言。在章节设计时，考虑了让 Python 的初学者能够循序渐进地学习，掌握这门语言的关键知识点。在这几章中还包含了一部分比较高级的内容，大家可以回过头去复习一下有关概念或主题的所有必要信息。

第三部分介绍了 Python 语言的高级特性。这些特性并非一定用得到，但对专业 Python 程序员确实非常有帮助。

第四部分讲述了一些比较高级或专业的主题，已不仅仅是编程语言的语法介绍。大家可根据自身需要选择性阅读这部分章节。

如果你是 Python 的新手，建议从第 3 章开始阅读，以便对 Python 有一个整体的了解，然后再继续阅读第二部分的各章。在遇到交互式代码示例时，请在计算机上录入一下，以便迅速加深对相关概念的理解。除文中的示例之外，读者还可以进一步获得不清楚的习题的解答。这对加快学习速度、提高理解程度都会有所帮助。如果对 OOP 不熟悉或用不上，那么第 15 章的大部分内容都可以跳过。

即便是对 Python 比较熟悉的读者，也请从第 3 章开始阅读。这里对 Python 3 和其他版本的区别进行了很好的回顾和介绍。这也算是一次合理的测验，看看读者是否准备好开始学习第三和

第四部分的进阶内容了。

有些读者虽然是 Python 新手，但可能对其他编程语言拥有足够丰富的经验。因此，这些读者只要读过第 3 章，大致浏览一下第 19 章列出的 Python 标准库模块清单，再看看 Python 官方文档中的《Python 库参考手册》，就有可能弄明白大部分需要了解的内容。

各章主要内容

第 1 章讨论 Python 的优缺点，展示为什么 Python 3 是一种不错的选择，是适用于很多场合的编程语言。

第 2 章介绍 Python 解释器和 IDLE 的下载、安装和启动过程。IDLE 是 Python 自带的集成开发环境。

第 3 章是对 Python 语言的简要概述，对其设计理念、语法、语义和功能给出了基本的概念。

第 4 章开始介绍 Python 的基础知识，包括变量、表达式、字符串、数值等，还介绍了 Python 代码块的语法。

第 5、6 和 7 章介绍 Python 的 5 种强大的内置数据类型，即列表、元组、集合、字符串和字典。

第 8 章介绍 Python 流程控制的语法和用法（循环和 `if-else` 语句）。

第 9 章介绍 Python 函数的定义，及其灵活的参数传递能力。

第 10 章介绍 Python 的模块，这种机制可以方便地将程序的命名空间进行分段。

第 11 章介绍如何创建可独立运行的 Python 程序（脚本），并在 Windows、macOS 和 Linux 下运行。这一章还会介绍对命令行选项、参数和 I/O 重定向的支持。

第 12 章介绍如何处理并遍历文件系统中的文件和目录，还演示了如何编写尽可能独立于当前操作系统的代码。

第 13 章介绍 Python 中的文件读写机制，包括基本的字符串（或字节流）读写能力、可用于读取二进制记录的机制以及任意 Python 对象的读写能力。

第 14 章讨论异常（Python 错误处理机制）的用法，这里假定读者对异常一无所知。当然，如果读者已经在 C++或 Java 中用到过异常，就会发现它们比较类似。

第 15 章介绍 Python 对面向对象程序的支持。

第 16 章讨论 Python 可用的正则表达式功能。

第 17 章介绍较高级的 OOP 技术，包括 Python 类的特殊方法（属性）、元类和抽象基类。

第 18 章介绍 Python 包的概念，可用于组织大型项目的代码。

第 19 章是对标准库的简要介绍，还会对其他模块的获取途径、安装方法进行讨论。

第 20 章深入探讨 Python 中的文件操作。

第 21 章介绍对各种类型的数据文件进行读取、清洗和写入的方法。

第 22 章演示获取网络数据的过程、常见问题和工具。

第 23 章讨论 Python 访问关系数据库和 NoSQL 数据库的方式。

第 24 章简要介绍利用 Python、Jupyter 记事本和 pandas 对数据集进行探索的过程。

第 25 章案例研究部分将演示用 Python 进行数据获取、清洗并作图的过程。该项目综合了前几章提到的一些 Python 特性，读者将有机会看到一个项目从头至尾的完整开发过程。

附录 A 介绍 Python 文档的获取或访问方式，包括完整的官方文档、Python 式风格指南、PEP 8 和 Python 之禅。Python 之禅（The Zen of Python）稍显牵强地总结了 Python 背后的设计哲学。

习题答案给出了大部分习题的答案（读者可以按“资源与支持”中的说明自行下载）。不过有些习题是要求读者亲自动手的，书中就没有给出答案了。

代码约定

本书给出的示例代码及其输出结果，都是以等宽字体显示的，一般都带有注解。因为不是为直接在读者的代码中复用而准备的，所以对这些代码特意做了最大程度的简化。简化了代码，读者就能专注于正在介绍的主题。

为了保持代码简单，这些示例尽量以交互式 shell 会话的方式给出，请尽可能动手输入并体验一下这些代码。在交互式代码示例中，需要键入的命令都是以>>>提示符开始的，代码的运行结果（如果有的话）则在接下来的行中显示。

有时候需要用到较长的代码示例，这些示例在书中会标识为文件清单。读者应该把这些清单保存为文件，文件名应该与书中用到的文件名一致，然后就可以作为单独脚本运行了。

习题

从第 4 章开始，本书将给出 3 种类型的习题。速测题是一些很简单的问题，建议读者花一些时间确认一下是否已掌握了相关的内容。动手题则要求更高一些，建议读者动手写一些 Python 代码。在很多章节的末尾还会有研究题，让读者有机会将这一章和前几章的概念结合起来，完成一段完整的脚本。

习题解答

大部分习题都会在习题答案中给出答案，在本书所附源代码中也会有一个单独的目录存放答案。请记住，这些答案并非就是针对这些编码问题的唯一答案，还可能会有其他的答案。读者如果要判断自己的答案是否合理，最好的方式就是先去理解书中给出的答案，然后再来确定自己的答案是否达到了同样的目的。

系统需求

本书的示例代码在编写时已经考虑了 Windows（Windows 7 到 Windows 10）、macOS 和 Linux

系统。因为 Python 是一种跨平台的编程语言，除一些与平台紧密相关的内容（如文件处理、路径、图形用户界面等）之外，这些示例代码多数应该能在其他平台上运行。

软件需求

本书基于 Python 3.6 编写，所有的示例代码应该都能在 Python 3 的后续版本中正常运行。大部分代码已经在 Python 3.7 预发布版中测试通过了。除少数内容之外，这些示例代码也可以在 Python 3.5 中正常运行，但还是强烈建议使用 3.6 版本。使用低版本没有任何好处，3.6 版本的 Python 有多处细微的改进。注意，本书的代码必须使用 Python 3，版本过低就无法正常运行了。

关于作者

本书的作者是 Naomi Ceder，她的编程生涯已经持续了近 30 年，使用过多种编程语言。她做过 Linux 系统管理员、编程教师、开发人员和系统架构师。她从 2001 年开始使用 Python，从此向各个层次的用户讲授Python，用户从12岁的孩子到专业编程人员都有。她向所有人宣传Python，宣讲加入内容丰富的社区的好处。Naomi 现在领导着 Dick Blick Art Materials 的一支开发团队，并且是 Python 软件基金会（Python Software Foundation）的主席。

关于封面插画

本书第 3 版的封面插画取自 18 世纪晚期法国出版的四卷地方服饰风俗汇编，作者是 Sylvain Maréchal。其中的每张插图都画工精湛，且为手工上色。Maréchal 作品中收集的服饰种类众多，生动地呈现了 200 年前多个城市和地区在文化上的差异。由于各地之间存在地理阻隔，人们的方言各不相同，不管是在城市还是乡村，只要通过穿着打扮就能轻易分辨出一个人的居住地、职业和身份地位。

之后服饰的风格发生了变化，当年丰富的地区多样性也逐渐消失殆尽。现在通过服饰连不同大洲的居民都很难区分出来了，更不用说不同城市和地区了。也许，我们是牺牲了文化的多元性，来换取个人生活的丰富多彩——更多选择、更快节奏的高科技生活。

Maréchal 的插画将我们带回到两个世纪之前，领略到当时丰富的地区多样性。在计算机书“千书一面”的今天，Manning 出版的图书借此作为封面，以为计算机行业的创新和进取精神点赞。

资源与支持

本书由异步社区出品，社区（https://www.epubit.com/）为您提供相关资源和后续服务。

配套资源

本书提供源代码下载及习题答案。要获得以上配套资源，请在异步社区本书页面中单击 配套资源 ，跳转到下载界面，按提示进行操作即可。注意：为保证购书读者的权益，该操作会给出相关提示，要求输入提取码进行验证。

提交勘误

作者和编辑尽最大努力来确保书中内容的准确性，但难免会存在疏漏。欢迎您将发现的问题反馈给我们，帮助我们提升图书的质量。

当您发现错误时，请登录异步社区，按书名搜索，进入本书页面，单击“提交勘误”，输入勘误信息，单击“提交”按钮即可。本书的作者和编辑会对您提交的勘误进行审核，确认并接受后，您将获赠异步社区的100积分。积分可用于在异步社区兑换优惠券、样书或奖品。

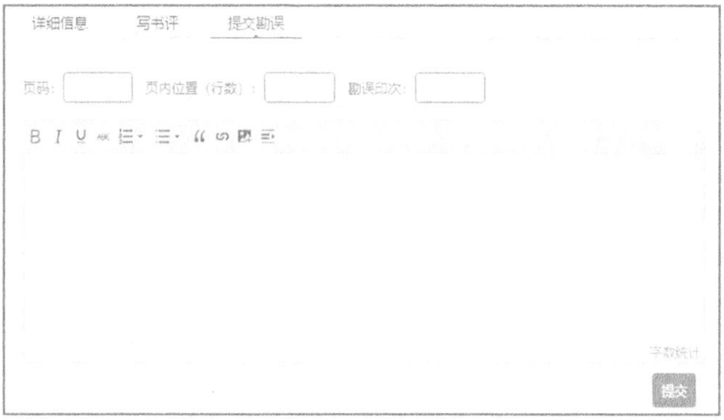

扫码关注本书

扫描下方二维码，您将会在异步社区微信服务号中看到本书信息及相关的服务提示。

与我们联系

我们的联系邮箱是 contact@epubit.com.cn。

如果您对本书有任何疑问或建议，请您发邮件给我们，并请在邮件标题中注明本书书名，以便我们更高效地做出反馈。

如果您有兴趣出版图书、录制教学视频，或者参与图书翻译、技术审校等工作，可以发邮件给我们；有意出版图书的作者也可以到异步社区在线提交投稿（直接访问 www.epubit.com/selfpublish/submission 即可）。

如果您所在的学校、培训机构或企业，想批量购买本书或异步社区出版的其他图书，也可以发邮件给我们。

如果您在网上发现有针对异步社区出品图书的各种形式的盗版行为，包括对图书全部或部分内容的非授权传播，请您将怀疑有侵权行为的链接发邮件给我们。您的这一举动是对作者权益的保护，也是我们持续为您提供有价值的内容的动力之源。

关于异步社区和异步图书

“异步社区”是人民邮电出版社旗下 IT 专业图书社区，致力于出版精品 IT 技术图书和相关学习产品，为作译者提供优质出版服务。异步社区创办于 2015 年 8 月，提供大量精品 IT 技术图书和电子书，以及高品质技术文章和视频课程。更多详情请访问异步社区官网 https://www.epubit.com。

“异步图书”是由异步社区编辑团队策划出版的精品 IT 专业图书的品牌，依托于人民邮电出版社近 30 年的计算机图书出版积累和专业编辑团队，相关图书在封面上印有异步图书的 LOGO。异步图书的出版领域包括软件开发、大数据、AI、测试、前端、网络技术等。

异步社区

微信服务号

目录

第一部分 开始篇

第四部分 数据处理

第一部分

开始篇

前3 章将对 Python 做出简要介绍，包括优缺点和学习 Python 3 时的注意事项。第 2 章中将会给出 Python 在 Windows、macOS、Linux 平台中的安装过程，并演示了一个简单的程序。第 3 章对 Python 的语法和特性做了快速的、较高层次的描述。

如果想要 Python 最快速的介绍，可以从第 3 章开始。

第 1 章　关于 Python

本章主要内容

- 用 Python 的理由
- Python 的长处
- Python 的短板
- 学 Python 3 的理由

如果想了解 Python 与其他编程语言的差异，以及它当前的地位，请阅读本章。如果想立即开始学习 Python，请略过开头部分，直接跳到第 3 章。本章内容是本书不可或缺的组成部分，但对于 Python 编程确实不是必备知识。

1.1　用 Python 的理由

现在有数百种编程语言可供使用，从成熟的 C 和 C++到 Ruby、C#和 Lua 等新秀，再到 Java 这样的企业级重器。要选择一门编程语言来学习确实很难。虽然没有一种语言能适合任何场景，但我觉得，对于大量的编程问题来说，Python 都算得上是个好选择。如果正在学习编程，Python 也是一个不错的选择。目前全球有数十万名程序员都在使用 Python，并且用户数每年都在增长。

Python 能够持续吸引新用户，是有很多理由的。Python 是一款真正的跨平台编程语言，从 Windows、Linux/UNIX 到 Macintosh 平台，从超级计算机到手机，它都能很好地运行。Python 可以用于开发小型应用程序和快速原型系统，但也能扩展到足以开发大型程序。Python 自带了功能强大且易于使用的图形用户界面（GUI）工具包、Web 编程库等。而且更重要的是，Python 完全免费。

1.2　Python 的长处

Python 是 Guido van Rossum 在 20 世纪 90 年代研发的一种现代编程语言（以一个著名的喜

剧团体命名)。尽管 Python 并不能完美地适用于所有应用程序的开发，但它的优势使其成为许多情况下的理想选择。

1.2.1 Python 易于使用

熟悉传统语言的程序员会发现，Python 很容易学习。包含了所有熟悉的结构，如循环、条件语句、数组等，但在 Python 中很多都更易于使用。原因有以下几点。

- 类型与对象关联，而不是变量。变量可以被赋予任何类型的值，列表也可以包含许多类型的对象。这也意味着通常不需要进行强制类型转换(type casting)，代码再也不用受制于预先声明的类型了。
- Python 通常可以执行更高级别的抽象操作。有一部分原因是源于 Python 语言的构建方式，另一部分原因是 Python 的发行版附带了内容丰富的标准代码库。一个下载网页的程序用两三行代码就可以写完了！
- 语法规则非常简单。虽然成为一名专业的 Python 高手需要耗费很多时间和精力，但即便是初学者也能快速获取到足够的 Python 语法并编写出实用的代码。

Python 非常适合应用程序的快速开发。用 Python 编写应用程序的时间可能只有用 C 或 Java 的五分之一，并且代码行数只有等效 C 程序的五分之一，这种情况并不少见。当然，这要视具体的应用场景而定。对于那种大部分是在 `for` 循环中执行整数运算的数值算法，Python 提升的生产力会少得多。对于普通的应用来说，生产力收益可能会比较可观。

1.2.2 Python 富有表现力

Python 是一种极具表现力的编程语言。这里的“表现力”是指：同样是一行代码，Python 可以完成的操作比其他大多数语言都要多。表现力较强的语言，优势十分明显，需要编写的代码越少，项目完成的速度就越快。代码越少，程序就越容易维护和调试。

为了体会一下 Python 的表现力是如何简化代码的，请考虑交换两个变量 `var1` 和 `var2` 的值。在类似 Java 的语言中，这需要 3 行代码和 1 个额外的变量：

```
int temp = var1;
var1 = var2;
var2 = temp;
```

在将 `var2` 的值赋给 `var1` 时，需要先用变量 `temp` 暂存 `var1` 的值，然后再把该暂存值赋给 `var2`。这个过程并不是很复杂，但是阅读这 3 行代码并理解这是为了完成数值交换，是要花些工夫的，即便是有经验的程序员也一样。

相比之下，Python 允许在一行代码中完成相同的交换操作，并且从交换方式就能明显看出交换确实发生了：

```
var2, var1 = var1, var2
```

当然这只是一个很简单的例子，但类似的优点在 Python 中俯仰皆是。

1.2.3 Python 可读性好

Python 的另一个优点是可读性好。也许读者会认为，编程语言只要能被计算机读懂就可以了，但其实人类同样得能读懂。要阅读代码的人，可能是调试人员（很可能就是写程序的人），可能是维护人员（仍然可能是写程序的人），也可能是任何将来修改代码的人。凡此种种，总之代码越容易阅读和理解越好。

代码越容易理解，就越易于调试、维护和修改。Python 在这方面的主要优势就是利用缩进。与大多数语言不同，Python 坚持要求代码块必须整体缩进。尽管这会让有些人感到奇怪，但好处就是代码总是能以一种非常易懂的风格进行格式化。

以下是两小段程序，一个用 Perl 编写，另一个用 Python 编写。两者的操作相同，参数都是两个相同大小的数值列表，返回对其两两求和后的列表。我认为 Python 代码的可读性比 Perl 代码更好，看起来更干净，难以理解的符号更少：

```
# Perl 版
sub pairwise_sum {
    my($arg1, $arg2) = @_;
    my @result;
    for(0..$#$arg1) {
        push(@result, $arg1->[$_] + $arg2->[$_]);
    }
    return(\@result);
}

# Python 版
def pairwise_sum(list1, list2):
    result = []
    for i in range(len(list1)):
        result.append(list1[i] + list2[i])
    return result
```

上面两段代码完成的工作相同，但 Python 代码胜在了可读性上。当然，Perl 还能有其他的实现方式，其中有一些确实会比以上代码简洁得多，但我认为也更加晦涩难懂。

1.2.4 Python 功能齐备

Python 的另一个优势是“功能齐备”（batteries included）理念，因其自带了很多函数库。基本思路就是，安装 Python 后就应该万事俱备，不需要再安装其他库就能真正开始工作了。这就是为什么 Python 的标准库自带了电子邮件、网页、数据库、操作系统调用、GUI 开发等处理模块。

例如，只需要写两行代码，就可以用 Python 编写一个 Web 服务器，用于共享某个目录中的文件。

```
import http.server
http.server.test(HandlerClass=http.server.SimpleHTTPRequestHandler)
```

无须再安装用于网络连接和 HTTP 的库，Python 都已内置好了，开箱即用。

1.2.5　Python 跨平台

Python 还是一种优秀的跨平台语言，可以在很多平台上运行，包括 Windows、Mac、Linux、UNIX 等。因为它是解释型语言，相同代码可以在任何装有 Python 解释器的平台上运行，而目前几乎所有平台都具备了 Python 的解释器。Python 甚至还有在 Java（Jython）和.NET（IronPython）中运行的版本，为运行 Python 提供了更多可能的平台。

1.2.6　Python 免费

Python 还是免费的。自始至终，Python 就是以开源的方式研发的，并且可以免费获取。任一版本的 Python 都可自行下载和安装，并可用于开发商业或个人应用，分文不收。

虽然世人的态度在慢慢转变，但由于担心缺乏技术支持，担心缺少付费客户的影响力，有些人仍然对免费软件持怀疑态度。但是 Python 已经被许多大牌公司用于实现关键业务，谷歌、Rackspace、Industrial Light＆Magic 和 Honeywell 只是其中的几个例子。这些公司和许多其他公司都很清楚，Python 是一个非常稳定、可靠且支持良好的产品，拥有一个活跃的、博识的用户社区。即便提出高难度的 Python 问题，也能在 Python 互联网新闻组中迅速获得答案，速度会比大多数技术支持电话快得多，而且无须付费、保证正确。

Python 和开源软件

不仅 Python 是免费的，它的源代码也可以免费使用，可随意进行修改、完善和扩展。因为源代码是免费提供的，所以可供所有人查看并修改。其他那些带有版权的软件，鲜有能以合理的费用进行这种修改的。

如果是第一次接触开源软件，大家应该要了解，不仅可以自由使用和修改 Python，还能够（也鼓励）为其做出贡献并对其进行改进。根据自身的条件、兴趣和技能，可以给出财务上的贡献，例如捐赠给 Python 软件基金会（Python Software Foundation，PSF）。也可以参加特殊兴趣小组（Special Interest Group，SIG），对 Python 内核或某个辅助模块的发行版进行测试并给出反馈。还可以向社区贡献一些自己或公司开发的东西。当然贡献的大小完全是自行决定的，但只要有能力就一定要考虑去做点什么。这里正在创造巨大的价值，有机会就来添砖加瓦吧。

Python 满足了很多期许，表现力强大、可读性好、内置库丰富、跨平台，而且还是开源的。难道真的就完美无缺了吗？

1.3　Python 的短板

虽然 Python 拥有很多优点，但没有哪种编程语言能够胜任所有工作，因此 Python 并不能完美地满足一切需求。如果要确定 Python 是否适用于当前场景，还需要了解 Python 不擅长的领域。

1.3.1 Python 不是速度最快的语言

Python 的执行速度可能算得上是一个缺点。Python 不是一个完全编译的语言，而是先编译为内部字节码形式，然后交由 Python 解释器来执行。Python 为某些操作给出了高效的实现，例如，用正则表达式解析字符串，可以做到与自己编写的任何 C 语言代码一样快，甚至会更快。但在大多数情况下，采用 Python 会比 C 之类的语言实现更慢。但大家应该保持以下观点：对绝大多数应用程序而言，现代计算机的计算能力都是过剩的。开发速度比程序运行速度更为重要，而 Python 程序通常编写速度会快很多。另外，用 C 或 C ++编写的模块对 Python 进行扩展也比较容易，程序当中的 CPU 密集型部分可以交由这些模块来运行。

1.3.2 Python 的库不算最多

虽然 Python 自带了一批优秀的函数库集合，而且还有很多其他库可用，但是 Python 在库的数量上并不算领先。像 C、Java 和 Perl 之类的编程语言，可用的库集合数量更为庞大。它们在某些领域提供的解决方案是 Python 所没有的，或者 Python 可能只提供了其中的一种可选方案。不过这些往往是相当专业的领域，而 Python 是很容易扩展的，既可以用 Python，也可以用 C 或其他语言的现有库。对于几乎所有的常规计算问题，Python 库的支持能力都非常出色。

1.3.3 Python 在编译时不检查变量类型

与某些其他编程语言不同，Python 变量不像容器那样工作，而更像是引用整数、字符串、类实例等各类对象的标签。这表示这些对象本身虽然是有类型的，但引用它们的变量并没有与类型进行绑定。变量 x 可能在某一行代码中引用一个字符串，而在另一行代码中引用一个整数：

```
>>> x = "2"
>>> x
'2'          ◁——x 为字符串"2"
>>> x = int(x)
>>> x
2            ◁——现在 x 为整数值 2
```

Python 将类型与对象关联，而不是与变量关联，这就意味着 Python 解释器无法识别出变量类型不符的错误。假设变量 `count` 本来是用来保存整数的，但如果将字符串"`two`"赋给它，在 Python 里也完全没问题。传统的程序员将这种处理方式算作一个缺点，因为对代码失去了额外的免费检查。但是这种错误通常不难发现和修复，Python 的代码检测功能可以避免类型错误的发生。大多数 Python 程序员都认为，动态类型的灵活性是划得来的。

1.3.4 Python 对移动应用的支持不足

在过去的 10 年中，移动设备的数量和种类都出现了爆炸式的增长，到处都是智能手机、平板电脑、平板手机、Chromebook，运行的操作系统也是五花八门。Python 在移动计算领域并不算强大。虽然有解决方案可选，但在移动设备上运行 Python 并不总是能一帆风顺，用 Python 编写和发布商业应用还存在问题。

1.3.5 Python 对多处理器的利用不充分

现在多核处理器已经普及，在很多情况下也都会带来性能的明显提升。但是，由于具有名为全局解释器锁（global interpreter lock，GIL）的特性，Python 的标准版本并没有按照多内核来进行设计。详情请查看 David Beazley、Larry Hastings 等人关于 GIL 的讨论视频，或者访问 Python wiki 里的 GIL 页面。尽管用 Python 可以运行并发进程，但如果需要"开箱即用"的并发能力，Python 可能并不合适。

1.4 学 Python 3 的理由

Python 很多年前就已经出现了，并且还在不断发展。本书第 1 版基于 Python 1.5.2，Python 2.x 作为主流版本已经持续了很多年。本书是基于 Python 3.6 的，并在 Python 3.7 的 Alpha 版中通过了测试。

Python 3 最初被异想天开地命名为 Python 3000，因为它是 Python 历史上第一个打破向下兼容的版本。这就意味着，如果不做任何修改，在低版本 Python 中编写的代码可能无法在 Python 3 下运行。例如，在低版本的 Python 中，`print` 语句不需要在参数外面加上括号：

```
print "hello"
```

在 Python 3 中，`print` 成了一个函数，需要加上括号：

```
print("hello")
```

也许有人会想：既然会破坏以前的代码，为什么还要修改这种细节呢？正因为对任何语言而言这种改动都是件大事，所以 Python 的核心开发人员仔细考虑过这个问题。尽管 Python 3 中的变化会破坏与旧代码的兼容性，但这些变化很小，好处却很多。新版本 Python 的一致性更好，更具可读性，歧义也更少了。Python 3 并不是翻天巨变，而是深思熟虑之后的演进。核心开发人员也贴心地提供了代码迁移方案和工具，可以安全高效地将以前的旧代码迁移到 Python 3 中，后续章节中将会介绍。此外还可以利用 Six 和 Future 库来简化代码转换操作。

为什么要学 Python 3 呢？因为它是迄今为止最好的 Python 版本。随着很多项目开始充分利用 Python 3 的改进之处，它将成为未来几年的主流 Python 版本。自从 Python 3 推出之后，库的移植工作一直在稳步进行。到目前为止，很多受欢迎的库都已支持 Python 3 了。事实上，根据

Python 就绪页面所示（http://py3readiness.org），360 个最流行的库中已有 359 个被移植到 Python 3 中了。如果确实需要使用未被转换过的库，或者要使用基于 Python 2 建立的代码，那就继续使用 Python 2.x 吧。但如果是刚开始学习 Python 或新建项目，就使用 Python 3 吧。Python 3 不仅更好用，而且是大势所趋。

1.5　小结

- Python 是一种现代的高级语言，支持动态类型，带有简洁一致的语法和语义。
- Python 跨平台且高度模块化，即适用于快速开发，也适用于大规模编程。
- Python 运行速度合理，还可以通过轻松扩展 C 或 C++模块进一步提升速度。
- Python 内置了很多高级特性，如对象持久化存储、高级散列表、可扩展类的语法和通用比较函数。
- Python 的库包罗万象，如数值计算、图像处理、用户界面和 Web 脚本处理。
- 有异常活跃的 Python 社区提供有力的支持。

第2章　入门

本章主要内容

- 安装 Python
- 使用 IDLE 和基础交互模式
- 编写一个简单的程序
- 使用 IDLE 的 Python shell 窗口

本章将介绍 Python 和 IDLE 的下载、安装和启动过程，IDLE 是 Python 的一种集成开发环境。在撰写本书时，Python 的最新版本是 3.6，3.7 版尚在开发中。经过多年的改进，Python 3 是第一个无法与低版本完全兼容的版本，所以请确认手头一定是 Python 3。如此重大的调整，下一次出现应该要再过很多年了，而且以后的任何改进都会再三考虑，避免对已有重要代码库产生影响。因此，本章给出的内容不太可能会很快过时。

2.1　Python 的安装

无论用的是哪个平台，安装 Python 都是一件简单的事情。第一步是根据机器环境获取最新的发行版本，在 Python 官方网站上一定可以找到。本书基于 Python 3.6。如果已经安装了 Python 3.5 甚至 Python 3.7，那就万事大吉了。其实只要是 Python 3 的任何版本都可以，本书的大部分内容应该都没有什么问题。

多个版本共存

机器上有可能已经安装了低版本的 Python。很多 Linux 发行版和 macOS 都自带了 Python 2.x，Python 已成为了这些版本操作系统的一部分。因为 Python 3 无法完全兼容 Python 2，所以有必要弄清楚在同一台计算机上安装两个版本是否会引起冲突。

不必担心，可以在同一台计算机上安装多个版本的 Python。在基于 UNIX 的系统中（如 OS X 和 Linux），Python 3 会与低版本并列安装，不会替换掉低版本的文件。系统在查找 `python` 命令时，仍会准确找到低版本。如果要访问 Python 3，可以运行 `python3` 或者 `idle` 命令。在 Windows 系统中，不同的版本安装在不同的位置，并拥有相互独立的菜单项。

下面列出了一些安装 Python 时的特定平台说明。平台不同，情况可能会稍有差别，因此请务必阅读下载页面中有关各版本的说明。读者可能已经十分熟悉在自己机器上安装软件的过程，那就长话短说。

- **Microsoft Windows**——利用 Python 安装程序（当前名为 python-3.6.1.exe），Python 可以在大多数版本的 Windows 中安装。下载并执行该安装程序，然后按照提示进行操作即可。可能需要以管理员身份登录，才能运行安装程序。如果是网络终端且没有管理员密码，请让系统管理员来进行安装。
- **Macintosh**——Python 3 的版本需要与 OS X 版本和处理器相匹配。确定了正确的版本后，下载磁盘映像文件，双击进行挂载（mount），然后运行其中的安装程序。OS X 安装程序会自动完成所有设置，Python 3 将被安装在 Applications 目录的子目录之下，子目录名称会带有版本号。macOS 自带了多个版本的 Python，但不必操心，Python 3 将会独立于系统自带版本安装。如果已经安装了 brew，也可以执行命令 `brew install python3` 安装 Python。在 Python 主页上有相关链接，可以找到关于在 OS X 上使用 Python 的更多信息。
- **Linux/UNIX**——大多数 Linux 发行版都预装了 Python。只是预装的 Python 版本不尽相同，可能不一定会是 Python 3，请确保已经安装了 Python 3 的包。还有可能默认未安装 IDLE，于是还需要单独安装该软件包。虽然根据 Python 官方网站提供的源代码，也可以自行编译生成 Python 3，但需要用到很多其他的库，而且编译过程也不是为初学者准备的。推荐使用合适的 Linux 预编译版 Python。请用软件管理工具查找并安装合适版本的 Python 3 和 IDLE 包。Python 还有很多版本，可在很多其他操作系统上运行。如果要获取最新的平台支持清单和安装说明，请查看 Python 官方网站。

Anaconda 是 Python 的另一个发行版本

除可以直接从 Python.org 获得 Python 的发行版本之外，名为 Anaconda 的发行版也越来越受欢迎，特别是在科学计算和数据科学用户当中。Anaconda 是一个以 Python 为内核的开放式数据科学平台。安装 Anaconda 之后，不仅 Python 已就绪，还拥有了 R 语言和大量预装的数据科学软件包，还可以用附带的 conda 软件包管理器添加很多其他内容。当然也可以安装 miniconda，它只包含 Python 和 conda，然后按需添加软件包。

Anaconda 或 miniconda 都可以从 Anaconda 官网获取。下载与当前操作系统匹配的 Python 3 安装程序，并按照操作说明运行。安装完成后，机器上就拥有了完整的 Python 版本。

如果读者主要对数据科学领域感兴趣，可能就会发现，Anaconda 能以一种更快、更简单的方式启动并运行 Python。

2.2 基础交互模式和 IDLE

Python 内置两种与解释器的交互模式：原始的基础（命令行）模式和 IDLE。IDLE 在很多平台（包括 Windows、Mac 和 Linux）上都有提供，但在其他平台上可能就没有了。为了能让 IDLE 运行起来，可能需要多做几步操作并安装额外的软件包。但这些多做的工作是值得的，因为 IDLE 提供了比基础的交互模式更流畅的用户体验。不过，即便平常是用 IDLE 的，可能还是需要时常启用一下基础模式。对这两种模式的启动和使用，都应该足够熟悉才行。

2.2.1 基础交互模式

基础交互模式是一个相当原生的环境，但本书中的交互式例程一般都比较小。在本书的后续部分，会介绍如何方便地将文件中的代码加入会话（通过模块机制）。下面是在 Windows、macOS 和 UNIX 中启动基础会话的步骤。

- *在 Windows 中启动基础会话*——对于 Python 3.x 版本，可以导航到“开始”菜单中的“Python 3.6”子菜单，找到“Python 3.6（32-bit）”并单击[1]。或者可以直接找到 Python.exe 可执行文件（例如，在 C:\Users\myuser\AppData\Local\Programs\Python\Python35-32 中）并双击它。然后会出现图 2-1 所示的窗口。
- *在 macOS 中启动基础会话*——打开一个终端窗口并键入 `python3`。如果出现“Command not found”错误，请运行 Applications 目录下 Python3 子目录中的 `Update Shell Profile` 脚本。
- *在 UNIX 中启动基础会话*——在命令提示符下键入 `python3`。在当前窗口中会出现版本消息，类似于图 2-1 所示，后面跟着 Python 提示符>>>。

```
Select Python 3.7 (32-bit)
Python 3.7.0a1 (v3.7.0a1:8f51bb4, Sep 19 2017, 18:50:29) [MSC v.1900 32 bit
Type "help", "copyright", "credits" or "license" for more information.
>>>
```

图 2-1 Windows 10 中的基础交互模式

退出交互式 shell

按下 Ctrl+Z（Windows 中）或 Ctrl+D（Linux 或 UNIX 中），或者在命令提示符下键入 `exit()`，即可退出基础会话。

大部分系统都带有命令行编辑和命令历史记录机制。用上下箭头键和 Home、End、Page Up、

① 这里按照 Windows 10 和 Python 3.6.5（32 位版）做了修正，原文中还带有“程序”菜单（the Python 3.6 (32-bit) entry on the Python 3.6 submenu of the Programs folder onthe Start menu）。——译者注

Page Down 键可以翻看之前输入的命令，按下 Enter 键即可再次执行。在用本书学习 Python 时，这种方式足够用了。另一种方案是使用优秀的 Python 模式下的 Emacs 编辑器，通过集成的 shell 缓冲区来访问 Python 的交互模式。

2.2.2 IDLE 集成开发环境

IDLE 是 Python 内置的开发环境，其名称为“Integrated DeveLopment Environment”的缩写（当然，也可能受了某个英国电视节目演员姓氏的影响）。IDLE 集成了交互式解释器、代码编辑和调试工具，与创建 Python 代码有关的工作可以在此一站式完成。IDLE 提供的多种工具，足以吸引大家从它这里开始学习 Python。以下是在 Windows、macOS 和 Linux 中运行 IDLE 的方法。

- *在 Windows 中启动 IDLE*——对于 Python 3.6 版本，可以打开 Windows“开始”菜单，找到“IDLE（Python 3.6 32-bit）”并单击[①]。然后将会出现图 2-2 所示的窗口。
- *在 macOS 中启动 IDLE*——进入 Applications 目录下的 Python 3.x 子目录，在此运行 IDLE。
- *在 Linux 或 UNIX 中启动 IDLE*——在命令提示符下键入 `idle3`，将会出现一个类似图 2-2 的窗口。如果使用操作系统的包管理器来安装 IDLE，那么在 Programming 之类的子菜单中应该会有一个 IDLE 的菜单项。

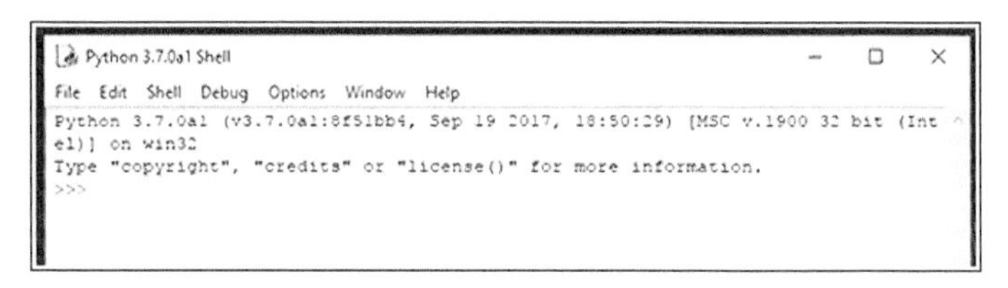

图 2-2 WIndows 中的 IDLE

2.2.3 基础交互模式和 IDLE 的适用场景

用 IDLE 还是用基础 shell 窗口呢？请先从 IDLE 或 Python shell 窗口开始。在第 10 章以前，这两种界面都能胜任本书的代码示例。第 10 章将会介绍如何编写自己的模块，用 IDLE 创建和编辑代码文件会比较便捷一些。但如果有特别偏爱的文本编辑器，也许再加上基础 shell 窗口就能满足需要了。如果没有特别偏爱的编辑器，建议就从 IDLE 开始吧。

2.3 使用 IDLE 的 Python shell 窗口

启动 IDLE 后会打开 Python shell 窗口（如图 2-3 所示）。当键入代码时，它会基于 Python 语

---

① 这里按照 Windows 10 和 Python 3.6.5（32 位版）做了修正，原文中为“IDLE (Python GUI)”菜单（the IDLE (Python GUI) entry of the Python 3.6 submenu of the All apps folder of your Windows menu）。——译者注

法提供自动缩进和代码着色功能。

```
Python 3.7.0a1 Shell
File Edit Shell Debug Options Window Help
Python 3.7.0a1 (v3.7.0a1:8f51bb4, Sep 19 2017, 18:50:29) [MSC v.1900 32 bit (Int
el)] on win32
Type "copyright", "credits" or "license()" for more information.
>>> def factorial(n):
        r = 1
        while n > 0:
                r = r * n
                n = n - 1
        return r

>>> factorial(3)
6
>>> factorial(4)
24
>>>
KeyboardInterrupt
>>> factorial(factorial(3))
720
>>> |
```

图 2-3　使用 IDLE 中的 Python shell。代码在输入时会自动着色（基于 Python 语法）。将光标放在任一已键入的命令上并按下 Enter 键，就会把命令和光标一起移动到最后一行，在这里可以编辑命令，按 Enter 键就会将这条命令发送给解释器。将光标放在最后一行，按下 Alt+P 或 Alt+N 键，就可以在历史记录中前后切换命令。找到要执行的命令后，根据需要进行编辑并按下 Enter 键，就会将其发送给解释器

利用鼠标、箭头键、Page Up 和 Page Down 键，以及某些符合 Emacs 标准的键，可以在命令缓冲区中来回移动。详情参见 Help 菜单。

会话中的所有内容都会被记入缓冲区中。可以前后滚动或搜索，将光标放在任意行上按下 Enter 键（生成一个硬回车），该行就会被复制到屏幕的最后一行，在这里可以编辑命令，再次按下 Enter 键就会将其发送给解释器。也可以让光标停在最后一行，然后通过按 Alt+P 或 Alt+N 键在之前输入的命令之间前后切换，Alt+P 和 Alt+N 会不停地将命令复制到最后一行。如果找到了需要执行的命令，可以再次进行编辑，按下 Enter 键就可发送给解释器。按下 Tab 键则可以查看当前键入内容的自动补全列表，列表是基于 Python 关键字和用户自定义值生成的。

如果觉得可能处于挂起状态，无法显示新的提示符了，那么可能是解释器在等待用户输入。按下 Ctrl+C 发送中断命令，就能回到提示符状态，这也可以用于中断任何正在运行的命令。如果要退出 IDLE，请在 File 菜单中选择 Exit。

一开始用得最多的可能就是 Edit 菜单。与其他菜单一样，可以通过双击顶部的虚线将其解绑，让其位于窗口上端。

2.4　第一个程序“Hello, world”

无论通过哪种方式使用 Python 的交互模式，都应该看到由 3 个三角括号“>>>”组成的提示符。这就是 Python 的命令行提示符，表示可以键入要执行的命令，或要计算的表达式。下面按惯例从“Hello, World”程序开始吧，用 Python 来实现只需要一行代码（每一行代码结束都要键入一个硬回车）：

```
>>> print("Hello, World")
Hello, World
```

这里在命令行提示符后键入了 print 函数，结果显示在了屏幕上。执行 print 函数会将其参数打印到标准输出上（通常是屏幕）。如果是在运行 Python 代码文件时执行该命令，也会发生完全相同的事情，“Hello, World”将被打印到屏幕上。

恭喜！第一个 Python 程序就此完工了，而 Python 甚至还没开讲呢。

2.5　利用交互式提示符探索 Python

无论是在 IDLE 中，还是在标准的交互式命令提示符下，都有一些便利的学习工具来探索 Python。第一个工具是 help() 函数，它有两种模式。在命令提示符后输入 help()，即可进入在线帮助系统，从中可以获得有关模块、关键字或主题的帮助。帮助系统内的提示符是 help>，这时输入模块名称（如 math 或其他主题），就能查看相关的 Python 文档。

通常可以用更有针对性的方式来使用 help()，这样会更为便捷。只要将类型或变量名称作为 help() 的参数，就可以马上显示其帮助文档：

```
>>> x=2
>>> help(x)
Help on int object:

class int(object)
 |  int(x=0) -> integer
 |  int(x, base=10) -> integer
 |
 |  Convert a number or string to an integer, or return 0 if no arguments
 |  are given. If x is a number, return x.__int__(). For floating point
 |  numbers, this truncates towards zero.
 |
 |  If x is not a number or if base is given, then x must be a string,
 |  bytes, or bytearray instance representing an integer literal in the...
(continues with the documentation for an int)
```

以这种方式使用 help()，可以很方便地查看某个方法的确切语法和对象的行为。

help() 函数是 pydoc 库的一部分，它在访问 Python 库内文档时有若干个参数可供选用。因为所有 Python 安装完成后都会自带完整的文档，即使不能上网，全部官方文档也都唾手可得。有关访问 Python 文档的更多信息，参见附录 A。

另一个有用的函数是 dir()，它列出了特定名称空间中的对象。在没有给出参数时，它会列出当前的全局变量，但它也可以列出某个模块中的全部对象，甚至某个类型的全部对象：

```
>>> dir()
['__annotations__', '__builtins__', '__doc__', '__loader__', '__name__',
    '__package__', '__spec__', 'x']
>>> dir(int)
```

```
['__abs__', '__add__', '__and__', '__bool__', '__ceil__', '__class__', '__delattr__',
    '__dir__', '__divmod__', '__doc__', '__eq__', '__float__', '__floor__',
    '__floordiv__', '__format__', '__ge__', '__getattribute__', '__getnewargs__',
    '__gt__', '__hash__', '__index__', '__init__', '__int__', '__invert__', '__le__',
    '__lshift__', '__lt__', '__mod__', '__mul__', '__ne__', '__neg__', '__new__',
    '__or__', '__pos__', '__pow__', '__radd__', '__rand__', '__rdivmod__',
    '__reduce__', '__reduce_ex__', '__repr__', '__rfloordiv__', '__rlshift__',
    '__rmod__', '__rmul__', '__ror__', '__round__', '__rpow__', '__rrshift__',
    '__rshift__', '__rsub__', '__rtruediv__', '__rxor__', '__setattr__',
    '__sizeof__', '__str__', '__sub__', '__subclasshook__', '__truediv__',
    '__trunc__', '__xor__', 'bit_length', 'conjugate', 'denominator', 'from_bytes',
    'imag', 'numerator', 'real', 'to_bytes']
>>>
```

dir()函数在查找方法和数据的定义时十分有用，可以一眼就看到属于某个对象或模块的全部成员。在调试代码的时候也很有用，因为在什么地方定义了什么都一目了然。

与 dir()函数不同，globals()和 locals()函数会显示与对象关联的值。在目前情况下，这两个函数会返回相同的结果，所以这里只给出 globals()的输出结果：

```
>>> globals()
{'__name__': '__main__', '__doc__': None, '__package__': None, '__loader__': <class
    '_frozen_importlib.BuiltinImporter'>, '__spec__': None, '__annotations__': {},
    '__builtins__': <module 'builtins' (built-in)>, 'x': 2}
```

与 dir()函数不同，globals()和 locals()显示的都是与对象相关的值。在第 10 章中这两个函数将会更频繁地出现。好了，这足以说明，有多种方法可以查看 Python 会话内的当前状态。

2.6 小结

- 在 Windows 系统中安装 Python 3 是十分简单的，只要从 Python 官方网站下载最新版的安装程序运行一下即可。在 Linux、UNIX 和 Mac 系统中的安装过程稍有区别。
- 请参考 Python 网站上的安装说明，尽可能通过系统自带的软件包安装程序进行安装。
- 还可以通过 Anaconda（或 miniconda）来安装，其发行版可以在其官方网站上找到。
- Python 安装完成之后，可以选用基础交互式 shell（以后再加入个人偏爱的编辑器），也可以选用 IDLE 集成开发环境。

第3章　Python 概述

本章主要内容

- Python 简介
- 使用内置的数据类型
- 控制程序流程
- 创建模块
- 利用面向对象编程

本章的目标是让读者对 Python 语言的语法、语义、功能和理念有一种基本感觉。旨在对 Python 给出初步印象或概念性的框架，在本书的后续章节中遇到相关内容时就能把细节加入进来了。

第一次阅读时，不用操心要去读完并理解每一段代码的细节。只要能对正在执行的操作有一点心得，就已足矣。后续的章节会完整地介绍这些特性的细节，不需要任何预备知识。在读完后续的章节后，可以随时回到本章来查看对应部分的示例代码，权当是复习吧。

3.1　Python 简介

Python 内置了多种数据类型，例如整数、浮点数、复数、字符串、列表、元组、字典和文件对象。这些数据类型可以通过操作符、内置函数、库函数或数据类型自带的方法进行操作。

程序员也可以定义自己的类并实例化自定义类的实例[①]。这些类实例可以由程序员自定义的方法进行操作，也可以由操作符和内置函数进行操作，这些内置函数可由程序员定义对应的特殊方法属性（special method attribute）来实现。

通过 `if-elif-else` 结构以及 `while` 和 `for` 循环，Python 为条件和迭代流程控制提供支

---

① Python 文档和本书都使用术语“对象”来表示任何 Python 数据类型的实例，而很多其他语言会叫作“类实例”。这是因为所有的 Python 对象都是某个类的实例。

持。Python 允许在定义函数时，采用灵活的参数传递方式。Python 的异常（错误）可以由 `raise` 语句来引发，并且可以由 `try-except-else-finally` 结构捕获并处理。

Python 的变量（或标识符）无须声明即可使用，且可以表示任何内置数据类型、用户定义对象、函数或模块。

3.2 内置数据类型

Python 的内置数据类型既包括数值型和布尔型之类的标量，也包括更为复杂的列表、字典和文件等结构。

3.2.1 数值

Python 有 4 种数值类型，即整数型、浮点数型、复数型和布尔型。

■ 整数型——1、−3、42、355、888888888888888、−7777777777，整数没有大小限制，仅受限于可用内存的大小。

■ 浮点数型——3.0、31e12、−6e-4。

■ 复数型——3 + 2j、−4− 2j、4.2 + 6.3j。

■ 布尔型——True、False。

数值类型用算术操作符进行运算操作，包括`+`（加法）、`-`（减法）、`*`（乘法）、`/`（除法）、`**`（求幂）和`%`（求模）。

下面是整数型的使用示例：

```
>>> x = 5 + 2 - 3 * 2
>>> x
1
>>> 5 / 2
2.5                    ◁——❶
>>> 5 // 2
2                      ◁——❷
>>> 5 % 2
1
>>> 2 ** 8
256
>>> 1000000001 ** 3
1000000003000000003000000001      ◁——❸
```

用“/”❶对整数做除法，结果将会是浮点数（这是 Python 3.x 的新规则）。用“//”❷对整数做除法，则结果会被截断为整数。注意，整数的大小是没有限制的❸，会根据需要自动增长，仅受限于可用内存的大小。

下面是浮点数型的操作示例，浮点数型是基于 C 语言的双精度数据类型实现的：

```
>>> x = 4.3 ** 2.4
```

```
>>> x
33.13784737771648
>>> 3.5e30 * 2.77e45
9.695e+75
>>> 1000000001.0 ** 3
1.000000003e+27
```

下面是复数型的示例：

```
>>> (3+2j) ** (2+3j)
(0.6817665190890336-2.1207457766159625j)
>>> x = (3+2j) * (4+9j)
>>> x                          ◁——❶
(-6+35j)
>>> x.real
-6.0
>>> x.imag
35.0
```

复数由实部和虚部组合而成，并带有后缀 j。在上述代码中，变量 x 被赋了一个复数❶。这里用属性 x.real 可以获得实部，用 x.imag 则可获得虚部。

有很多内置函数都可以操作数值类型，Python 还提供了库模块 cmath（包含了处理复数的函数）和 math（包含了处理其他 3 种数值类型的函数）。

```
>>> round(3.49)   ◁——❶
3
>>> import math
>>> math.ceil(3.49)   ◁——❷
4
```

内置函数总是可用的，并使用标准的函数调用语法进行调用。在上述代码中，调用 round 函数时要用浮点数作为输入参数❶。

库模块里的函数需要经过 import 语句导入后才能使用。在❷处，导入库模块 math 之后，其中的 ceil 函数需要用属性的语法进行调用：module.function(arguments)。

下面是布尔型的操作示例：

```
>>> x = False
>>> x
False
>>> not x
True
>>> y = True * 2      ◁——❶
>>> y
2
```

布尔型的表现和数值 1（True）和 0（False）类似，只是用了 True 和 False 表示而已❶。

3.2.2 列表

Python 内置了强大的列表（list）类型：

```
[]
[1]
[1, 2, 3, 4, 5, 6, 7, 8, 12]
[1, "two", 3, 4.0, ["a", "b"], (5,6)]        ❶
```

列表中的元素可以是其他多种类型的混搭，如字符串、元组、列表、字典、函数、文件对象和任意类型的数字❶。

列表可以通过索引访问，从头开始或从末尾开始均可。还可以通过切片（slice）记法来表示列表的某个片段或切片。

```
>>> x = ["first", "second", "third", "fourth"]
>>> x[0]
'first'                     ❶
>>> x[2]
'third'
>>> x[-1]
'fourth'
>>> x[-2]                    ❷
'third'
>>> x[1:-1]
['second', 'third']
>>> x[0:3]
['first', 'second', 'third']
>>> x[-2:-1]                     ❸
['third']
>>> x[:3]
['first', 'second', 'third']
>>> x[-2:]                    ❹
['third', 'fourth']
```

从头开始的索引用正数表示，从 0 开始❶，索引 0 表示第一个元素。从末尾开始的索引用负数表示，从-1 开始❷，索引-1 表示最后一个元素。用`[m:n]`可以获得一个切片❸，其中 `m` 是包含在内的起始索引，`n` 是不包含在内的终止索引（参见表 3-1）。`[:n]`表示切片从列表头开始，而`[m:]`则表示切片直至列表末尾才结束❹。

表 3-1 列表索引的用法

x=	[	"first" ,	"second" ,	"third" ,	"fourth"	]
索引值为正数		0	1	2	3	
索引值为负数		-4	-3	-2	-1	

可以用以下记法添加、移除、替换列表中的元素，或者是由切片获取某个元素或新的列表。

```
>>> x = [1, 2, 3, 4, 5, 6, 7, 8, 9]
```

```
>>> x[1] = "two"
>>> x[8:9] = []
>>> x
[1, 'two', 3, 4, 5, 6, 7, 8]
>>> x[5:7] = [6.0, 6.5, 7.0]      ❶
>>> x
[1, 'two', 3, 4, 5, 6.0, 6.5, 7.0, 8]
>>> x[5:]
[6.0, 6.5, 7.0, 8]
```

如果替换之后的新切片大小与原来的不一样，列表的大小会自动调整❶。

下面是其他一些列表操作，包括内置函数（len、max 和 min）、操作符（in、+、*）、del 语句和列表本身的方法（append、count、extend、index、insert、pop、remove、reverse 和 sort）。

```
>>> x = [1, 2, 3, 4, 5, 6, 7, 8, 9]
>>> len(x)
9
>>> [-1, 0] + x              ❶
[-1, 0, 1, 2, 3, 4, 5, 6, 7, 8, 9]
>>> x.reverse()              ❷
>>> x
[9, 8, 7, 6, 5, 4, 3, 2, 1]
```

操作符+和*会创建新的列表，原来的列表保持不变❶。列表方法的调用语法就是使用列表自身的属性记法：x.method(arguments) ❷。

上述操作有些是重复了切片记法完成的功能，但代码的可读性得到了提升。

3.2.3 元组

元组（tuple）与列表类似，但是元组是不可修改的（immutable）。也就是说，元组一旦被创建就不可被修改了。操作符（in、+、*）和内置函数（len、max、min）对于元组的使用效果和列表是一样的，因为这几个操作都不会修改元组的元素。索引和切片的用法在获取部分元素或切片时和列表是一样的效果，但是不能用来添加、移除、替换元素。元组的方法也只有两个，即 count 和 index。元组的重要用途之一就是用作字典的键。如果不需要修改元素，那么使用元组的效率会比列表更高。

```
()
(1,)              ❶
(1, 2, 3, 4, 5, 6, 7, 8, 12)
(1, "two", 3L, 4.0, ["a", "b"], (5, 6))    ❷
```

只包含 1 个元素的元组需要加上逗号❶。和列表一样，元组的元素也可以是各种类型的混搭，包括字符串、元组、列表、字典、函数、文件对象和任意类型的数字❷。

利用内置函数 tuple，可以将列表转换为元组：

```
>>> x = [1, 2, 3, 4]
```

```
>>> tuple(x)
(1, 2, 3, 4)
```

反之，元组也可以通过内置函数 list 转换为列表：

```
>>> x = (1, 2, 3, 4)
>>> list(x)
[1, 2, 3, 4]
```

3.2.4 字符串

字符串处理是 Python 的一大强项。标识字符串的方式有很多种：

```
"A string in double quotes can contain 'single quote' characters."
'A string in single quotes can contain "double quote" characters.'
'''\tA string which starts with a tab; ends with a newline character.\n'''
"""This is a triple double quoted string, the only kind that can contain real newlines."""
```

字符串可以用单引号（' '）、双引号（" "）、3 个单引号（''' '''）或 3 个双引号（""" """）进行标识，可以包含制表符（\t）和换行符（\n）。

字符串类型也是不可修改的。在原字符串上执行的操作符和函数调用，都会返回从原字符串提取的新的字符串。操作符（in、+、*）和内置函数（len、max、min）对于字符串的使用效果，和列表、元组是一样的。索引和切片的用法在获取部分元素或切片时，效果也是一样的，但是不能用于添加、移除或替换元素。

字符串类型包含了很多处理字符串的方法，在库模块 re 中还额外提供了一些字符串处理函数：

```
>>> x = "live and      let \t   \tlive"
>>> x.split()
['live', 'and', 'let', 'live']
>>> x.replace("    let \t   \tlive", "enjoy life")
'live and enjoy life'
>>> import re                              ❶
>>> regexpr = re.compile(r"[\t ]+")
>>> regexpr.sub(" ", x)
'live and let live'
```

re 模块❶提供了正则表达式的处理功能。与 string 模块相比，它能够以更为复杂的模式实现字符串提取或替换功能。

print 函数用于输出字符串，可将其他 Python 数据类型简单地转换为字符串并进行格式化输出：

```
>>> e = 2.718
>>> x = [1, "two", 3, 4.0, ["a", "b"], (5, 6)]
>>> print("The constant e is:", e, "and the list x is:", x)     ❶
The constant e is: 2.718 and the list x is: [1, 'two', 3, 4.0, ['a', 'b'], (5, 6)]
>>> print("the value of %s is: %.2f" % ("e", e))     ❷
the value of e is: 2.72
```

在用 print 输出的时候，对象会被自动转换为字符串形式❶。操作符%提供的格式化能力❷，与 C 语言的 sprintf 函数类似。

3.2.5 字典

Python 内置的字典（dictionary）数据类型提供了关联数组的功能，实现机制是利用了散列表（hash table）。内置的 len 函数将返回字典中键/值对的数量。del 语句可以用来删除键/值对。像列表类型一样，字典类型也提供了一些可用的方法（clear、copy、get、items、keys、update 和 values）。

```
>>> x = {1: "one", 2: "two"}
>>> x["first"] = "one"              <—— 新建一个字典成员，键为"first"，值为"one"
>>> x[("Delorme", "Ryan", 1995)] = (1, 2, 3)    <—— ❶
>>> list(x.keys())
['first', 2, 1, ('Delorme', 'Ryan', 1995)]
>>> x[1]
'one'
>>> x.get(1, "not available")
'one'
>>> x.get(4, "not available")           <—— ❷
'not available'
```

字典键必须是不可变类型❶，如数值、字符串、元组。字典值可以是任何对象，包括列表和字典这种可变类型。当要访问的键的值在字典中不存在时，将会引发 KeyError。如果想要避免这种异常，字典方法 get❷选择可以当键在字典中不存在时返回自定义值。

3.2.6 集合

Python 中的集合（set）类型是由对象组成的无序集。如果主要关心的是对象在集合中的存在性和唯一性，可以考虑使用集合类型。集合的行为，就像是没有关联值的字典键集。

```
>>> x = set([1, 2, 3, 1, 3, 5])      <—— ❶
>>> x
{1, 2, 3, 5}      <—— ❷
>>> 1 in x        <——┐
True                  ├ ❸
>>> 4 in x        <——┘
False
>>>
```

对序列型对象（如列表）调用 set 函数，可以创建一个集合❶。在创建时，重复的序列成员将会被移除❷。关键字 in 可用于检查对象是否为集合的成员❸。

3.2.7 文件对象

Python 通过文件对象来访问文件：

```
>>> f = open("myfile", "w")                                    ❶
>>> f.write("First line with necessary newline character\n")
44
>>> f.write("Second line to write to the file\n")
33
>>> f.close()
>>> f = open("myfile", "r")                      ❷
>>> line1 = f.readline()
>>> line2 = f.readline()
>>> f.close()
>>> print(line1, line2)
First line with necessary newline character
Second line to write to the file
>>> import os                                                  ❸
>>> print(os.getcwd())
c:\My Documents\test
>>> os.chdir(os.path.join("c:\\", "My Documents", "images"))           ❹
>>> filename = os.path.join("c:\\", "My Documents", "test", "myfile")    ❺
>>> print(filename)
c:\My Documents\test\myfil
>>> f = open(filename, "r")
>>> print(f.readline())
First line with necessary newline character
>>> f.close()
```

open 语句会创建一个文件对象❶，这里以写入（"w"）模式打开当前工作目录中的文件 myfile。然后写入两行数据并关闭文件❷，再以只读（"r"）模式打开该文件。os 模块❸中提供了一些与文件系统相关的函数，参数是文件和目录的路径名。接着将当前目录移到另一个目录❹。但通过引用绝对路径下的文件❺，仍然可以访问到该文件。

Python 还提供了其他几种输入/输出功能。内置的 input 函数可用来提示并读取用户录入的字符串。通过 sys 库模块，能访问到 stdin、stdout 和 stderr。如果文件是由 C 程序生成的，或者是要供 C 程序访问的，那么可以通过 struct 库模块获得文件读取和写入的支持。用 Pickle 库模块则能够轻松地读写保存在文件中的 Python 数据类型，以实现对象数据的持久化。

3.3 流程控制语句结构

Python 拥有控制代码执行和程序流程的多种语句结构，包括常见的分支结构和循环结构。

3.3.1 布尔值和表达式

Python 有很多表达布尔值的方式，布尔常量 False、0、Python 零值 None、空值（如空的列表 [] 和空字符串 ""），都被视为 False。布尔常量 True 和其他一切值都被视为 True。

通过比较操作符（<、<=、==、>、>=、!=、is、is not、in、not in）和逻辑操作符（and、not、or），可以创建返回 True 和 False 的比较表达式。

3.3.2 if-elif-else 语句

如果第一个条件为 True，if 或 elif 后的代码块就会被执行。如果都不为 True，则 else 后的代码块会被执行。

```
x = 5
if x < 5:
    y = -1
    z = 5
elif x > 5:
    y = 1              ❶
    z = 11
else:
    y = 0             ❷
    z = 10
print(x, y, z)
```

elif 和 else 从句是可选的❶，elif 从句的数量是任意的。Python 用缩进作为代码块的分界线❷。代码块不必用什么显式的方括号或大括号之类的分隔符来标识。每个代码块由一条或多条换行符分隔的语句组成，同一个代码块中的语句必须处于同一缩进级别。上述示例中的输出将会是 5 0 10。

3.3.3 while 循环

只要循环条件为 True（以下例子为 x > y），while 循环就会一直执行下去：

```
u, v, x, y = 0, 0, 100, 30      ◁──❶
while x > y:
    u = u + y
    x = x - y
    if x < y + 2:
        v = v + x
        x = 0                   ❷
    else:
        v = v + y + 2
        x = x - y - 2
print(u, v)
```

上面用到了一个简写记法，u 和 v 被赋值为 0，x 被设置为 100，y 的值则成为 30❶。接下来是循环代码块❷，循环可能包含 break（退出循环）和 continue 语句（中止循环的本次迭代）。输出结果将会是 60 40。

3.3.4 for 循环

for 循环可以遍历所有可迭代类型，例如列表和元组，因此既简单又强大。与许多其他语言不同，Python 的 for 循环遍历的是序列（如列表或元组）中的每一个数据项，使其更像是一个

foreach 循环。下面的循环，将会找到第一个可以被 7 整除的整数：

```
item_list = [3, "string1", 23, 14.0, "string2", 49, 64, 70]
for x in item_list:                                  ❶
    if not isinstance(x, int):
        continue                          ❷
    if not x % 7:
        print("found an integer divisible by seven: %d" % x)
        break                                        ❸
```

x 依次被赋予列表中的每个值❶。如果 x 不是整数，则用 continue 语句跳过本次迭代的其余语句。程序继续流转，x 被设为列表的下一项❷。当找到第一个符合条件的整数后，循环由 break 语句结束❸。输出结果将会是：

```
found an integer divisible by seven: 49
```

3.3.5 函数定义

Python 为函数提供了灵活的参数传递机制：

```
>>> def funct1(x, y, z):           ❶
...     value = x + 2*y + z**2
...     if value > 0:
...         return x + 2*y + z**2       ❷
...     else:
...         return 0
...
>>> u, v = 3, 4
>>> funct1(u, v, 2)
15
>>> funct1(u, z=v, y=2)            ❸
23
>>> def funct2(x, y=1, z=1):           ❹
...     return x + 2 * y + z ** 2
...
>>> funct2(3, z=4)
21
>>> def funct3(x, y=1, z=1, *tup):          ❺
...     print((x, y, z) + tup)
...
>>> funct3(2)
(2, 1, 1)
>>> funct3(1, 2, 3, 4, 5, 6, 7, 8, 9)
(1, 2, 3, 4, 5, 6, 7, 8, 9)
>>> def funct4(x, y=1, z=1, **kwargs):          ❻
...     print(x, y, z, kwargs)
>>> funct4(1, 2, m=5, n=9, z=3)
1 2 3 {'n': 9, 'm': 5}
```

函数通过 def 语句❶来定义，并用 return 语句❷来返回值，返回值可以是任意类型。如果没有遇到 return 语句，则函数将返回 Python 的 None 值。函数的参数可以由位置或名称（关键字）来给出。在上述例子中，z 和 y 就是按名称给出的❸。可以为函数参数定义默认值，只要在调用时不为该参数赋值即可生效❹。还可以为函数定义一个特殊的元组参数，将调用时剩余的位置参数都放入元组中❺。同样，也可以定义一个特殊的字典参数，将调用函数时剩余的关键字参数全都放入字典中❻。

3.3.6 异常

异常（错误）可以由 try-except-else-finally 组合语句捕获并进行处理，自定义的异常和主动引发（raise）的“异常”也可以由该语句捕获并处理。只要存在未被捕获处理的异常，就会导致程序退出。代码清单 3-1 给出了基本的异常处理流程。

代码清单 3-1 exception.py 文件

```
class EmptyFileError(Exception):          ❶
    pass
filenames = ["myfile1", "nonExistent", "emptyFile", "myfile2"]
for file in filenames:
    try:                                  ❷
        f = open(file, 'r')
        line = f.readline()               ❸
        if line == "":
            f.close()
            raise EmptyFileError("%s: is empty" % file)     ❹
    except IOError as error:
        print("%s: could not be opened: %s" % (file, error.strerror)
    except EmptyFileError as error:
        print(error)
    else:                                 ❺
        print("%s: %s" % (file, f.readline()))
    finally:
        print("Done processing", file)          ❻
```

上述代码自定义了一个异常，是从基类 Exception 中继承而来的❶。只要在 try 语句块的执行过程中发生了 IOError 或 EmptyFileError，对应的 except 语句块就会被执行❷。此处的代码❸可能会引发 IOError。而下面的代码主动引发了 EmptyFileError ❹。else 从句不是必须有的❺，它会在 try 语句块没有发生异常时得以执行。注意，在上述例子中，在 except 语句块中加入 continue 语句也可以达到 else 语句的同样效果。finally 语句也是可选项❻，无论是否引发了异常都会在 try 语句块结束时得以执行。

3.3.7 用关键字 with 控制上下文

有一种更简单的 try-except-finally 封装模式，就是利用 with 关键字和上下文管理器（context manager）。Python 会为文件访问之类的操作定义上下文管理器，开发人员也可以定义自己的上下文管理器。使用上下文管理器有一个好处，可以（通常）为其定义默认的善后清理操作，无论是否发生异常，一定能得以执行。

代码清单 3-2 给出的是用 with 和上下文管理器打开并读取文件的例子。

代码清单 3-2　with.py 文件

```
filename = "myfile.txt"
with open(filename, "r") as f:
    for line in f:
        print(line)
```

这里的 with 建立了一个上下文管理器，将 open 函数和后续的语句块封装在一起。这时即便发生了异常，上下文管理器的预定义清理操作也会自动关闭该文件，只要第一行中的表达式执行时不会引发异常，就能确保关闭文件。上述代码等价于：

```
filename = "myfile.txt"
try:
    f = open(filename, "r")
    for line in f:
        print(line)
except Exception as e:
    raise e
finally:
    f.close()
```

3.4　创建模块

创建自己的模块十分容易，导入和使用与 Python 的内置库模块没有区别。代码清单 3-3 给出了包含了一个函数的简单模块，函数的用途是提示用户输入文件名并统计该文件中单词出现的次数。

代码清单 3-3　wo.py 文件

```
"""wo module. Contains function: words_occur()"""      ❶
# 接口函数                                  ❷
def words_occur():
    """words_occur() - count the occurrences of words in a file."""
    # 提示用户输入文件名称
    file_name = input("Enter the name of the file: ")
    # 打开文件，读取单词并保存在列表中
    f = open(file_name, 'r')
    word_list = f.read().split()          ❸
    f.close()
    # 对文件中的每个单词出现的次数进行计数
    occurs_dict = {}
    for word in word_list:
        # 对该单词次数加 1
        occurs_dict[word] = occurs_dict.get(word, 0) + 1
    # 打印结果
```

```
    print("File %s has %d words (%d are unique)" \        <——❹
      % (file_name, len(word_list), len(occurs_dict)))
    print(occurs_dict)
if __name__ == '__main__':                               <——❺
    words_occur()
```

文档字符串（即 docstring）是对模块、函数、方法和类给出文档说明的标准方式❶。而注释则以 # 字符开头❷。`read` 函数将返回一个字符串，其中包含了文件中的所有字符❸。字符串类的 `split` 方法将返回一个字符串列表，列表的成员是将该字符串内容按空白符分隔开的各个单词。“\” 符用于将长语句拆分为多行❹。这里的 `if` 语句❺使得本段程序可以以脚本的方式运行，只要在命令行中输入 `python wo.py` 即可。

如果代码文件存放的目录被包含在模块搜索路径中（由 `sys.path` 给出），就可以像内置库模块一样用 `import` 语句导入该文件：

```
>>> import wo
>>> wo.words_occur()      <——❶
```

以上函数的用法和库模块函数完全相同，只是采用对象属性的调用语法❶。

注意，在同一个交互式会话当中，如果磁盘文件 `wo.py` 中途做过改动，`import` 是不会自动加载改动内容的。这时可以利用 `imp` 库中的 `reload` 函数来重新加载：

```
>>> import imp
>>> imp.reload(wo)
<module 'wo'>
```

为了适应较大型的项目，Python 支持一种叫**包**（package）的概念，也就是多个模块的汇总。利用“包”很容易就能把模块以目录或目录子树的形式分组存放，然后通过 `package.subpackage.module` 的语法导入并按层次引用。只要为每个包或子包创建一个初始化文件即可，这个初始化文件的内容可以为空。

3.5 面向对象编程

Python 为 OOP 提供了完整的支持，代码清单 3-4 给出了一个示例，也许可以成为一个初级的简单图形绘制模块，为某个绘图程序服务。如果对 OOP 比较熟悉，此例程仅供参考。对于 OOP 的标准特性，Python 的语法和语义，与其他编程语言是类似的。

代码清单 3-4 sh.py 文件

```
"""sh module. Contains classes Shape, Square and Circle"""
class Shape:                                        <——❶
    """Shape class: has method move"""
    def __init__(self, x, y):                       <——❷
        self.x = x                          ❸
        self.y = y
    def move(self, deltaX, deltaY):                 <——❹
```

```
            self.x = self.x + deltaX
            self.y = self.y + deltaY
    class Square(Shape):
        """Square Class:inherits from Shape"""
        def __init__(self, side=1, x=0, y=0):
            Shape.__init__(self, x, y)
            self.side = side
    class Circle(Shape):                           <-❺
        """Circle Class: inherits from Shape and has method area"""
        pi = 3.14159                        <-❻
        def __init__(self, r=1, x=0, y=0):
            Shape.__init__(self, x, y)             <-❼
            self.radius = r
        def area(self):
            """Circle area method: returns the area of the circle."""
            return self.radius * self.radius * self.pi
        def __str__(self):                  <-❽
            return "Circle of radius %s at coordinates (%d, %d)"\
                   % (self.radius, self.x, self.y)
```

类是由 class 关键字定义的❶。类的实例初始化方法（构造函数）叫作__init__❷，实例变量 x 和 y 就是在这里创建和初始化的❸。方法和函数一样，由 def 关键字定义❹。所有方法的第一个参数习惯上叫作 self。当方法被调用（invoke）时，self 会被置为调用该方法的实例。类 Circle 是从类 Shape 继承而来的❺，类似于一个标准的类变量❻，但又不完全相同。类必须显式调用其基类的初始化函数（initializer），这是在其初始化函数中完成的❼。__str__方法将会由 print 函数调用❽。类还有一些其他的特殊方法属性，用于支持操作符重载，或供 len() 函数之类的内置方法调用。

导入以下文件，以便启用上述类：

```
>>> import sh
>>> c1 = sh.Circle()            <-❶
>>> c2 = sh.Circle(5, 15, 20)
>>> print(c1)
Circle of radius 1 at coordinates (0, 0)
>>> print(c2)                            <-❷
Circle of radius 5 at coordinates (15, 20)
>>> c2.area()
78.539749999999998
>>> c2.move(5, 6)               <-❸
>>> print(c2)
Circle of radius 5 at coordinates (20, 26)
```

这里创建了一个 Circle 类的实例❶，初始化函数是会被隐式调用的。print 函数会隐式调用特殊方法__str__❷。在这里 Circle 可以直接调用父类 Shape 的 move 方法❸。方法调用的语法，就是在对象实例上使用属性语法 object.method()。第一个参数（self）会自动隐式赋值。

3.6 小结

- 本章快速介绍了 Python，逻辑层次很高，后续的章节将给出更多的详细内容。到此为止，本书对 Python 的概述就结束了。
- 读完后续章节介绍的特性后，再回到本章重新阅读对应的示例，可能会很有意义，权当是复习吧。
- 如果读者觉得本章更像是复习，或者只想了解某一些特性的细节，尽可以利用索引或目录跳转阅读。
- 在跳到第四部分之前，应该先对本章介绍的 Python 特性颇具了解才行。

第二部分

重点内容

接下来的几章将会介绍 Python 的重点内容。我们首先从最简单的新建一个 Python 程序开始，再介绍 Python 的内置数据类型和控制结构，然后是函数的定义和模块的使用。

本部分最后一章将会介绍如何编写可独立运行的 Python 程序，以及文件操作、错误处理和类的使用。

第4章 基础知识

本章主要内容

- 缩进和代码块构建
- 识别注释
- 给变量赋值
- 对表达式求值
- 使用常见数据类型
- 获取用户输入
- 选用正确的 Python 式编码风格

本章介绍最基础的 Python 知识，包括如何使用赋值和表达式、如何输入数字或字符串、如何在代码中标明注释等。首先将介绍 Python 如何组织代码块，这与其他的所有主流语言都不一样。

4.1 缩进和代码块构建

与其他大部分编程语言不一样，Python 使用空白符（whitespace）和缩进来标识代码块。也就是说，循环体、`else` 条件从句之类的构成，都是由空白符来确定的。大部分编程语言都是使用某种大括号来标识代码块的。下面的 C 语言代码将会计算 9 的阶乘，结果保存在变量 `r` 中：

```
/* C语言代码 */
int n, r;
n = 9;
r = 1;
while (n > 0) {
    r *= n;
    n--;
}
```

这里的 `while` 循环体是用大括号包围起来的，也就是每次循环将要执行的代码。如上面的代码所示，为了能清晰地表达用途，代码一般都会多少带点缩进。但是写成以下格式也是允许的：

```
/* 随意缩进的C语言代码 */
    int n, r;
        n = 9;
        r = 1;
    while (n > 0) {
r *=  n;
n--;
}
```

虽然以上代码非常难以阅读，但仍然可以正确运行。

下面是Python的等价实现：

```
# Python代码（赞！）
n = 9
r = 1
while n > 0:
    r = r * n      <—— Python还支持C风格的写法 r * = n
    n = n - 1      <—— Python还支持C风格的写法 n - = 1
```

Python不用大括号标识代码结构，而是用缩进本身来标识。上述最后两行代码就是 `while` 循环体，就是因为它们紧随 `while` 语句，并且比 `while` 语句缩进一级。如果这两行代码没做缩进，就不会构成 `while` 循环体。

采用缩进而非大括号来标识代码结构，可能需要一些时间来习惯，但却有明显的好处。

- 不再可能有缺失或多余的大括号。再也不用一遍遍地翻看代码，只为在底部找到与前面的左括号匹配的右括号。
- 代码结构的外观直观反映了其实际结构，看一眼就可以轻松了解代码的架构。
- Python的编码风格能大致统一。换句话说，不太可能因为要看懂别人的古怪代码而抓狂。所有人的代码都很像是自己写的。

可能大家的代码已经坚持采用了缩进，所以这算不上是一大进步。如果用了IDLE，每行都会自动缩进。如果要回退缩进级别，只需要按下Backspace键即可。大多数编程用的编辑器和IDE（如Emacs、VIM和Eclipse）都提供了自动缩进功能。如果在提示符后输入命令时，前面有一个或多个空格，那么Python解释器会返回错误消息。这件事可能需要犯一两次错误才会适应。

4.2 识别注释

在大多数情况下，Python文件中符号#之后的任何内容都是注释，将会被编译器忽略。有一种情况明显例外，即字符串中的#只是一个普通字符：

```
# 将5赋给x
x = 5
x = 3          # 现在x成了3
x = "# This is not a comment"
```

Python代码中经常会加入注释。

4.3　变量和赋值

赋值是最常用的 Python 命令，用法也与其他编程语言很类似。下面用 Python 代码新建变量 x，并赋值为 5：

```
x = 5
```

与很多其他计算机语言不同的是，Python 既不需要声明变量类型，也不需要在每行代码后面添加结束符。代码换行即表示结束，变量在首次被赋值时会自动创建。

Python 中的变量：是容器（bucket）还是标签（label）？

在 Python 中“变量”这个名称或许有点儿误导性，应该叫“名称”或“标签”会更准确一些。但是，似乎所有人都习惯称为“变量”了。无论叫什么名称，都应该知道 Python 中的变量是如何工作的。

对变量的常见解释就是存储值的容器，有点儿像是个桶（bucket），当然这不算精确。对许多编程语言（如 C 语言）来说，这种解释是合理的。

但是，Python 中的变量不是容器，而是指向 Python 对象的标签，对象位于解释器的命名空间中。任意数量的标签（或变量）可以指向同一个对象。当对象发生变化时，所有指向它的变量的值都会改变。

看过以下这段简单的代码，就能理解上述含义了：

```
>>> a = [1, 2, 3]
>>> b = a
>>> c = b
>>> b[1] = 5
>>> print(a, b, c)
[1, 5, 3] [1, 5, 3] [1, 5, 3]
```

如果将变量视为容器，以上结果就说不通了。改变了一个容器的内容，另外两个容器不应该同时发生变化。但是，如果变量只是指向对象的标签，就说得通了。3 个标签都指向同一个对象，若对象发生变化，则 3 个标签都会反映出来。

如果变量指向的是常量或不可变值，上述区别就不是十分明显了：

```
>>> a = 1
>>> b = a
>>> c = b
>>> b = 5
>>> print(a, b, c)
1 5 1
```

因为变量指向的对象无法改变，所以变量的表现与两种解释均符合。实际上在第 3 行代码执行完毕后，a、b 和 c 就全都指向了同一个不可更改的整数对象，其值为 1。下一行代码 b =5 则让 b 指向整数对象 5，但 a 和 c 的指向没有变化。

Python 变量可以被设为任何对象，而在 C 和许多其他语言中，变量只能存储声明过的类型的值。下面的 Python 代码是完全合法的：

```
>>> x = "Hello"
>>> print(x)
Hello
>>> x = 5
>>> print(x)
5
```

一开始 x 是指向字符串对象"Hello"的，然后又指向了整数对象 5。当然，这种特性可能会遭到滥用，因为随意让同一个变量名先后指向不同的数据类型，可能会让代码变得难以理解。

新的赋值操作会覆盖之前所有的赋值，del 语句则会删除变量。如果在删除变量之后设法输出该变量的内容，将会引发错误，效果就像从未创建过该变量一样：

```
>>> x = 5
>>> print(x)
5
>>> del x
>>> print(x)
Traceback (most recent call last):
 File "<stdin>", line 1, in <module>
NameError: name 'x' is not defined
>>>
```

这里首先出现了跟踪信息（traceback），当检测到错误（称为异常）时就会被打印。最后一行代码显示出检测到了异常，在这里是 x 的 NameError。在被删除之后，x 不再是有效的变量名了。因为在交互模式下只输出了一行代码，所以上述示例中只返回了“line 1, in <module>”的跟踪信息。通常在错误发生时，会返回已有函数的完整动态调用层次信息。如果用了 IDLE，返回的信息也是差不多的，可能会得到如下所示的代码：

```
Traceback (most recent call last):
  File "<pyshell#3>", line 1, in <module>
    print(x)
NameError: name 'x' is not defined
```

第 14 章将会更加详细地介绍这种错误处理机制。在 Python 标准库文档中，列出了所有可能出现的异常及其引发原因。请使用索引来查找收到的某个异常的信息（如 NameError）。

Python 变量的名称是区分大小写的，可以包含字母、数字和下划线，但必须以字母或下划线开头。关于创建 Python 式风格的变量名称的更多内容，参见 4.10 节。

4.4 表达式

对于 Python 支持的算术表达式，多数读者都很熟悉。以下代码将会计算 3 和 5 的平均值，结果保存在变量 z 中：

```
x = 3
y = 5
z = (x + y) / 2
```

注意，只涉及整数的算术操作符并不一定返回整数。即便所有数值全是整数，除法运算（从Python 3开始）也会返回浮点数，所以小数部分不会被截断。如果需要传统的返回截断整数的整除，可以换用操作符//。

Python使用的是标准的算术优先规则。如果上述最后一行代码省略了圆括号，就会被计算为x +(y / 2)。

表达式不一定只是包含数值，字符串、布尔值和许多其他类型的对象都能以各种方式在表达式中使用。后面在用到时会更详细地介绍。

动手题：变量和表达式　请在Python shell中创建一些变量。在变量名中放置空格、短线或其他非字母或数字的字符，看看会发生什么？再尝试一些复杂的表达式，例如x = 2 + 4 * 5 - 6/3。用圆括号对数字进行各种不同形式的分组，看看运算结果与原来未分组时的表达式有何不同。

4.5　字符串

与其他大多数编程语言一样，Python 用双引号标识字符串。以下代码将字符串"Hello, World"赋给变量x：

```
x ="Hello, World"
```

反斜杠可用于将字符转义，赋予字符特殊的含义。\n表示换行符，\t表示制表符，\\表示反斜杠符本身。而\"则是双引号本身，而不是字符串的结束符：

```
x = "\tThis string starts with a \"tab\"."
x = "This string contains a single backslash(\\)."
```

可以用单引号代替双引号。以下两行代码的效果是一样的：

```
x = "Hello, World"
x = 'Hello, World'
```

它们的唯一区别是：在单引号标识的字符串中，不需要对双引号字符加反斜杠；在双引号标识的字符串中，也不需要对单引号字符加反斜杠：

```
x = "Don't need a backslash"
x = 'Can\'t get by without a backslash'
x = "Backslash your \" character!"
x = 'You can leave the " alone'
```

普通字符串不允许跨行。以下代码将是无效的：

```
# 以下Python代码将引发错误——不能让1个字符串跨越2行
x = "This is a misguided attempt to
put a newline into a string without using backslash-n"
```

但是 Python 支持用三重双引号标识字符串，这样字符串中不用反斜杠就能包含单引号和双引号：

```
x = """Starting and ending a string with triple " characters
permits embedded newlines、and the use of " and ' without
backslashes"""
```

现在 x 包含了两个"""之间的所有字符。可以用三重单引号'''来代替双引号以达到同样的效果。

Python 为字符串处理提供了足够的功能，第 6 章将会做专题讨论。

4.6 数值

也许大家已经对其他编程语言的标准数值操作比较熟悉了，因此本书没有用单独的章节来介绍 Python 的数值处理能力。本节将会介绍 Python 数值的独有特性，Python 文档中给出了全部可用的函数。

Python 提供了 4 种数值：整数、浮点数、复数和布尔值。整数常量就是 0、-11、+33、123456 之类的整数值，并且范围是无限的，大小仅受限于机器资源。浮点数可用小数点或科学计数法表示：3.14、-2E-8、2.718281828。浮点数的精度由底层硬件决定，但通常相当于 C 语言中的双精度（64 位）类型。复数受关注的程度可能不高，本节后面将会单独讨论。布尔值是 `True` 或 `False`，除是字符串形式之外，效果与 1 和 0 相同。

Python 的算术操作与 C 语言很类似。两个整数的计算操作会生成一个整数，当然除法（/）除外，因为除法的结果会是浮点数。如果用了除号//，则结果会是经过截断的整数。浮点数操作则总是会返回浮点数。下面是一些例子：

```
>>> 5 + 2 - 3 * 2
1
>>> 5 / 2            # 普通除法将返回浮点数
2.5
>>> 5 / 2.0          # 结果还是浮点数
2.5
>>> 5 // 2           # 用'//'整除将返回截断后的整数值
2
>>> 30000000000      # 在很多编程语言中，整型是放不下的
30000000000
>>> 30000000000 * 3
90000000000
>>> 30000000000 * 3.0
90000000000.0
>>> 2.0e-8           # 科学计数法将返回浮点数
2e-08
>>> 3000000 * 3000000
9000000000000
>>> int(200.2)       <┐
200                   │
>>> int(2e2)         <┼─❶
200                   │
>>> float(200)       <┘
```

```
200.0
```

这几句代码显式在多个类型间转换❶，int 函数会将浮点数截断。

与 C 或 Java 相比，Python 的数值有两个优点：整数可为任意大小，两个整数的除法结果是浮点数。

4.6.1 内置数值处理函数

Python 提供了以下数值操作函数，作为其内核的一部分：

```
abs、divmod、float、hex、int、max、min、oct、pow、round
```

详情参见官方文档。

4.6.2 高级数值处理函数

Python 没有内置更高级的数值处理函数，例如三角函数、双曲线三角函数，以及一些有用的常量，但它们都在标准模块 math 中提供，稍后将会详细介绍模块。现在只要知道，必须在 Python 程序或交互式会话中执行以下语句，才能使用本节的数学函数，这就足够了。

```
from math import *
```

math 模块提供了以下函数和常量：

```
acos、asin、atan、atan2、ceil、cos、cosh、e、exp、fabs、floor、fmod、frexp、hypot、ldexp、
log、log10、mod、pi、pow、sin、sinh、sqrt、tan、tanh
```

详情参见官方文档。

4.6.3 数值计算

由于受限于运算速度，基本安装的 Python 不太适合执行密集型数值计算。但强大的 Python 扩展 NumPy 高效实现了很多高级的数值处理操作。NumPy 重点实现的是数组操作，包括多维矩阵，以及快速傅里叶变换等更高级的函数。在 SciPy 官网中应该能够找到 NumPy 或其链接。

4.6.4 复数

只要表达式带有 nj 的形式，就会自动创建复数：n 与 Python 的整数和浮点数形式相同，j 当然就是标准的虚数表示法，等于-1 的平方根。例如：

```
>>> (3+2j)
(3+2j)
```

注意，当计算结果为复数时，Python 会加上圆括号，表示显示的是个对象值：

```
>>> 3 + 2j - (4+4j)
(-1-2j)
>>> (1+2j) * (3+4j)
(-5+10j)
>>> 1j * 1j
(-1+0j)
```

计算 `j * j` 则会如愿返回`-1`，但结果仍然是 Python 复数型对象。复数永远不会被自动转换为等价的实数或整数对象。但可以用 `real` 和 `imag` 属性轻松访问到复数的实部和虚部。

```
>>> z = (3+5j)
>>> z.real
3.0
>>> z.imag
5.0
```

注意，复数的实部和虚部总是以浮点数返回。

4.6.5 高级复数函数

大多数用户都会认为，计算-1 的平方根不该有结果，而是应该报错，因此 `math` 模块中的函数并不适用于复数，与其类似的复数函数是由 `cmath` 模块提供的：

`acos`、`acosh`、`asin`、`asinh`、`atan`、`atanh`、`cos`、`cosh`、`e`、`exp`、`log`、`log10`、`pi`、`sin`、`sinh`、`sqrt`、`tan`、`tanh`

为了能在代码中清晰地标识出这些特殊用途的复数函数，避免与普通的同名函数产生冲突，最好的做法是先导入 `cmath` 模块：

```
import cmath
```

然后在用到复数函数时，显式地引用 `cmath` 包：

```
>>> import cmath
>>> cmath.sqrt(-1)
1j
```

尽量少用<module> import *

上述例子很好地说明了为什么应尽量减少 `import` 语句的 `from <module> import *`的用法。如果用 `from` 形式先导入 `math` 模块，再导入 `cmath` 模块，那么 `cmath` 模块中的函数将会覆盖 `math` 模块的同名函数。对于阅读代码的人来说，也要花费更多的精力来找出某个函数的来源。有一些模块经过了明确设计，必须使用上例中的导入形式。

有关如何使用模块和模块名称的更多详细信息，参见第 10 章。

重点是要记住，在导入 `cmath` 模块之后，几乎就能对其他数值类型进行任何操作了。

动手题：字符串和数值操作 在 Python shell 中，创建一些字符串和数值型变量（整数、浮点数和复数）。体验一下操作的结果，包括跨类型的操作。例如，能否让字符串乘以整数，或者乘以浮点数或复数呢？接下来载入 math 模块并测试一些函数，然后载入 cmath 模块并执行同名函数。当载入 cmath 模块后，对整数或浮点数调用其中的函数，会产生什么结果？怎样才能让 math 模块的函数重新可用呢？

4.7 None 值

除字符串、数值等标准类型之外，Python 还有一种特殊的基本数据类型，它定义了名为 None 的特殊数据对象。顾名思义，None 用于表示空值。在 Python 中，None 会以各种方式存在。例如，Python 中的“过程”，只是一个没有显式返回值的函数，这表示默认返回的是 None。

在日常的 Python 编程中，None 经常被用作占位符，用于指示数据结构中某个位置的数据将会是有意义的，即便该数据尚未被计算出来。检测 None 是否存在十分简单，因为在整个 Python 系统中只有 1 个 None 的实例，所有对 None 的引用都指向同一个对象，None 只等价于它自身。

4.8 获取用户输入

利用 input() 函数可以获取用户的输入。input() 函数可以带一个字符串参数，作为显示给用户的提示信息：

```
>>> name = input("Name? ")
Name? Jane
>>> print(name)
Jane
>>> age = int(input("Age? "))          <-- 将输入的字符串转换为整数
Age? 28
>>> print(age)
28
>>>
```

这种获取用户输入的方法相当简单。用户输入是以字符串的形式获得的，所以要想用作数字，必须用 int() 或 float() 函数进行转换。这算得上是个小陷阱吧。

动手题：获取用户输入 体验一下用 input() 函数读取用户输入的字符串和整数。代码与上述例子类似，如果读取整数时没有在 input() 外面调用 int()，那会出现什么效果？能否修改一下代码，读取一个浮点数（如 28.5）？如果故意输入“错误”的数据类型会怎么样？例如，本该是整数的地方输入了浮点数，本该是数字的地方输入了字符串，反之又会如何？

4.9 内置操作符

Python 提供了多种内置操作符，标准的操作符有+、*等，更高级的有移位、按位逻辑运算函数等。大多数操作符都不是 Python 独有的，其他的编程语言也提供，因此本书不再做解释。Python 内置操作符的完整列表，可在官方文档中找到。

4.10 基本的 Python 编码风格

除明确要求用缩进来标识代码块之外，Python 对编码风格的限制相对较少。即便如此，缩进量和缩进类型（制表符与空格）也没做强制性规定。不过在“Python 增强提案 8”（Python Enhancement Proposal 8，PEP 8）中，包含了推荐的编码风格规范。本书附录 A 有对 PEP 8 的概括性介绍，全文可在 Python 官方网站在线获取。表 4-1 中列出了部分 Python 式风格的规范，但为了能完全理解 Python 式风格，还请反复阅读 PEP 8。

表 4-1 Python 式编码风格规范

场 景	建 议	示 例
模块/包名	简短、全小写、非必要时不带下划线	imp、sys
函数名	全小写、用下划线增加可读性	foo()、my_func()
变量名	全小写、用下划线增加可读性	my_var
类名	单词首字母大写	MyClass
常量名	全大写、下划线分隔	PI、TAX_RATE
缩进	每级相差 4 个空格、不用 Tab 键	
比较操作	不要与 True 或 False 值做比较	if my_var: if not my_var:

强烈建议遵循 PEP 8 规范。因为每条规范都是精心挑选过的，并经过了时间考验，能让代码更容易被 Python 程序员理解。

速测题：Python 风格　请在以下变量名和函数名中，选出不大符合 Python 风格的名称，并说明理由：bar(、varName、VERYLONGVARNAME、foobar、longvarname、foo_bar()、really_very_ long_var_name。

4.11 小结

- 上面介绍的基础语法已足够开始写 Python 代码了。
- Python 语法一目了然、始终如一。
- 由于语法没有很多新奇之处，很多程序员的上手速度快得出奇。

第5章　列表、元组和集合

本章主要内容

- 操纵列表及其索引机制
- 修改列表
- 对列表排序
- 使用常用的列表操作
- 处理嵌套列表和深复制
- 使用元组
- 创建和使用集合

本章将讨论两种主要的 Python 序列类型：列表（list）和元组（tuple）。一开始，大家可能会将列表与其他语言的数组相提并论，但请不要迷惑，列表的功能比普通数组更加灵活和强大。

元组就像是不可修改的列表，可被视为受限的列表类型或记录类型。后续会讨论这种受限的数据类型的必要性。本章还会介绍较新加入 Python 的集合（set）类型。当一个对象在集合中的成员身份（而不是位置）很重要时，那么集合就很有用。

本章大部分内容都是介绍列表的，因为只要理解了列表，就能很好地理解元组。本章的最后将会从功能和设计理念方面讨论列表和元组的差别。

5.1　列表类似于数组

Python 的列表与 Java、C 等其他语言的数组非常相似，是对象的有序集合。创建列表的方法是，在方括号中列出以逗号分隔的元素，如下所示：

```
# 将包含 3 个元素的列表赋给 x
x = [1, 2, 3]
```

注意，列表不必提前声明，也不用提前就将大小固定下来。以上在一行代码中就完成了列表的创建和赋值，列表的大小会根据需要自动增减。

Python 中的数组

Python 提供了强类型的 array 模块，支持基于 C 语言数据类型的数组。有关数组的用法，可以在《Python 库参考手册》(*Python Library Reference*) 中找到，建议仅在确实需要提升性能时才考虑使用。如果需要进行数值计算，则应考虑使用第 4 章中提到过的 NumPy，可在 SciPy 官网中获取。

与很多其他语言的列表不同，Python 的列表可以包含不同类型的元素，列表元素可以是任意的 Python 对象。下面就是包含各种元素的列表示例：

```
# 第一个元素是数字，第二个元素是字符串，第三个元素是另一个列表
x = [2, "two", [1, 2, 3]]
```

最基本的内置列表函数或许就是 len 函数了，它返回列表的元素数量：

```
>>> x = [2, "two", [1, 2, 3]]
>>> len(x)
3
```

注意，len 函数不会对内部嵌套的列表中的数据项进行计数。

速测题：len()函数 针对以下列表，len()的返回值会是什么？

```
[0]; []; [[1, 3, [4, 5], 6], 7]
```

5.2 列表的索引机制

理解了列表的索引机制，将能使 Python 更有用。请务必完整阅读本节内容。

使用类似 C 语言数组索引的语法，就可以从 Python 列表中提取元素。像 C 和许多其他语言一样，Python 从 0 开始计数，索引为 0 将返回列表的第一个元素，索引为 1 则返回第二个元素，依此类推。下面给出一些示例：

```
>>> x = ["first", "second", "third", "fourth"]
>>> x[0]
'first'
>>> x[2]
'third'
```

但是 Python 的索引用法比 C 语言更加灵活。如果索引为负数，表示从列表末尾开始计数的位置，其中-1 是列表的最后位置，-2 是倒数第二位，依此类推。继续沿用以上列表 x，可以执行以下操作：

```
>>> a = x[-1]
>>> a
'fourth'
>>> x[-2]
'third'
```

对于只涉及单个列表索引的操作，通常可以认为索引指向了列表中的特定元素。对于更高级的索引操作，更为正确的理解是将索引视为元素之间的位置标识。对列表["first", "second", "third", "fourth"]而言，可认为索引指向了如下位置：

x =[		"first",		"second",		"third",		"fourth"		]
索引为正数	0		1		2		3			
索引为负数	-4		-3		-2		-1			

提取单个元素时，对索引的理解不会有问题。但是 Python 支持一次提取或赋值一整个子列表，也就是切片（slice）操作。不是用 list[index]提取紧跟着 index 的数据项，而是用 list[index1:index2]提取 index1（含）和上限至 index2（不含）之间的所有数据项，并放入一个新列表中。下面给出一些示例：

```
>>> x = ["first", "second", "third", "fourth"]
>>> x[1:-1]
['second', 'third']
>>> x[0:3]
['first', 'second', 'third']
>>> x[-2:-1]
['third']
```

如果第二个索引给出一个第一个索引之前的位置，似乎应该按逆序返回两个索引之间的元素。但其实不会如此，而是会返回空列表：

```
>>> x[-1:2]
[]
```

在对列表进行切片时，还可以省略 index1 或 index2。省略 index1 表示"从列表头开始"，而省略 index2 则表示"直到列表末尾为止"：

```
>>> x[:3]
['first', 'second', 'third']
>>> x[2:]
['third', 'fourth']
```

如果两个索引都省略了，将会由原列表从头至尾创建一个新列表，即列表复制。如果需要修改列表，但又不想影响原列表，就需要创建列表的副本，这时就能用列表复制技术了：

```
>>> y = x[:]
>>> y[0] = '1 st'
>>> y
['1 st', 'second', 'third', 'fourth']
>>> x
['first', 'second', 'third', 'fourth']
```

动手题：列表切片和索引 在列表大小未知时，如何综合运用 len()函数和列表切片得到列表的后半部分？在 Python shell 中进行试验，确认方案是否可行。

5.3 修改列表

除了提取列表元素，使用列表索引语法还可以修改列表。只要将索引放在赋值操作符左侧即可：

```
>>> x = [1, 2, 3, 4]
>>> x[1] = "two"
>>> x
[1, 'two', 3, 4]
```

切片语法也可以这样使用。类似 lista[index1:index2]=listb 的写法，会导致 lista 在 index1 和 index2 之间的所有元素都被 listb 的元素替换掉。listb 的元素数量可以多于或少于 lista 中被移除的元素数，这时 lista 的长度会自动做出调整。利用切片赋值操作，可以实现很多功能，例如：

```
>>> x = [1, 2, 3, 4]
>>> x[len(x):] = [5, 6, 7]      <—— 在列表末尾追加列表
>>> x
[1, 2, 3, 4, 5, 6, 7]
>>> x[:0] = [-1, 0]             <—— 在列表开头插入列表
>>> x
[-1, 0, 1, 2, 3, 4, 5, 6, 7]
>>> x[1:-1] = []                <—— 移除列表元素
>>> x
[-1, 7]
```

向列表添加单个元素是常见操作，所以专门为此提供了 append 方法。

```
>>> x = [1, 2, 3]
>>> x.append("four")
>>> x
[1, 2, 3, 'four']
```

如果用 append 方法把列表添加到另一个列表中去，是会出问题的。添加进去的列表会成为主列表中的单个元素：

```
>>> x = [1, 2, 3, 4]
>>> y = [5, 6, 7]
>>> x.append(y)
>>> x
[1, 2, 3, 4, [5, 6, 7]]
```

extend 方法和 append 方法类似，但是它能够将列表追加到另一个列表之后：

```
>>> x = [1, 2, 3, 4]
>>> y = [5, 6, 7]
>>> x.extend(y)
>>> x
[1, 2, 3, 4, 5, 6, 7]
```

列表还有一个特殊的 insert 方法，可以在两个现有元素之间或列表之前插入新的元素。

insert 是列表的方法，带有两个参数。第一个参数是新元素被插入列表的索引位置，第二个参数是新元素本身：

```
>>> x = [1, 2, 3]
>>> x.insert(2, "hello")
>>> print(x)
[1, 2, 'hello', 3]
>>> x.insert(0, "start")
>>> print(x)
['start', 1, 2, 'hello', 3]
```

insert 对列表索引的解释，和 5.2 节介绍的一致。但大多数情况下，可将 list.insert(n, elem)简单地理解为，在列表的第 n 个元素之前插入 elem。insert 只是一个便利的方法。任何可用 insert 完成的操作，通过切片赋值也可以完成。也就是说，当 n 是非负值时，list.insert(n, elem)与 list[n:n] = [elem]的效果是一样的。使用 insert 有利于提高代码的可读性，insert 甚至还可以处理负数索引：

```
>>> x = [1, 2, 3]
>>> x.insert(-1, "hello")
>>> print(x)
[1, 2, 'hello', 3]
```

删除列表数据项或切片的推荐方法是使用 del 语句。del 语句能完成的功能，并没有超过切片赋值操作，但通常它更容易被记住，也更易于阅读：

```
>>> x = ['a', 2, 'c', 7, 9, 11]
>>> del x[1]
>>> x
['a', 'c', 7, 9, 11]
>>> del x[:2]
>>> x
[7, 9, 11]
```

通常，del list[n]的功能与 list[n:n+1] = []是一样的，而 del list[m:n]的功能则与 list[m:n] = []相同。

列表的 remove 方法并不是 insert 方法的逆操作。insert 方法会在指定位置插入列表元素，remove 则会先在列表中查找给定值的第一个实例，然后将该值从列表中删除：

```
>>> x = [1, 2, 3, 4, 3, 5]
>>> x.remove(3)
>>> x
[1, 2, 4, 3, 5]
>>> x.remove(3)
>>> x
[1, 2, 4, 5]
>>> x.remove(3)
Traceback (innermost last):
 File "<stdin>", line 1, in ?
ValueError: list.remove(x): x not in list
```

如果 remove 找不到要删除的的值，就会引发错误。可以用 Python 的异常处理机制来捕获错误，也可以在做 remove 之前，先用 in 检查一下要删除的值是否存在，以避免错误的发生。

列表的 reverse 方法是一种较为专业的列表修改方法，可以高效地将列表逆序：

```
>>> x = [1, 3, 5, 6, 7]
>>> x.reverse()
>>> x
[7, 6, 5, 3, 1]
```

动手题：列表的修改　假设有个列表包含了 10 个数据项。如何将最后 3 个数据项从列表的末尾移到开头，并保持它们的顺序不变呢？

5.4　对列表排序

利用 Python 内置的 sort 方法，可以对列表进行排序：

```
>>> x = [3, 8, 4, 0, 2, 1]
>>> x.sort()
>>> x
[0, 1, 2, 3, 4, 8]
```

sort 方法是原地排序的，也就是说会按排序修改列表。如果排序时不想修改原列表，可以有两种做法：一种是使用内置的 sorted() 函数，在 5.4.2 节将会介绍；另一种是先建立列表的副本，再对副本进行排序：

```
>>> x = [2, 4, 1, 3]
>>> y = x[:]
>>> y.sort()
>>> y
[1, 2, 3, 4]
>>> x
[2, 4, 1, 3]
```

sort 方法对字符串也是有效的：

```
>>> x = ["Life", "Is", "Enchanting"]
>>> x.sort()
>>> x
['Enchanting', 'Is', 'Life']
```

sort 方法可以对任何对象进行排序，因为 Python 几乎可以对任何对象进行比较。但是在排序时有一点需要注意：sort 用到的默认键方法要求，列表中所有数据项均为可比较的类型。这意味着，如果列表同时包含数字和字符串，那么使用 sort 方法将会引发异常：

```
>>> x = [1, 2, 'hello', 3]
>>> x.sort()
Traceback (most recent call last):
  File "<stdin>", line 1, in <module>
TypeError: '<' not supported between instances of 'str' and 'int'
```

然而，对列表的列表却是可以进行排序的：

```
>>> x = [[3, 5], [2, 9], [2, 3], [4, 1], [3, 2]]
>>> x.sort()
>>> x
[[2, 3], [2, 9], [3, 2], [3, 5], [4, 1]]
```

根据 Python 对复杂对象的内部比较规则，子列表的排序规则是：先升序比较第一个元素，再升序比较第二个元素。

sort 的用法还可以更加灵活，它可以带有可选的 reverse 参数，当 reverse=True 时可以实现逆向排序，可以用自定义的键函数来决定列表元素的顺序。

5.4.1　自定义排序

为了使用自定义排序，先要定义函数，这是还未介绍的内容。本节还会用到 len(string) 返回字符串中的字符数，而字符串操作将在第 6 章做更全面的讨论。

在默认情况下，sort 使用内置的 Python 比较函数来确定顺序，这也适用于大多数情况。但有时候，不想以与默认排序相应的方式对列表进行排序。下面假设需要按照每个单词的字符数对单词列表进行排序，而不是 Python 通常的词典顺序。

为此需要编写一个函数，用于返回需要排序的值或键，并将该函数与 sort 方法一起使用。该函数接受一个参数，并返回供 sort 函数使用的键或值。对于按字符数排序的排序要求，也许采用以下的键函数比较合适：

```
def compare_num_of_chars(string1):
    return len(string1)
```

上述键函数没有什么特别之处，就是向 sort 方法回传每个字符串的长度，而不是字符串本身。

定义了键函数之后，就可以通过关键字 key 将键函数传递给 sort 方法。因为函数也是 Python 对象，所以可以像其他任何 Python 对象一样来传递。下面是一个小程序，演示了默认排序和自定义排序之间的区别：

```
>>> def compare_num_of_chars(string1):
        return len(string1)
>>> word_list = ['Python', 'is', 'better', 'than', 'C']
>>> word_list.sort()
>>> print(word_list)
['C', 'Python', 'better', 'is', 'than']
>>> word_list = ['Python', 'is', 'better', 'than', 'C']
>>> word_list.sort(key=compare_num_of_chars)
>>> print(word_list)
['C', 'is', 'than', 'Python', 'better']
```

第一个列表按照词典序排序，大写字母在小写字母之前，第二个列表按照字符数升序排序。

自定义排序非常有用，但如果性能是关键需求，可能会比不上默认排序速度。通常对性能影响很小，但如果键函数特别复杂，则影响可能会超出预期，尤其当涉及数十万或数百万个元素排序时。

有一种特别的场合应该避免采用自定义排序，这就是要按降序而非升序对列表进行排序时。在这种情况下，将 reverse 参数设置为 True 并调用 sort 方法即可。如果由于某种原因不想如此，就最好仍然先对列表进行正常排序，然后用 reverse 方法对结果列表逆转顺序。标准排序和逆转排序加在一起，仍然会比自定义排序快很多。

5.4.2 sorted()函数

列表内置了排序方法，但 Python 的其他可迭代对象（如字典的键），就没有 sort 方法。Python 还内置有 sorted()函数，能够从任何可迭代对象返回有序列表。和列表的 sort 方法一样，sorted()函数同样也用到了参数 key 和 reverse：

```
>>> x = (4, 3, 1, 2)
>>> y = sorted(x)
>>> y
[1, 2, 3, 4]
>>> z = sorted(x, reverse=True)
>>> z
[4, 3, 2, 1]
```

动手题：列表排序 假设有个列表的元素也都是列表：[[1, 2, 3], [2, 1, 3], [4, 0, 1]]。如果要按每个子列表的第二个元素对列表排序，结果应该为[[4, 0, 1], [2, 1, 3], [1, 2, 3]]，那么该如何为 sort()方法的 key 参数编写函数呢？

5.5 其他常用的列表操作

还有其他几种列表方法也很常用，但是无法归入任何类别。

5.5.1 用 in 操作符判断列表成员

用 in 操作符来测试某值是否在列表中，这十分简单，in 返回的是布尔值。还可以用 not in 操作符来做反向判断。

```
>>> 3 in [1, 3, 4, 5]
True
>>> 3 not in [1, 3, 4, 5]
False
>>> 3 in ["one", "two", "three"]
False
>>> 3 not in ["one", "two", "three"]
True
```

5.5.2 用+操作符拼接列表

如果要将两个现有的列表拼接起来创建新的列表，可以使用+（拼接列表）操作符，而作为参数的列表不会发生变化：

```
>>> z = [1, 2, 3] + [4, 5]
>>> z
[1, 2, 3, 4, 5]
```

5.5.3 用*操作符初始化列表

用*操作符可以生成指定大小的列表，列表初始化为给定值。当大型列表的大小可以预见时，这是很常见的处理方式。虽然用 append 方法可以添加元素，也可根据需要自动扩展列表，但利用*在程序一开始就精确设置好列表的大小，能够获得更高的运行效率。如果列表的大小不发生变化，就不会产生重新分配内存的开销。

```
>>> z = [None] * 4
>>> z
[None, None, None, None]
```

当与列表一起使用时，*（在此被称为列表乘法操作符）将按指定的次数复制给定列表，并把所有的列表副本拼接起来构成一个新的列表。这是提前定义指定大小列表的标准 Python 方法。列表乘法中经常会用到内含单个 None 实例的列表，但其实列表可以包含任何内容：

```
>>> z = [3, 1] * 2
>>> z
[3, 1, 3, 1]
```

5.5.4 用 min 和 max 方法求列表的最小值和最大值

用 min 和 max 方法可以查找列表中的最小元素和最大元素。min 和 max 可能主要会用于数值型列表，但实际上它们可以用于包含任何类型元素的列表。如果不同类型之间的比较没有意义，那么尽力在类型不同的对象集中查找最大或最小对象，将会引发错误：

```
>>> min([3, 7, 0, -2, 11])
-2
>>> max([4, "Hello", [1, 2]])
Traceback (most recent call last):
  File "<pyshell#58>", line 1, in <module>
    max([4, "Hello",[1, 2]])
TypeError: '>' not supported between instances of 'str' and 'int'
```

5.5.5 用 index 方法搜索列表

如果要查找某值在列表中的位置，而不是只想知道该值是否在列表中，使用 index 方法即可。index 方法会遍历列表，查找与给定值相等的列表元素，并返回该列表元素的位置：

```
>>> x = [1, 3, "five", 7, -2]
>>> x.index(7)
3
>>> x.index(5)
Traceback (innermost last):
 File "<stdin>", line 1, in ?
ValueError: 5 is not in list
```

如上所示，如果要查找位置的元素在列表中不存在，就会引发错误。处理这个错误的方式，可以与处理 remove 方法中发生的类似错误相同。也就是说，在调用 index 方法之前，用 in 对列表进行测试。

5.5.6 用 count 方法对匹配项计数

count 也会遍历列表并查找给定值，但返回的是在列表中找到该值的次数，而不是位置信息：

```
>>> x = [1, 2, 2, 3, 5, 2, 5]
>>> x.count(2)
3
>>> x.count(5)
2
>>> x.count(4)
0
```

5.5.7 列表操作小结

列表显然是非常强大的数据结构，其可能的用途远超普通数组。对 Python 编程来说，列表操作非常重要，所以特地将列表操作在此列出，以便参考，如表 5-1 所示。

表 5-1 列表操作

列表操作	说 明	示 例
[]	创建空列表	x = []
len	返回列表长度	len(x)
append	在列表末尾添加一个元素	x.append('y')
extend	在列表末尾添加另一个列表	x.extend(['a', 'b'])
insert	在列表的指定位置插入一个新元素	x.insert(0, 'y')
del	删除一个列表元素或切片	del(x[0])
remove	检索列表并移除给定值	x.remove('y')

续表

列表操作	说 明	示 例
reverse	原地将列表逆序	x.reverse()
sort	原地对列表排序	x.sort()
+	将两个列表拼接在一起	x1 + x2
*	将列表复制多份	x = ['y'] * 3
min	返回列表中的最小元素	min(x)
max	返回列表中的最大元素	max(x)
index	返回某值在列表中的位置	x.index['y']
count	对某值在列表中出现的次数计数	x.count('y')
sum	对列表数据项计算合计值（如果可以合计的话）	sum(x)
in	返回某数据项是否为列表的元素	'y' in x

熟悉上述这些列表操作，将让 Python 编程变得更为容易。

速测题：列表操作 len([[1,2]] * 3)的执行结果会是什么？

使用 in 操作符和列表的 index()方法的两个区别？

以下代码哪个会引发异常：min(["a", "b", "c"])、max([1, 2, "three"])、[1, 2, 3].count("one")？

动手题：列表操作 假定有列表 x，编写代码来安全地删除其中的一个元素——当且仅当其值存在于列表中时。

修改代码，仅当元素在列表中出现次数大于 1 时才删除该元素。

5.6 嵌套列表和深复制

本节的内容相对高阶一些，Python 初学者可以选择先跳过。

列表可以嵌套。嵌套列表的一种用途是表示二维矩阵。矩阵的成员可以通过二维索引来引用，这些矩阵的索引的用法如下：

```
>>> m = [[0, 1, 2], [10, 11, 12], [20, 21, 22]]
>>> m[0]
[0, 1, 2]
>>> m[0][1]
1
>>> m[2]
[20, 21, 22]
>>> m[2][2]
22
```

上述索引机制可以按需扩展到更多维度。

大多数时候，对嵌套列表只需要考虑这么多了。但在使用嵌套列表时可能还是会碰到其他问题，特别是变量如何引用对象，列表之类的对象可能会被修改（可变对象）。下面最好还是举个例子进行说明：

```
>>> nested = [0]
>>> original = [nested, 1]
>>> original
[[0], 1]
```

图 5-1 说明了上述例子中的对象关系。

在这种情况下，嵌套列表中的值既可以通过变量 `nested` 进行修改，也可以通过变量 `original` 进行修改：

```
>>> nested[0] = 'zero'
>>> original
[['zero'], 1]
>>> original[0][0] = 0
>>> nested
[0]
>>> original
[[0], 1]
```

但是，如果 `nested` 被赋为另一个列表，则变量 `original` 和 `nested` 之间的关联就断开了：

```
>>> nested = [2]
>>> original
[[0], 1]
```

图 5-2 演示了上述这种重新赋值的情况。

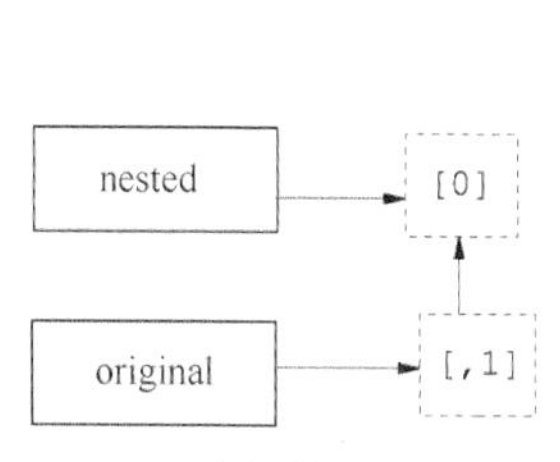

图 5-1 列表第一项指向了嵌套列表

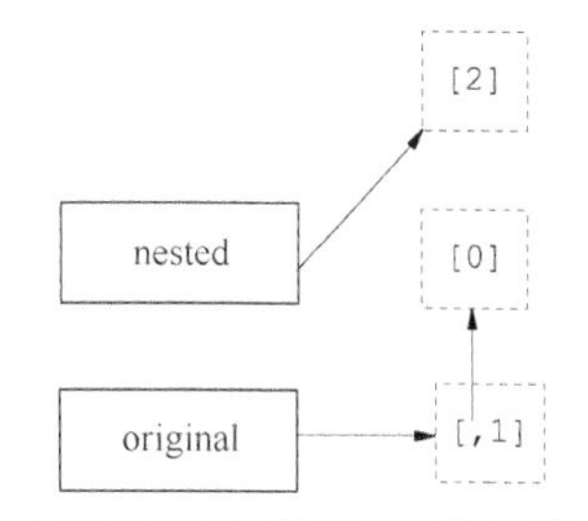

图 5-2 列表 original 的第一项仍然是个嵌套列表，但变量 nested 指向了另一个列表

通过全切片（即 `x[:]`）可以得到列表的副本，用+或*操作符（如 `x+[]` 或 `x*1`）也可以得到列表的副本。但它们的效率略低于使用切片的方法。这 3 种方法都会创建所谓的浅副本（shallow copy），大多数情况下这也能够满足需求了。但如果列表中有嵌套列表，那就可能需要深副本（deep copy）。深副本可以通过 `copy` 模块的 `deepcopy` 函数来得到：

```
>>> original = [[0], 1]
```

```
>>> shallow = original[:]
>>> import copy
>>> deep = copy.deepcopy(original)
```

对象之间的关系参见图 5-3。

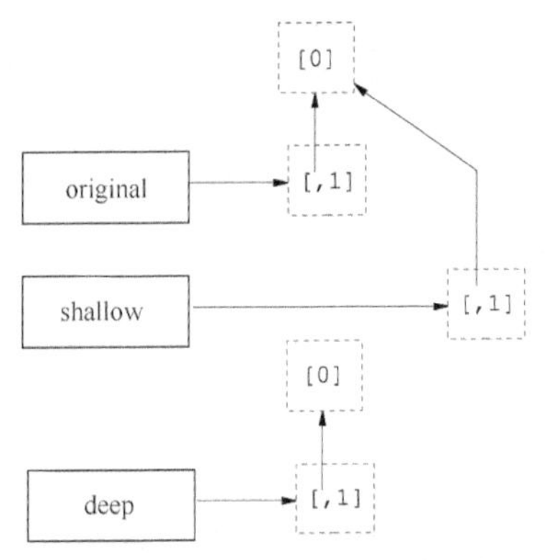

图 5-3　浅副本不会复制嵌套列表

变量 original 和 shallow 所指的列表关联在了一起。修改其中一个变量所指的嵌套列表的值，会影响另一个变量所指的嵌套列表：

```
>>> shallow[1] = 2
>>> shallow
[[0], 2]
>>> original
[[0], 1]
>>> shallow[0][0] = 'zero'
>>> original
[['zero'], 1]
```

深副本则完全与原变量无关，它的变化对原列表没有任何影响：

```
>>> deep[0][0] = 5
>>> deep
[[5], 1]
>>> original
[['zero'], 1]
```

对于列表中其他嵌套的可修改对象（例如字典），上述规则同样适用。

对列表的功能就介绍到这里，下面该介绍元组了。

动手题：列表复制　假设有以下列表 x = [[1, 2, 3], [4, 5, 6], [7, 8, 9]]。请编写代码获取 x 的副本 y 以供修改，这样就不会造成改动 x 的副作用。

5.7 元组

元组是与列表非常相似的数据结构。但是元组只能创建，不能修改。元组与列表非常像，或许大家很想知道，Python 为什么要不厌其烦地设置两种类型。原因就是元组具有列表无法实现的重要作用，如用作字典的键。

5.7.1 元组的基础知识

元组的创建方式类似于列表，只要把一系列值赋给变量即可。列表是由“[”和“]”括起来的序列，元组则是由“(”和“)”括起来的序列：

```
>>> x = ('a', 'b', 'c')
```

以上代码创建了一个包含 3 个元素的元组。

元组创建完成后，就能像列表一样使用了。由于元组和列表的使用方法太相像了，以至于很容易就会忘记它们其实是不同的数据类型：

```
>>> x[2]
'c'
>>> x[1:]
('b', 'c')
>>> len(x)
3
>>> max(x)
'c'
>>> min(x)
'a'
>>> 5 in x
False
>>> 5 not in x
True
```

元组和列表之间的主要区别就是，元组是不可变的。如果尝试对元组进行修改，将会收到一个令人困惑的错误信息。以 Python 的口气就是，不知道如何给元组中的数据项赋值：

```
>>> x[2] = 'd'
Traceback (most recent call last):
  File "<stdin>", line 1, in <module>
TypeError: 'tuple' object does not support item assignment
```

利用+和*操作符，可以由现有元组创建新的元组：

```
>>> x + x
('a', 'b', 'c', 'a', 'b', 'c')
>>> 2 * x
('a', 'b', 'c', 'a', 'b', 'c')
```

元组副本的创建方式，与列表完全相同：

```
>>> x[:]
('a', 'b', 'c')
>>> x * 1
('a', 'b', 'c')
>>> x + ()
('a', 'b', 'c')
```

如果尚未读过5.6节，则可以先跳过本段。元组本身不能被修改，但假如包含了可变对象（如列表或字典），而且这些对象被各自赋值了变量，就可以对可变对象实现修改。包含可变对象的元组，是不允许作为字典的键使用的。

5.7.2 单个元素的元组应加上逗号

元组在使用句法上，有一点需要注意。因为用于包围列表元素的方括号在 Python 其他地方没有再用到，所以可以很清楚地用`[]`表示空列表，`[1]`则表示包含一个元素的列表。但是用于包含元组的圆括号，就并非如此了。圆括号还可以用来对表达式的内容进行分组，以便能强制按照指定顺序对表达式求值。例如，Python 程序中出现了`(x + y)`，那么到底是先求 x 与 y 的和再放入单个元素的元组，还是在任意一侧的表达式起作用之前用圆括号先强制对 x 和 y 求和呢?

仅当元组只包含一个元素时，才会出现上述问题。因为元组内的多个元素之间会用逗号分隔，Python 编译器看到逗号，就会认为这里的圆括号是用来标识元组的，而不是要将表达式内容分组。当元组只包含一个元素时，Python 会要求在元素后面跟一个逗号，以便消除歧义。当元组不包含元素（空元组）时，不会有问题。一对空的圆括号肯定是一个元组，不然就毫无意义了：

```
>>> x = 3
>>> y = 4
>>> (x + y)    # 此行代码将把 x 和 y 相加
7
>>> (x + y,)   # 跟了逗号就意味着，圆括号是用来标识元组的
(7,)
>>> ()         # 用成对的空的圆括号创建一个空元组
()
```

5.7.3 元组的打包和拆包

方便起见，Python 允许元组出现在赋值操作符的左侧，这时元组中的变量会依次被赋予赋值操作符右侧元组的元素值。示例如下：

```
>>> (one, two, three, four) =  (1, 2, 3, 4)
>>> one
1
>>> two
2
```

以上示例还可以写得更加简洁一些，因为在赋值时，即使没有圆括号，Python 也可以识别出元组。等号右侧的值会被打包（pack）为元组，然后拆包（unpack）到左侧的变量中去：

```
one, two, three, four = 1, 2, 3, 4
```

上面用一行代码就替换掉了以下4行：

```
one = 1
two = 2
```

```
three = 3
four = 4
```

采用这种技巧，交换两个变量的值就变得十分简便了。不必写成：

```
temp = var1
var1 = var2
var2 = temp
```

只要简单一行代码即可：

```
var1, var2 = var2, var1
```

为了进一步方便使用，Python 3 还支持扩展的拆包特性，允许带*的元素接收任意数量的未匹配元素。以下示例可以清楚地说明这种特性：

```
>>> x = (1, 2, 3, 4)
>>> a, b, *c = x
>>> a, b, c
(1, 2, [3, 4])
>>> a, *b, c = x
>>> a, b, c
(1, [2, 3], 4)
>>> *a, b, c = x
>>> a, b, c
([1, 2], 3, 4)
>>> a, b, c, d, *e = x
>>> a, b, c, d, e
(1, 2, 3, 4, [])
```

注意，带星号的元素会把多余的所有数据项接收为列表。如果没有多余的元素，则带星号的元素会收到空列表。

当遇到列表分隔符时，也会执行打包和拆包操作：

```
>>> [a, b] = [1, 2]
>>> [c, d] = 3, 4
>>> [e, f] = (5, 6)
>>> (g, h) = 7, 8
>>> i, j = [9, 10]
>>> k, l = (11, 12)
>>> a
1
>>> [b, c, d]
[2, 3, 4]
>>> (e, f, g)
(5, 6, 7)
>>> h, i, j, k, l
(8, 9, 10, 11, 12)
```

5.7.4 列表和元组的相互转换

利用 `list` 函数，元组很容易就能转换为列表，参数是任意序列，生成的是由构成原始序列的元素构成的新列表。类似地，列表也可以通过 tuple 函数转换为元组，但是生成的不是列表而是元组：

```
>>> list((1, 2, 3, 4))
[1, 2, 3, 4]
>>> tuple([1, 2, 3, 4])
(1, 2, 3, 4)
```

利用 list，很容易就能将字符串拆分为字符。这很有意思，有必要说明一下。

```
>>> list("Hello")
['H', 'e', 'l', 'l', 'o']
```

上述机制之所以能够生效，是因为 list（和 tuple）适用于任何 Python 序列。而字符串正好就是字符序列。第 6 章将会对字符串做完整的介绍。

速测题：元组　请解释一下，以下对元组 x = (1, 2, 3, 4)的操作为什么是非法的？

```
x.append(1)
x[1] = "hello"
del x[2]
```

假设有元组 x = (3, 1, 4, 2)，怎样对其进行排序呢？

5.8 集合

Python 的集合（set）是一组对象的无序集。如果主要关心的是成员是否属于集合、是否唯一，那么集合就比较有用了。与字典键类似（将在第 7 章中介绍），集合中的项必须是不可变的、可散列的。这就表示，整数、浮点数、字符串和元组可以作为集合的成员，但列表、字典和集合本身不可以。

5.8.1 集合的操作

除 in、len、for 循环遍历这些常见的操作之外，集合还支持很多特有的操作：

```
>>> x = set([1, 2, 3, 1, 3, 5])        ❶
>>> x
{1, 2, 3, 5}              ❷
>>> x.add(6)              ❸
>>> x
{1, 2, 3, 5, 6}
>>> x.remove(5)           ❹
>>> x
{1, 2, 3, 6}
>>> 1 in x     ❺
True
>>> 4 in x    ❺
False
>>> y = set([1, 7, 8, 9])
>>> x | y                 ❻
```

```
{1, 2, 3, 6, 7, 8, 9}
>>> x & y                    ◁──❼
{1}
>>> x ^ y              ◁──❽
{2, 3, 6, 7, 8, 9}
>>>
```

通过对序列（如列表）调用 set 函数，可以创建集合❶。在由序列生成集合时，重复的元素将会被移除❷。用 set 函数创建集合后，可以用 add❸和 remove❹修改集合中的元素。关键字 in 可用于检查对象是否为集合的成员❺。用操作符“|”可获得两个集合的并集❻，用操作符“&”可获得交集❼，用操作符“^”则可以求得对称差（symmetric difference）。对称差是指，属于其中一个但不同时属于两个集合的元素。

以上代码并没有把所有的集合操作都列全，但足以说明集合的工作方式了。更多信息参见 Python 的官方文档。

5.8.2 不可变集合

因为集合是不可变的、可散列的，所以不能用作其他集合的成员。为了让集合本身也能够成为集合的成员，Python 提供了另一种集合类型 frozenset，它与集合很相像，但是创建之后就不能更改了。frozenset 是不可变的、可散列的，因此可以作为其他集合的成员：

```
>>> x = set([1, 2, 3, 1, 3, 5])
>>> z = frozenset(x)
>>> z
frozenset({1, 2, 3, 5})
>>> z.add(6)
Traceback (most recent call last):
  File "<pyshell#79>", line 1, in <module>
    z.add(6)
AttributeError: 'frozenset' object has no attribute 'add'
>>> x.add(z)
>>> x
{1, 2, 3, 5, frozenset({1, 2, 3, 5})}
```

速测题：集合 如果要由以下列表构建一个集合，其中将会包含多少个元素？

[1, 2, 5, 1, 0, 2, 3, 1, 1, (1, 2, 3)]

研究题 5：列表研究 本次研究的任务是，先从文件中读取一组温度数据（其实就是希思罗机场从 1948 年到 2016 年的每月最高温度），然后从中找出一些基础信息：最高温度和最低温度、平均温度、中位数温度（对所有温度值进行排序，取中间值）。

温度数据存放在本章源代码目录下的 lab_05.txt 文件中。因为尚未介绍如何读取文件，所以下面给出了将文件读入列表的代码：

```
temperatures = []
with open('lab_05.txt') as infile:
    for row in infile:
```

```
        temperatures.append(int(row.strip())
```

如上所述，要找到最高温度、最低温度、平均温度和中位数温度，有可能会用到 min()、max()、sum()、len() 和 sort() 函数/方法。

附加题　请找出列表中有多少个温度值是唯一的。

5.9 小结

- 列表和元组是容纳了一系列元素的数据结构，就像字符串是字符序列一样。
- 列表很像其他编程语言中的数组，但列表能自动调整大小，支持切片表示法，拥有很多使用方便的函数。
- 元组类似于列表，但不可修改。因此元组占用的内存较少，可以作为字典键（参见第 7 章）。
- 集合是可迭代的数据集，但其元素没有顺序，不存在重复元素。

第6章 字符串

本章主要内容

- 将字符串理解为字符序列
- 使用基本的字符串操作
- 插入特殊字符和转义序列
- 将对象转换为字符串
- 对字符串进行格式化
- 使用字节类型

文本处理是常见而又烦琐的编程任务，如用户输入、文件名、大段文本处理等。Python 自带了强大的文本处理和格式化工具。本章将讨论 Python 中的标准字符串，以及与字符串相关的操作。

6.1 将字符串理解为字符序列

如果要提取字符或子字符串，可以将字符串看作是一系列字符，也就是说可以使用索引和切片语法进行操作：

```
>>> x = "Hello"
>>> x[0]
'H'
>>> x[-1]
'o'
>>> x[1:]
'ello'
```

有一种字符串的切片用法，可以切除字符串末尾的换行符，通常为刚从文件中读取出来的文本行：

```
>>> x = "Goodbye\n"
>>> x = x[:-1]
>>> x
```

```
'Goodbye'
```

以上代码只是举个例子而已。大家应该知道，对于去除不想要的字符而言，Python 还有其他更好的字符串方法。但这个例子说明了切片的用处。

还可以用 len 函数确定字符串中的字符数，类似于获取列表中的元素数量一样：

```
>>> len("Goodbye")
7
```

但是字符串并不是字符列表。字符串和列表之间最明显的区别就是，字符串不可修改。如果尝试 string.append('c')或 string[0] = 'H'之类的操作，将会引发错误。在上面去除字符串中的换行符的例子中，是新建了原字符串的一个切片，而不是直接在原字符串上做修改。这是 Python 的一个基本限定，目的是为了提高效率。

6.2 基本的字符串操作

拼接 Python 字符串最简单的（可能也是最常用的）途径，就是采用字符串连接操作符“+”：

```
>>> x = "Hello" + "World"
>>> x
'Hello World'
```

Python 还有一种类似的字符串乘法操作符，有时会很有用，但并不经常用到：

```
>>> 8 * "x"
'xxxxxxxx'
```

6.3 特殊字符和转义序列

上面在用到字符串时，已经出现了一些被 Python 特殊对待的字符序列：\n 代表换行符，\t 代表制表符。以反斜杠开头，用于表示其他字符的字符序列，被称为*转义序列*（escape sequence）。转义序列通常用来表示特殊字符，也就是这种字符没有标准的用单字符表示的可打印格式（如制表符和换行符）。本节将详细介绍转义序列、特殊字符及相关内容。

6.3.1 基本的转义序列

Python 给出了在字符串中使用的双字符转义序列清单，如表 6-1 所示。这些转义序列同样适用于字节对象，本章最后将会介绍。

ASCII 字符集是 Python 使用的字符集，也几乎是所有计算机采用的标准字符集。在 ASCII 字符集中定义了相当多的特殊字符，通过数字格式的转义序列就可以获取到这些特殊字符，下一节将会介绍。

表 6-1　字符串和 byte 字面量用到的转义序列

转义序列	代表的字符
`\'`	单引号
`\"`	双引号
`\\`	反斜杠
`\a`	振铃符
`\b`	退格符
`\f`	换页符
`\n`	换行符
`\r`	回车符（与`\n`不同）
`\t`	制表符（Tab）
`\v`	纵向制表符

6.3.2　数字格式（八进制、十六进制）和 Unicode 编码的转义序列

在字符串中，可以用与 ASCII 字符对应的八进制或十六进制转义序列来包含任何 ASCII 字符。八进制转义序列是反斜杠后跟 3 位八进制数，这个八进制数对应的 ASCII 字符将会被八进制转义序列替代。十六进制转义序列不是用“\”作为前缀，而是用“\x”，后跟任意位数的十六进制数。如果遇到不是十六进制数字的字符，就会视作转义序列结束。例如，在 ASCII 字符表中，字符“m”转换为十进制值为 109，转换成八进制值就是 155，转换成十六进制值则为 6D，因此：

```
>>> 'm'
'm'
>>> '\155'
'm'
>>> '\x6D'
'm'
```

以上表达式均为求包含单个字符“m”的字符串的值。这种形式还可以用来表示没有可打印格式的字符。例如，对于换行符“\n”，八进制值为 012，十六进制值为 0A：

```
>>> '\n'
'\n'
>>> '\012'
'\n'
>>> '\x0A'
'\n'
```

Python 3 的字符串都是 Unicode 字符串，因此几乎能够包含所有语言的全部字符。对 Unicode 系统的介绍远超出本书的范围，不过以下例子足以说明，可以转义任何 Unicode 字符，用数字格式（如前所示）或 Unicode 名称均可：

```
>>> unicode_a ='\N{LATIN SMALL LETTER A}'        <——用 Unicode 名称转义
>>> unicode_a
'a'                                      <——❶
>>> unicode_a_with_acute = '\N{LATIN SMALL LETTER A WITH ACUTE}'
>>> unicode_a_with_acute
'á'
>>> "\u00E1"                        <——用数字格式转义，前缀为\u
'á'
>>>
```

Unicode 字符集中包括普通的 ASCII 字符❶。

6.3.3 对带特殊字符的字符串打印和求值的差异

之前已经讨论过，在交互式环境下对 Python 表达式求值，和用 print 函数打印同一表达式的结果是有差别的。虽然包含的字符串是相同的，但这两种操作可能会生成看似不同的屏幕输出结果。如果在交互式 Python 会话的最顶层对字符串求值，则会把字符串的所有特殊字符显示为八进制的转义序列，该转义序列可以将字符串中的内容解释清楚。而 print 函数则是把字符串直接传递给终端程序，屏幕程序可能会用特殊的方式来解释特殊字符。以下演示了这一过程，字符串由字符 a、换行符、制表符和字符 b 构成：

```
>>> 'a\n\tb'
'a\n\tb'
>>> print('a\n\tb')
a
    b
```

第一种情况下，换行符和制表符会显式地出现在字符串中；而在第二种情况下，它们会被用作换行符和制表符。

print 函数通常还会在字符串末尾添加换行符。有时候（从文件读取的文本行已经以换行符结尾了）可能这并不需要。将 print 函数的 end 参数设为""，就可以让 print 函数不再添加换行符：

```
>>> print("abc\n")
abc

>>> print("abc\n", end="")
abc
>>>
```

6.4 字符串方法

Python 字符串方法大都内置于标准 Python 字符串类中，因此所有的字符串对象都会自动拥有这些方法。在标准 String 模块中，还包含了一些有用的常量。第 10 章将会详细介绍模块的用法。

就本节而言，只需要记住，大部分字符串方法都是通过点操作符“.”依附于它们操作的字符串对象，如x.upper()方法。也就是说，字符串方法跟在点操作符后面，被加在字符串对象后。因为字符串是不可变的，所以字符串方法只能用来获取返回值，不能以任何方式修改其依附的字符串对象。

下面从最有用、最常用的字符串操作开始介绍，然后再讨论一些不常用但仍然有用的操作。本节最后将讨论一些与字符串相关的各方面内容。这里不会列出所有的字符串方法，完整的清单可参见官方文档。

6.4.1 字符串的split和join方法

只要处理字符串，就几乎一定会知道方法split和join是非常有用的。这两个方法的功能是相反的。split方法返回字符串中的子字符串列表。而join方法则以字符串列表为参数，将字符串连在一起形成一个新字符串，各元素之间插入调用者字符串。通常split方法使用空白符作为拆分字符串的分隔符，但可以用可选参数来更换分隔符。

用“+”拼接字符串很有用，但要将大量字符串拼接成一个字符串，则其效率并不高。因为每次应用“+”，都会创建一个新的字符串对象。上面的“Hello World”示例，就会产生3个字符串对象，其中2个立刻就被丢弃了。更好的选择是采用join函数：

```
>>> " ".join(["join", "puts", "spaces", "between", "elements"])
'join puts spaces between elements'
```

改变调用join方法的字符串，可以在连接的字符串之间插入任何想要的东西：

```
>>> "::".join(["Separated", "with", "colons"])
'Separated::with::colons'
```

甚至可以用空字符串""来拼接字符串列表的元素：

```
>>> "".join(["Separated", "by", "nothing"])
'Separatedbynothing'
```

split方法最常见的用途就是作为简单的解析工具，对存储在文本文件中用字符串分隔的（stringdelimited）数据记录进行解析。在默认情况下，split方法将依据所有空白字符进行拆分，而不仅是一个空格符。但也可通过传入一个可选参数来基于特定的序列拆分：

```
>>> x = "You\t\t can have tabs\t\n \t and newlines \n\n " \
             "mixed in"
>>> x.split()
['You', 'can', 'have', 'tabs', 'and', 'newlines', 'mixed', 'in']
>>> x = "Mississippi"
>>> x.split("ss")
['Mi', 'i', 'ippi']
```

有时候允许被拆分的字符串中最后一部分包含任意文本是很有用的，也许里面还会含有split拆分时匹配的子字符串。要达到这个目标，需要通过给split方法传入第二个可选参数来指定生成结果时执行拆分的次数。假设指定要拆分 *n* 次，则 `split` 方法会对输入字符串从头开始拆分，要么执行 *n* 次后停止拆分（此时生成的列表中包含 *n*+1 个子字符串），要么读完整个字符串后停止。示例如下：

```
>>> x = 'a b c d'
>>> x.split(' ', 1)
['a', 'b c d']
>>> x.split(' ', 2)
['a', 'b', 'c d']
>>> x.split(' ', 9)
['a', 'b', 'c', 'd']
```

假如在调用 `split` 方法时传入了第二个可选参数，那第一个参数也必须同时给出。如果既要用到第二个参数，又要按照空白符进行拆分，请将第一个参数设为 `None`。

一般在处理其他程序生成的文本文件时，会大量使用 `split` 和 `join` 方法。如果自编程序需要生成更多标准格式的输出文件，采用 Python 标准库中的 `csv` 和 `json` 模块就很不错。

速测题：split 和 join 方法 如何利用 `split()` 和 `join()` 方法将字符串 `x` 中的所有空白符替换为横线呢？例如，将"this is a test"转换为"this-is-a-test"。

6.4.2 将字符串转换为数值

利用函数 `int` 和 `float`，可以将字符串分别转换为整数或浮点数。如果字符串无法转换为指定类型的数值，那么这两个函数将会引发 `ValueError` 异常。异常将会在第 14 章中介绍。

此处，`int` 函数还可以接受第二个可选参数，用来指定转换输入的字符串时采用的数值进制。

```
>>> float('123.456')
123.456
>>> float('xxyy')
Traceback (innermost last):
File "<stdin>", line 1, in ?
ValueError: could not convert string to float: 'xxyy'
>>> int('3333')
3333
 >>> int('123.456')             <——整数不能带有小数点
Traceback (innermost last):
File "<stdin>", line 1, in ?
 ValueError: invalid literal for int() with base 10: '123.456'
>>> int('10000', 8)                                   <——将 10000 视为八进制数
4096
>>> int('101', 2)
5
>>> int('ff', 16)
255
 >>> int('123456', 6)           <——无法将 123456 解释为六进制数
Traceback (innermost last):
File "<stdin>", line 1, in ?
ValueError: invalid literal for int() with base 6: '123456'
```

知道引发最后一条错误的原因是什么吗？这里要求把字符串解释为六进制数，但是数字 6 是不可能出现在六进制数中的。没想到吧！

速测题：字符串转换为数字　以下哪行代码不会成功转换为数字，为什么？

```
int('a1')
int('12G', 16)
float("12345678901234567890")
int("12*2")
```

6.4.3　去除多余的空白符

字符串拥有 3 个惊人的简单而有用的方法，即函数 strip、lstrip 和 rstrip。Strip 函数将返回与原字符串相同的新字符串，只是首尾的空白字符都会被移除。lstrip 和 rstrip 函数功能类似，只不过分别移除的是原字符串左边或右边的空白符：

```
>>> x = "  Hello,    World\t\t "
>>> x.strip()
'Hello,    World'
>>> x.lstrip()
'Hello,    World\t\t '
>>> x.rstrip()
'  Hello,    World'
```

在上述例子中，制表符也被当作是空白符。在不同操作系统中，空白符的确切定义可能会不一样，可以查看 string.whitespace 常量来弄清楚 Python 对空白符的定义。在我的 Windows 系统中，Python 返回以下内容：

```
>>> import string
>>> string.whitespace
' \t\n\r\x0b\x0c'
>>> " \t\n\r\v\f"
' \t\n\r\x0b\x0c'
```

这里的纵向制表符和换页符，采用了反斜杠和十六进制数（\xnn）的形式来表示。空格符则表示为空格本身。假如试图通过修改 string.whitespace 值来影响 strip 之类的方法，主意不错但请别这么干。因为这样的操作无法保证给你想要的结果。

但 strip、rstrip 和 lstrip 方法可以附带一个参数，这个参数包含了需要移除的字符。

```
>>> x = "www.python.org"
>>> x.strip("w")                 <—— 删除所有的 w 字符
'.python.org'
>>> x.strip("gor")                 <—— ❶ 删除所有的 g、o、r 字符
'www.python.'
>>> x.strip(".gorw")             <—— 删除所有的.、g、o、r、w 字符
'python'
```

注意，strip 方法会移除参数字符串中的所有字符，字符的顺序可随意。❶

以上函数最常见的用途就是，对读取的字符串进行快速清理，第 13 章将会介绍，在读取文件中的文本行时，这种技术特别有用。因为 Python 每次都会读入一整行文本，包括尾部的换行符（如果有的话）。在处理这些读入行时，不需要通常尾部的换行符，rstrip 就是去除换行符的便捷方法。

速测题：strip 如果字符串 x = "(name, date), \n"，以下哪行代码会返回包含"name, date"的字符串？

```
x.rstrip("),")
x.strip("),\n")
x.strip("\n)(,")
```

6.4.4 字符串搜索

字符串对象提供了很多简单的搜索方法。在介绍这些方法之前，先来看看 Python 的另一个模块 re。第 16 章还将深入介绍 re 模块。

另一种字符串搜索方法：re 模块

re 模块也是用来进行字符串搜索的，但采用的是正则表达式这种灵活得多的方式。re 不是查找指定的单一子字符串，而是按照字符串模式来进行查找。例如，可以查找全为数字的子字符串。

为什么在完整介绍 re 之前就提到这一点呢？根据我的经验，很多时候基础的字符串搜索方法并不适用。大家本该受益于更为强大的搜索机制，但因为不知道它的存在就不再追求更好的解决方案。也许大家的项目确实涉及字符串处理，但因为时间紧急来不及读完本书。如果基础的字符串搜索方法够用了，皆大欢喜。但请注意，还有更为强大的方案可供选用。

基础的字符串搜索方法有 4 个，即 find、rfind、index 和 rindex，它们比较类似。还有一个相关的 count 方法，可以统计子字符串在另一个字符串中出现的次数。下面首先详细介绍 find 方法，然后再介绍其他方法的不同之处。

find 方法有一个必填参数，即需要搜索的子字符串。find 方法将会返回子字符串第一个实例的首字符在调用字符串对象中的位置，如果未找到子串则返回-1：

```
>>> x = "Mississippi"
>>> x.find("ss")
2
>>> x.find("zz")
-1
```

find 方法还可以带一或两个可选参数。第一个可选参数（如果存在）start 是个整数，会让 find 在搜索子字符串时忽略字符串中位置 start 之前的所有字符。第二个可选参数（如果存在）end 也是整数，会让 find 忽略位置 end 之后（含）的字符：

```
>>> x = "Mississippi"
```

```
>>> x.find("ss", 3)
5
>>> x.find("ss", 0, 3)
-1
```

rfind 方法的功能与 find 方法几乎完全相同，但是从字符串的末尾开始搜索，返回的是子字符串在字符串中最后一次出现时的首字符位置：

```
>>> x = "Mississippi"
>>> x.rfind("ss")
5
```

rfind 方法同样也有一个或两个可选参数，用法与 find 方法相同。

index 和 rindex 方法分别与 find 和 rfind 功能完全相同，但是有一点不同：当 index 或 rindex 方法在字符串中找不到子字符串时，不会返回-1，而是会引发 ValueError。等大家读完第 14 章后，就会完全明白了。

count 方法的用法，与上面 4 个函数完全相同，但是返回的是给定子字符串在给定字符串中不重叠出现的次数：

```
>>> x = "Mississippi"
>>> x.count("ss")
2
```

此外，还可以用另两种字符串方法来进行字符串搜索，即 startswith 和 endswith。这两个方法将会返回 True 或 False，如果调用者字符串的开头或结尾，是给定参数字符串的子字符串之一，则返回 True。否则返回 False：

```
>>> x = "Mississippi"
>>> x.startswith("Miss")
True
>>> x.startswith("Mist")
False
>>> x.endswith("pi")
True
>>> x.endswith("p")
False
```

startswith 和 endswith 方法可以一次搜索多个子字符串。如果参数是个字符串元组，那么这两个方法就会对元组中的所有字符串进行检测，只要有一个字符串匹配就会返回 True：

```
>>> x.endswith(("i", "u"))
True
```

startswith 和 endswith 方法对简单搜索来说十分有用，可用于确认检查的字符串是否位于行首或行尾。

速测题：字符串搜索 如果要检测文本行是否以字符串"rejected"结尾，该用什么字符串方法呢？是否有其他方法可以获得同样的结果？

6.4.5 字符串修改

字符串是不可变的，但字符串对象有几个方法可以对该字符串执行操作并返回新字符串，新字符串是原字符串修改后的版本。大多数情况下，这种做法达到了与直接修改相同的效果。关于这些方法的完整说明，可在官方文档中找到。

用 replace 方法可以将字符串中的子字符串（第一个参数）全部替换为另一个字符串（第二个参数）。该方法还带有可选的第三个参数（详细信息参见官方文档）：

```
>>> x = "Mississippi"
>>> x.replace("ss", "+++")
'Mi+++i+++ippi'
```

虽然与字符串搜索函数类似，但是 re 模块的子字符串替换方法要强大得多。

函数 string.maketrans 和 string.translate 可以配合起来使用，将字符串中的多个字符转换为其他字符。虽然很少用到，但必要时这两个函数可以简化编程工作。

假设现在要开发一个翻译程序，将一种计算机语言的字符串表达式转换为另一种语言的表达式。第一种语言用字符“~”表示逻辑非，第二种语言则用“!”来表示。第一种语言用“^”来表示逻辑与，第二种语言则用“&”。第一种语言用“(”和“)”，而第二种语言则用“[”和“]”。现在在一个给定的字符串中，要将字符串中的所有“~”实例改为“!”，将所有“^”实例改为“&”，将所有“(”实例改为“[”，将所有“]”实例改为“)”。当然是可以多次调用 replace 来完成任务，但更简单有效的方式是：

```
>>> x = "~x ^ (y % z)"
>>> table = x.maketrans("~^()", "!&[]")
>>> x.translate(table)
'!x & [y % z]'
```

第二行代码用 maketrans 构建了翻译对照表，数据来自其两个字符串参数。这两个参数的字符数必须相同。生成的对照表，可用于查找第一个参数的第 *n* 个字符，并返回第二个参数的第 *n* 个字符。

然后 maketrans 生成的对照表传给了 translate 方法。translate 方法将会遍历调用字符串对象中的每个字符，检查是否可以在第二个参数①给出的对照表中找到。如果有字符可在对照表中找到，则 translate 方法就会用对照表中找到的对照字符替换之，生成翻译后的字符串。

translate 方法还可以接受一个可选参数来指定要从字符串中移除的字符。详情参见官方文档。

string 模块中的其他函数可以完成更为专业的任务。string.lower 方法能将字符串中的所有字母字符转换为小写，而 upper 方法则进行相反的转换。capitalize 方法会把字符串的首字符转为大写字母，title 方法则会把字符串中所有单词的首字符转换为大写字母。

① 第一个参数是调用者本身。——译者注

swapcase 方法将字符串中的小写字母转换为大写，同时把大写字母转换为小写。expandtabs 方法用指定数量的空格替换所有制表符，以便彻底去除制表符。ljust、rjust 和 center 方法在字符串中填充空格符，以便按照指定宽度调整左右的空白。zfill 会在数字字符串左边用“0”填充。有关这些方法的详细信息，参见官方文档。

6.4.6 利用列表修改字符串

由于字符串是不可变对象，因此无法像处理列表那样直接操作它们。尽管生成新字符串的处理方式(原字符串保持不变)很多时候也很有用，但有时需要能像处理字符列表一样处理字符串。这时可将字符串转换为字符列表，按需处理完成后再将字符列表结果转换回字符串：

```
>>> text = "Hello, World"
>>> wordList = list(text)
>>> wordList[6:] = []          <—— 移除逗号之后的所有字符
>>> wordList.reverse()
>>> text = "".join(wordList)
>>> print(text)                <—— 无缝拼接
,olleH
```

还可以用内置的 tuple 函数将字符串转换为字符元组。如果要把列表转换回字符串，请使用"".join()即可完成。

这种方法不应过度使用，因为会创建并销毁新的 string 对象，开销相对较高。以这种方式处理数百或数千个字符串可能不会对程序运行产生太大影响，但处理数百万个字符串时可能就有影响了。

速测题：字符串的修改 要把字符串中的所有标点符号替换为空格符，比较快捷的方案是什么？

6.4.7 其他有用的字符串方法和常量

string 对象还有很多有用的方法，可以报告字符串的各种特征。例如，字符串是否包含数字或字母，或者是否全为大写字母或小写字母：

```
>>> x = "123"
>>> x.isdigit()
True
>>> x.isalpha()
False
>>> x = "M"
>>> x.islower()
False
>>> x.isupper()
True
```

有关字符串方法的完整列表，参见 Python 官方文档的字符串部分。

string 模块中还定义了一些有用的常量。上面已经介绍过了 string.whitespace，这个字符串包含了 Python 在当前系统中当作空白符使用的字符。string.digits 就是字符串'0123456789'。string.hexdigits 则不仅包含了 string.digits 中的所有字符，还包含了'abcdefABCDEF'，也就是十六进制数字要用到的字符。string.octdigits 包含了'01234567'，八进制数字只用到了这些数字。string.ascii_lowercase 包含了所有小写 ASCII 字母字符，string.ascii_uppercase 包含了所有大写 ASCII 字母字符，而 string.ascii_letters 则包含了 string.ascii_lowercase 和 string.ascii_uppercase 中的所有字符。大家也许会认为，把这些常量赋为其他值应该能改变 Python 的运行表现。Python 会容忍这种改动，但这可能不是个好主意。

记住，字符串是字符序列，所以可用 Python 的 in 操作符方便地测试字符是否属于字符串。当然通常采用字符串方法会更简洁和容易一些。表 6-2 列出了最常用的字符串操作。

表 6-2　常用的字符串操作

字符串操作	说　明	示　例
+	把两个字符串拼接在一起	x = "hello " + "world"
*	复制字符串	x = " " * 20
upper	将字符串转换为大写	x.upper()
lower	将字符串转换为小写	x.lower()
title	将字符串中每个单词的首字母变为大写	x.title()
find、index	在字符串中搜索子字符串	x.find(y) x.index(y)
rfind、rindex	从字符串尾开始搜索子字符串	x.rfind(y) x.rindex(y)
startswith、endswith	检查字符串的首部或尾部是否与给定子字符串匹配	x.startswith(y) x.endswith(y)
replace	将字符串中的目标子字符串替换为新的子字符串	x.replace(y, z)
strip、rstrip、lstrip	从字符串两端移除空白符或其他字符	x.strip()
encode	将 Unicode 字符串转换为 bytes 对象	x.encode("utf_8")

注意，上述方法均不会修改原字符串，而是返回在字符串中的位置或新的字符串。

动手题：字符串操作　假设有一个字符串列表 x，其中有一些字符串（不一定是全部）是以双引号开头和结尾的：

```
x = ['"abc"', 'def', '"ghi"', '"klm"', 'nop']
```

该用什么代码遍历所有元素并只把双引号去除呢？

如何查找"Mississippi"中最后一个字母 p 的位置？找到后又该如何只去除该字母呢？

6.5 将对象转换为字符串

在 Python 中，几乎所有东西都可以用内置的 repr 函数转换为某种字符串形式。到目前为止，已介绍过的 Python 类型中只有列表是熟悉的复杂数据类型。所以下面介绍一下把列表转换为字符串形式：

```
>>> repr([1, 2, 3])
'[1, 2, 3]'
>>> x = [1]
>>> x.append(2)
>>> x.append([3, 4])
>>> 'the list x is ' + repr(x)
'the list x is [1, 2, [3, 4]]'
```

在以上示例中，先用 repr 函数将列表 x 转换为字符串形式，然后将结果与另一个字符串拼接形成最终的字符串。如果不用 repr，代码将无法生效。像"string" + [1,2] + 3 这样的表达式，到底是要添加字符串、添加列表还是只添加数字？Python 在这种情况下不知道要干什么，所以会进行安全的处理（引发错误），而不做任何假定。在以上示例中，在进行字符串拼接之前，列表的所有元素都必须转换为字符串表示形式。

列表是目前唯一介绍过的 Python 复杂对象，而 repr 可以用来获取几乎所有 Python 对象的某种字符串形式。为了验证一下，下面尝试对内置复杂对象（其实是一个 Python 函数）调用一下 repr：

```
>>> repr(len)
'<built-in function len>'
```

Python 生成的字符串并不包含 len 函数的实现代码，但至少返回了一个字符串<built-in function len>，以描述该函数的功能。如果对本书所有 Python 数据类型（字典、元组、类等）都调用一遍 repr 函数，那么无论 Python 对象是什么类型，都可以返回有关描述该对象信息的字符串。

对于程序调试来说，这很有意义。如果在程序运行过程中，对变量的信息不太确定，就可以用 repr 函数打印出该变量的信息。

以上就是 Python 如何将任何对象转换为描述该对象的字符串的过程，其实 Python 有两种方式来转换。repr 函数返回的结果，也许可以不太精确地被称为 Python 对象的正式字符串表示（formal string representation）。说得具体一点，由 repr 函数返回的 Python 对象的字符串形式，可以重建原来的 Python 对象。对于大型的、复杂的对象，可能不希望在调试时的输出或者状态报告中看到这种结果。

Python 还提供了内置的 str 函数。与 repr 相比，str 旨在生成可打印（printable）的字符串形式，并且可用于任何 Python 对象。str 返回的结果，也许可被称为对象的非正式字符串表示（informal string representation）。由 str 返回的字符串，不需要完整定义对象，只要能供人类阅读即可，而不用供 Python 代码读取。

一开始使用函数 repr 和 str 时，不会注意到它们之间有什么区别。因为在开始用到 Python 面向对象的特性之前，两者没有区别。对任何内置 Python 对象的 str 调用，总是会调用 repr 来得出结果。只有开始定义自己的类时，str 和 repr 之间的差别才会变得重要起来。这将在第 15 章中介绍。

那么，为什么现在要提及呢？这是为了说明一点，在运行 repr 函数时，幕后进行的操作会比简单地用 print 函数调试要多一些。为了维持良好的编程风格，请渐渐习惯用 str 而不是 repr 来创建用于显示的字符串信息。

6.6 使用 format 方法

在 Python 3 中格式化字符串的途径有两种，用字符串类的 format 方法比较新一些。format 方法用了两个参数，同时给出了包含被替换字段的格式字符串，以及替换后的值。这里的被替换字段是用{}标识的。如果要在字符串中包含字符“{”或“}”，请用“{{”或“}}”来表示。format 方法是一种强大的字符串格式化脚本，称得上是一种微型语言，几乎为操纵字符串格式提供了无限可能。不过最常见的用法却相当简单，所以本节给出了几种基本的模板。如果还需要用到更高级的功能，请参考标准库文档的字符串格式部分。

6.6.1 format 方法和位置参数

format 方法的一种比较简单的用法，就是用被替换字段的编号，分别对应传入的参数：

```
>>> "{0} is the {1} of {2}".format("Ambrosia", "food", "the gods")      ❶
'Ambrosia is the food of the gods'
>>> "{{Ambrosia}} is the {0} of {1}".format("food", "the gods")      ❷
'{Ambrosia} is the food of the gods'
```

注意 format 方法是由格式字符串调用的，格式字符串也可以是字符串变量❶。这里有两个“{”或“}”字符表示发生了转义，因此不表示被替换字段。❷

以上示例带有 3 个被替换字段，即{0}、{1}和{2}，将会依次由第一个、第二个和第三个参数填充。无论{0}在格式字符串中位于什么位置，它总是被第一个参数取代，依此类推。

还可以用命名参数的形式来使用 format。

6.6.2 format 方法和命名参数

format 方法还能够识别命名参数和被替换字段：

```
>>> "{food} is the food of {user}".format(food="Ambrosia", user="the gods")
'Ambrosia is the food of the gods'
```

上述情况下，在选择被替换参数时会按照被替换字段名称和参数名称进行匹配。

同时使用位置参数和命名参数也是允许的，甚至可以访问参数中的属性和元素：

```
>>> "{0} is the food of {user[1]}".format("Ambrosia",
...          user=["men", "the gods", "others"])
'Ambrosia is the food of the gods'
```

这时，第一个参数是位置参数，第二个参数 user[1]指向的是命名参数 user 的第二个元素。

6.6.3 格式描述符

格式描述符（format specifier）用于设定格式化输出的结果，控制功能甚至超过了旧版的字符串格式化样式。在填充被替换字段时，格式描述符能够控制填充字符、对齐方式、正负号、宽度、精度和数据类型。如前所述，格式描述符的语法本身就是一种微型的语言，因为比较复杂所以无法在此全部介绍。但以下示例可以略微展示一下格式描述符的用途：

```
>>> "{0:10} is the food of gods".format("Ambrosia")     ❶
'Ambrosia   is the food of gods'
>>> "{0:{1}} is the food of gods".format("Ambrosia", 10)     ❷
'Ambrosia   is the food of gods'
>>> "{food:{width}} is the food of gods".format(food="Ambrosia", width=10)
'Ambrosia   is the food of gods'
>>> "{0:>10} is the food of gods".format("Ambrosia")     ❸
'  Ambrosia is the food of gods'
>>> "{0:&>10} is the food of gods".format("Ambrosia")     ❹
'&&Ambrosia is the food of gods'
```

描述符“:10”设置该字段宽度为 10 个字符，不足部分用空格填充❶。描述符“:{1}”表示字段宽度由第二个参数定义❷。描述符“:>10”强制字段右对齐，不足部分用空格填充❸。描述符“:&>10”强制右对齐，不足部分不用空格而是用“&”字符填充❹。

速测题：format()方法 以下代码段执行完后，x 的值将分别会是什么？

```
x = "{1:{0}}".format(3, 4)
x = "{0:$>5}".format(3)
x = "{a:{b}}".format(a=1, b=5)
x = "{a:{b}}:{0:$>5}".format(3, 4, a=1, b=5, c=10)
```

6.7 用%格式化字符串

本节介绍如何用字符串取模（string modulus）操作符%来格式化字符串，该操作符用于将 Python 数值并入格式化字符串（Formatting String）中，以用于打印或其他用途。C 语言用户会注意到，这种古怪的用法类似于 printf 家族函数。用%作为格式化符号是旧版的字符串格式化风格，但是因为这是 Python 早期版本中的标准，所以这里才会介绍一下。如果代码是从早期版本的 Python 移植过来的，或者是由熟悉早期版本的程序员编写的，那就可能会看到它。但这种风格的格式不应该再出现在新编写的代码中了，因为它将被废弃，Python 语言以后不会再提供支持了。

示例如下：

```
>>> "%s is the %s of %s" % ("Ambrosia", "food", "the gods")
'Ambrosia is the food of the gods'
```

字符串取模操作符（指中间的那个黑体%，不是左面的 3 个%s）由两部分组成：左侧是字符串，右侧是元组。字符串取模操作符将会扫描左侧的字符串，查找特定的*格式化序列*[①]（formatting sequence），并按顺序将其替换为右侧的值而生成新的字符串。在以上例子中，左侧的格式化序列就是 3 个%s，意思就是“在此处粘贴一个字符串”。

只要在右侧传入不同的值，就可以生成不同的字符串：

```
>>> "%s is the %s of %s" % ("Nectar", "drink", "gods")
'Nectar is the drink of gods'
>>> "%s is the %s of the %s" % ("Brussels Sprouts", "food", "foolish")
'Brussels Sprouts is the food of the foolish'
```

右侧元组中的成员不一定非得是字符串，因为用了%s 就会自动对其调用 str 函数：

```
>>> x = [1, 2, "three"]
>>> "The %s contains: %s" % ("list", x)
"The list contains: [1, 2, 'three']"
```

6.7.1　使用格式化序列

所有的格式化序列都是包含在%操作符左侧字符串中的子字符串。每个格式化序列都以一个百分号开始，后面跟随一个或多个字符代表要被替换为格式化序列的位置以及替换方式。上面用到的%s 是最简单的格式化序列，表示要用%操作符右侧元组中相应的字符串替换%s。

其他的格式化序列可能会稍显复杂些。以下格式化序列将数字的输出宽度（字符总数）设定为 6，将小数点后面的字符数设定为 2，并将数字左对齐。这里把格式化序列放在一对尖括号中，以便于观察在格式化后的字符串中插入了额外的空格：

```
>>> "Pi is <%-6.2f>" % 3.14159 # 格式化序列为 %-6.2f
'Pi is <3.14  >'
```

Python 的官方文档中给出了格式化序列中所有允许的字符选项。选项有点多，但没有特别难以使用的。请记住，在 Python 交互环境下可以不断地试用这些格式化序列，检验一下是否符合预期的需求。

---

① Python 官方文档里没有格式化序列（formatting sequence）的提法，可参见官方文档的“String Formatting Operations”一节。——译者注

6.7.2 命名参数和格式化序列

%操作符还提供了一种额外特性，在某些场合可能会比较有用。但是，为了介绍这种特性，必须用到尚未详细介绍的 Python 字典（dictionary）特性。在其他编程语言中，字典常被称为散列表（hash table）或关联数组（associative array）。可以先跳到第 7 章去学习字典。也可以暂时略过本节，以后再回来阅读。或者干脆直接读下去，相信示例可以说明一切。

格式化序列可以用名称而不是位置来指定要替换的内容。这时，每个格式化序列在前缀“%”之后紧跟着一个用圆括号括起来的名称，如下所示：

```
"%(pi).2f"        <——在圆括号中标注名称
```

同时，%操作符右侧的参数也不再以单个值或值的元组形式，而是以输出值组成的字典给出，每个已命名的格式化序列在字典中都有对应名称的键。用之前的格式化序列和字符串模操作符，代码可能如下所示：

```
>>> num_dict = {'e': 2.718, 'pi': 3.14159}
>>> print("%(pi).2f - %(pi).4f - %(e).2f" % num_dict)
3.14 - 3.1416 - 2.72
```

如果要对格式字符串执行大量替换时，上述代码特别有用，因为不需要再保持格式字符串中的格式化序列与右侧元组元素的位置对应关系。字典参数中的元素定义顺序无关紧要，并且格式字符串中可以多次引用字典中的值（就像以上代码的'pi'一样）。

用 print 函数控制输出

Python 内置的 print 函数也有一些选项，可以比较容易地处理一些简单的字符串格式输出。如果只提供一个参数，print 函数将会打印参数值和一个换行符，这样每次调用 print 函数都会在单独一行中打印每个结果：

```
>>> print("a")
a
>>> print("b")
b
```

不过 print 函数还有更多用法。可以给 print 函数传入多个参数，这些参数值将会打印在同一行中，中间用空格分隔，最后以换行符结尾：

```
>>> print("a", "b", "c")
a b c
```

如果这样还不能满足需求，可以给 print 函数多带几个参数，用来控制分隔符和每行的结束符：

```
>>> print("a", "b", "c", sep="|")
a|b|c
>>> print("a", "b", "c", end="\n\n")
a b c
```

```
>>>
```

print 函数还可以将结果输出到文件，也可以输出到控制台。

```
>>> print("a", "b", "c", file=open("testfile.txt", "w"))
```

对简单的文本输出而言，print 函数的可选参数就足够用了，但是更复杂的场景最好还是采用 format 方法。

速测题：用“%”格式化字符串 以下代码执行完毕后，变量 x 的值各为多少？

```
x = "%.2f" % 1.1111
x = "%(a).2f" % {'a':1.1111}
x = "%(a).08f" % {'a':1.1111}
```

6.8 字符串内插

从 Python 3.6 开始，新提供了一种创建字符串常量的途径，字符串常量中可包含任意值，被称为字符串内插（string interpolation）。字符串内插可以在字符串内包含 Python 表达式的值。因为内插字符串的前缀是个“f”，所以被称为 f 字符串（f-string），其包含表达式的语法类似于 format 方法，但开销较小一些。以下例子大致演示了 f 字符串的用法：

```
>>> value = 42
>>> message = f"The answer is {value}"
>>> print(message)
The answer is 42
```

正如 format 方法一样，这里同样可以加入格式描述符：

```
>>> pi = 3.1415
>>> print(f"pi is {pi:{10}.{2}}")
pi is        3.1
```

因为字符串内插是新特性，所以用途还不是十分明确。关于 f 字符串和格式描述符的完整文档，请参考 Python 的 PEP-498 文档。

6.9 bytes 对象

bytes 对象与 string 对象比较类似，但有一个重要区别：string 对象是 Unicode 字符组成的不可变序列，而 bytes 对象是值从 0 到 256 的整数序列。如果需要处理二进制数据，例如，从二进制数据文件中读取数据时，bytes 对象是必需的。

bytes 对象看起来像 string，但不能像 string 对象那样使用，也不能与 string 对象拼接。这点非常重要，请务必牢记。

```
>>> unicode_a_with_acute = '\N{LATIN SMALL LETTER A WITH ACUTE}'
>>> unicode_a_with_acute
```

```
'á'
>>> xb = unicode_a_with_acute.encode()      ❶
>>> xb
b'\xc3\xa1'      ❷
>>> xb += 'A'      ❸
Traceback (most recent call last):
  File "<pyshell#35>", line 1, in <module>
    xb += 'A'
TypeError: can't concat str to bytes
>>> xb.decode()      ❹
'á'
```

上述例子中，首先从普通（Unicode）字符串转换为 bytes 对象，需要调用字符串的 encode 方法❶。在编码为 bytes 对象后，字符成了两个字节，打印输出的方式不再和字符串一样了❷。因为两种类型不再兼容，这时再想把 bytes 对象和字符串对象相加，就会报类型错误❸。最后，将 bytes 对象转换回字符串，需要调用 bytes 对象的 decode 方法❹。

多数时候，根本无须考虑该用 Unicode 字符串还是 bytes。但如果要处理国际字符集（日益普遍），则必须了解普通字符串和 bytes 对象之间的区别。

速测题：bytes 对象　以下哪种数据应该用字符串？哪些可以采用 bytes 对象？

（1）存储二进制数据的文件。

（2）某国语言的文本，其中带有重音字符。

（3）只包含大写和小写罗马字符的文本。

（4）不大于 255 的一串整数。

研究题 6：文本预处理　在处理原始文本时，首先往往需要对文本进行清洗和规格化。例如，要查找单词在文本中出现的频率，那么在开始计数之前，不妨先确保全部文本都已转为小写（或大写），并且所有标点符号都已被删除，这样计算工作就会容易一些。还可以将文本分解为一系列单词，以便进一步简化操作。

本次研究的任务是读取 *Moby Dick* 的第一章第一节（见本书所附源码），确保所有字符都是大写或小写，删除所有标点符号，并以每行一个单词写入另一个文件。由于如何读写文件还未介绍，下面给出这部分代码。

请完成代码并替换以下示例中的注释行。

```
with open("moby_01.txt") as infile, open("moby_01_clean.txt", "w") as outfile:
    for line in infile:
        # 全都转成大写或小写
        # 删除标点符号
        # 拆分为单词
        # 将全部单词按行写入
        outfile.write(cleaned_words)
```

6.10 小结

- Python 字符串拥有强大的文本处理功能，包括搜索与替换、消除空格、改变大小写等。
- 字符串是不可变对象，无法原地修改。
- 那些看似修改字符串的操作其实都是返回了修改后的副本。
- `re`（正则表达式）模块拥有更为强大的字符串处理能力，将会在第 16 章中介绍。

第 7 章　字典

本章主要内容

- 定义字典
- 利用字典操作
- 确定哪些对象可用作字典键
- 创建稀疏矩阵
- 将字典用作缓存
- 相信字典的效率

本章将会介绍字典，这是 Python 对关联数组（associative array）或映射（map）的叫法。字典通过使用散列表（hash table）实现。即使在简单的程序中，字典的用处也是惊人的。

对于很多程序员，字典不如其他基本的数据结构（如列表和字符串）那么熟悉，因此演示字典用法的一些示例会比相应的其他内置数据结构稍微复杂一些。为了充分理解本章中的某些示例，有必要阅读第 8 章的部分内容。

7.1　何为字典

如果在其他编程语言中从未用过关联数组和散列表，那么不妨将字典与列表进行比较，以便能理解其用法。

- 列表中的值可以通过整数索引进行访问，索引表示了给定值在列表中的位置。
- 字典中的“值”通过“键”进行访问，键可以是整数、字符串或其他 Python 对象，同样表示了给定值在字典中的位置。换句话说，列表和字典都支持用索引来访问任意值，但是字典“索引”可用的数据类型比列表的索引要多得多。而且字典提供的索引访问机制与列表的完全不同。
- 列表和字典都可以存放任何类型的对象。
- 列表中存储的值隐含了按照在列表中的位置排序，因为访问这些值的索引是连续的整数。

这种顺序可能会被忽略，但需要时就可以用到。存储在字典中的值相互之间没有隐含的顺序关系，因为字典的键不只是数字。注意，如果用字典的时候同时还需要考虑条目的顺序（指加入字典的顺序），那么可以使用有序字典。有序字典是字典类的子类，可从 collections 模块中导入。还可以用其他数据结构（通常是列表）来定义字典条目的顺序，显式地将顺序保存起来，但这不会改变普通字典没有隐式（内置）排序的事实。

尽管存在差异，但字典和列表的用法往往比较类似。首先，空字典的创建就很像空列表，但是用花括号代替了方括号：

```
>>> x = []
>>> y = {}
```

上面第一行新建了一个空列表并赋给了 x。第二行新建了一个空字典并赋给了 y。

字典创建完毕后，就可以像使用列表一样在里面存储数据值了：

```
>>> y[0] = 'Hello'
>>> y[1] = 'Goodbye'
```

仅是以上赋值操作，词典和列表就已经存在明显差异。如果对列表做同样的操作，就会引发错误。因为在 Python 中，对列表中不存在的位置赋值是非法的。例如，对列表 x 的第 0 个元素赋值，就会收到错误消息：

```
>>> x[0] = 'Hello'
Traceback (innermost last):
  File "<stdin>", line 1, in ?
IndexError: list assignment index out of range
```

而对于字典来说，就不会有问题，新的位置会按需创建。

现在字典中已经有值了，可以访问和使用了：

```
>>> print(y[0])
Hello
>>> y[1] + ", Friend."
'Goodbye, Friend.'
```

总之，上述用法让字典与列表看起来非常相像。但是下面的用法就能看出两者的巨大差异了，字典可通过非整数键来存储并使用数据值：

```
>>> y["two"] = 2
>>> y["pi"] = 3.14
>>> y["two"] * y["pi"]
6.28
```

上述操作用列表是绝对不可能完成的！列表的索引必须是整数，而字典的键则没有什么限制，可以是数字、字符串或其他很多种 Python 对象。因此有很多列表无法完成的任务，用字典就能很自然地完成。例如，用字典实现电话簿程序，就比用列表更为合理一些，因为某人的电话号码可以按照这个人的姓氏对电话号码进行索引存储。

字典提供了一种映射手段，可从一组任意对象映射到有关联的另一组任意对象。现实世界中的字典、辞典和翻译书，就是字典的很好类比。为了说明这种类比的自然程度，下面给出了一段将颜色从英文转换为法文的定义：

```
>>> english_to_french = {}              <—— 创建空字典
>>> english_to_french['red'] = 'rouge'      <—— 存入 3 个单词
>>> english_to_french['blue'] = 'bleu'
>>> english_to_french['green'] = 'vert'
>>> print("red is", english_to_french['red'])  C   <—— 获取“red”对应的值
red is rouge
```

动手题：创建字典 编写代码请用户输入 3 个名字和 3 个年龄值。然后再请用户输入其中 1 个名字并显示对应的年龄。

7.2 字典的其他操作

除基础的元素赋值和访问操作之外，字典还支持很多其他操作。

可以显式地用逗号分隔的键/值对来定义字典：

```
>> english_to_french = {'red': 'rouge', 'blue': 'bleu', 'green': 'vert'}
```

`len` 函数可以返回字典的条目数量：

```
>>> len(english_to_french)
3
```

可以用字典的 `keys` 方法获取字典中的所有键，这在用 Python 的 `for` 循环遍历字典内容时，常会用到。在第 8 章中将会介绍：

```
>>> list(english_to_french.keys())
['green', 'blue', 'red']
```

在 Python 3.5 及以前的版本中，`keys` 方法返回列表中的键是无序的。这些键没有经过排序，也不一定按照创建顺序排列。Python 代码每次运行都可能打印出不同的键顺序。如果需要键有序排列，可以存入列表变量并对列表进行排序。但从 Python 3.6 开始，字典会维持键的创建顺序，并按创建顺序返回。

用 `values` 方法还能够获取到存储在字典中的所有值：

```
>>> list(english_to_french.values())
['vert', 'bleu', 'rouge']
```

`values` 方法并没有 `keys` 方法那么常用。

用 `items` 方法可以将所有键及其关联值以元组序列的形式返回：

```
>>> list(english_to_french.items())
[('green', 'vert'), ('blue', 'bleu'), ('red', 'rouge')]
```

与 `keys` 方法类似，`items` 方法通常与 `for` 循环结合使用，用于遍历字典中的内容。

del 语句可用于移除字典中的条目，即键值对：

```
>>> list(english_to_french.items())
[('green', 'vert'), ('blue', 'bleu'), ('red', 'rouge')]
>>> del english_to_french['green']
>>> list(english_to_french.items())
[('blue', 'bleu'), ('red', 'rouge')]
```

字典视图对象

keys、values 和 items 方法的返回结果都不是列表，而是视图（view）。视图的表现与序列类似，但在字典内容变化时会动态更新。这就是为什么在以上示例中要用 list 函数将结果转换为列表。除此之外，它们的表现与序列相似，允许用 for 循环迭代，可用 in 来检查成员的资格，等等。

由 keys 方法（有时候是 items 方法）返回的视图还与集合有点类似，可进行并集、差集和交集操作。

如果要访问的键在字典中不存在，则会被 Python 视为出错。这时可以用 in 关键字先检测一下字典中是否存在该键。如果字典中该键对应有存储值，则返回 True；否则返回 False：

```
>>> 'red' in english_to_french
True
>>> 'orange' in english_to_french
False
```

或者还可以用 get 函数进行检测。如果字典中包含该键，则 get 函数返回与键关联的值。如果不包含则返回函数的第二个参数：

```
>>> print(english_to_french.get('blue', 'No translation'))
bleu
>>> print(english_to_french.get('chartreuse', 'No translation'))
No translation
```

第二个参数是可选的。如果未给出，则 get 函数会在字典键不存在时返回 None。

类似的，如果要安全获取键值，确保能在值不存在时设为默认值，可以用 setdefault 方法：

```
>>> print(english_to_french.setdefault('chartreuse', 'No translation'))
No translation
```

get 和 setdefault 方法的区别在于，以上 setdefault 调用完毕后，会在字典中生成键 'chartreuse' 和对应的值 'No translation'。

用 copy 方法可以获得字典的副本：

```
>>> x = {0: 'zero', 1: 'one'}
>>> y = x.copy()
>>> y
{0: 'zero', 1: 'one'}
```

copy 方法会生成字典的浅副本，大多数情况下应该能满足需要了。如果字典值中包含了可修改对象，如列表或其他字典，那就可能需要用到 copy.deepcopy 函数生成深副本。关于浅副本和深副本的概念，参见第 5 章。

字典的 update 方法会用第二个字典（即参数）的所有键/值对更新第一个字典（即调用者）。如果键在两个字典中都存在，则第二个字典中的值会覆盖第一个字典的值：

```
>>> z = {1: 'One', 2: 'Two'}
>>> x = {0: 'zero', 1: 'one'}
>>> x.update(z)
>>> x
{0: 'zero', 1: 'One', 2: 'Two'}
```

字典的各个方法提供了一整套操作和使用字典的工具。表 7-1 列出了主要的字典方法，以供快速参考。

表 7-1 字典操作

字典操作	说 明	示 例
{}	新建空字典	x = {}
len	返回字典的条目数量	len(x)
keys	返回字典所有键的视图	x.keys()
values	返回字典所有值的视图	x.values()
items	返回字典所有条目的视图	x.items()
del	从字典中移除一个条目	del(x[key])
in	测试键是否存在于字典中	'y' in x
get	返回键的值或自定义的默认值	x.get('y', None)
setdefault	如果键在字典中存在则返回其对应值，否则在字典中设置该键为默认值并返回该值	x.setdefault('y', None)
copy	生成字典的浅副本	y = x.copy()
update	将两个字典的条目合并	x.update(z)

表 7-1 并没有把所有的字典操作全部列出。完整的列表参见 Python 标准库文档。

速测题：字典操作 假设有字典 x = {'a':1, 'b':2, 'c':3, 'd':4}和 y = {'a':6, 'e':5, 'f':6}。以下每行代码执行完后，x 的内容分别会变成什么？

```
del x['d']
z = x.setdefault('g', 7)
x.update(y)
```

7.3 单词计数

假定有一个文件中存放着一个单词列表，每个单词占一行。如何才能知道每个单词在文件中出现的次数呢？利用字典可以轻松完成这一任务：

```
>>> sample_string = "To be or not to be"
>>> occurrences = {}
>>> for word in sample_string.split():
...     occurrences[word] = occurrences.get(word, 0) + 1     ❶
...
>>> for word in occurrences:
...     print("The word", word, "occurs", occurrences[word], \
...           "times in the string")
...
The word To occurs 1 times in the string
The word be occurs 2 times in the string
The word or occurs 1 times in the string
The word not occurs 1 times in the string
The word to occurs 1 times in the string
```

在字典 `occurrences` 中，会对每个单词出现的次数进行累加❶。以上例子很好演示了字典的强大威力。代码比较简单，由于在 Python 中对字典操作进行了高度优化，运行速度也会相当快。上述这种处理模式十分便捷，事实上已经被标准化为 `Counter` 类，内置于标准库的 `collections` 模块中。

7.4 可用作字典键的对象

上面的例子用了字符串作为字典键。但是不仅是字符串，任何不可变（immutable）且可散列（hashable）的 Python 对象，都可被用作字典的键。

如前所述，Python 中可修改的对象均被称为可变（mutable）对象。列表就是可变对象，因为列表的元素可被添加、更改和移除。同理，字典也是可变对象。数值类型是不可变对象。假如变量 `x` 原来指向数值 3，将 `x` 赋为 4 之后，其实是让 `x` 指向了另一个数字 4，但是数字 3 本身没有改动，3 仍然是 3。字符串也是不可变对象。`list[n]`返回 `list` 的第 *n* 个元素，`string[n]`返回 `string` 的第 *n* 个字符。`list[n] = value` 将会改变 `list` 的第 *n* 个元素，但 `string[n] = character` 在 Python 中是非法操作，将会引发错误，因为 Python 中的字符串是不可变的。

然而，字典的键必须是不可变且可散列的，这意味着不能将列表用作字典键。但在许多时候，像列表一样的键用起来会很方便。例如，以姓和名作为键来保存人员信息，就能便于使用。如果用包含两个元素的列表作为字典键，就可以轻松完成这一任务。

Python 提供了元组来解决上述问题，元组基本上可被视为不可变的列表。除一旦建立就不能修改之外，元组的创建和使用都类似于列表。此外，字典还有一个限制，即键还必须是可散列的，这比不可变的要求还要高。为了实现可散列，对象必须带有散列值（由`__hash__`方法提供），并且在值的整个生命周期内保持不变。这就意味着,虽然元组本身在技术上是不可变的，但是包含可变值的元组是不可散列的。只有不包含任何可变嵌套对象的元组才是可散列的，可有效地用作字典的键。表 7-2 列出了哪些 Python 内置类型是不可变的、可散列的、有资格用作字典键的。

表 7-2 有资格用作字典键的 Python 对象

Python 对象	不可变	可散列	可作为字典键
`int`	是	是	是
`float`	是	是	是
`boolean`	是	是	是
`complex`	是	是	是
`str`	是	是	是
`bytes`	是	是	是
`bytearray`	否	否	否
`list`	否	否	否
`tuple`	是	有时	有时
`set`	否	否	否
`frozenset`	是	是	是
`dictionary`	否	否	否

下面一节会给出示例，演示元组和字典的合作。

速测题：可用作字典键的对象 以下哪些表达式可用作字典键：`1`、`'bob'`、`('tom', [1, 2, 3])`、`["filename"]`、`"filename"`、`("filename", "extension")`。

7.5 稀疏矩阵

在数学术语中，矩阵（matrix）是指数字的二维网格，通常在教科书中会在两边加上方括号表示，如下所示：

$$\begin{bmatrix} 3 & 0 & -2 & 11 \\ 0 & 9 & 0 & 0 \\ 0 & 7 & 0 & 0 \\ 0 & 0 & 0 & -5 \end{bmatrix}$$

这种矩阵的标准表示方法就是列表的列表。在 Python 中，矩阵如下所示：

```
matrix = [[3, 0, -2, 11], [0, 9, 0, 0], [0, 7, 0, 0], [0, 0, 0, -5]]
```

矩阵中的元素可以通过行号和列号访问：

```
element = matrix[rownum][colnum]
```

在天气预报之类的应用中，矩阵往往十分庞大，每条边有数千个元素，这就意味着矩阵总共有数百万个元素，而且这种矩阵中很多元素常常都为0。在某些应用中，除少量元素之外，其他矩阵元素都可能为0。为了节省内存，往往会采用某种形式，实际只存储其中的非0元素。这种矩阵被称为稀疏矩阵。

用字典和索引的元组来实现稀疏矩阵，还是比较简单的。例如，上面的矩阵就可以表示如下：

```
matrix = {(0, 0): 3, (0, 2): -2, (0, 3): 11,
          (1, 1): 9, (2, 1): 7, (3, 3): -5}
```

然后就可以通过行号和列号访问各个矩阵元素了，代码如下：

```
if (rownum, colnum) in matrix:
    element = matrix[(rownum, colnum)]
else:
    element = 0
```

另一种稍难理解但效率更高的方案是使用字典的 get 方法。当 get 方法在字典中找不到键时会返回 0，否则返回与该键关联的值，这样可以减少一次字典搜索操作：

```
element = matrix.get((rownum, colnum), 0)
```

如果要完成大量的矩阵操作，可能要深入研究一下专门的数值计算包 NumPy。

7.6 将字典用作缓存

本节将介绍如何将字典用作缓存（cache），也就是保存计算结果的数据结构，以免重复计算。假设要定义名为 sole 的函数，参数为3个整数，并将返回结果。代码可能会如下所示：

```
def sole(m, n, t):
    # 执行某些相当耗时的计算
    return(result)
```

如果函数耗时过长，并且会被调用数万次，则程序运行就会十分缓慢。

现在假定无论程序运行多少次，调用 sole 的参数组合大约有200种。也就是说，程序运行时 sole(12, 20, 6) 可能会被调用50次或以上，其他很多参数组合也类似。因此通过消除参数相同时的重复计算，就可以节省大量时间。这里可以用字典，并用元组作为字典键，例如：

```
sole_cache = {}
def sole(m, n, t):
    if (m, n, t) in sole_cache:
        return sole_cache[(m, n, t)]
    else:
        # 执行较为耗时的计算任务
        sole_cache[(m, n, t)] = result
        return result
```

在以上经过重写的 sole 函数中，用一个全局变量来存储以前的结果。该全局变量是个字典，并且字典的键是作为参数组合已传给 sole 函数的元组。然后，只要传给 sole 函数的参数组合是曾经计算过结果的，就不会再次计算，而是直接返回保存过的结果。

动手题：字典的使用 假定要编写一个类似于电子表格的程序。如何用字典来存储工作表中的内容呢？请编写一些示例代码，既要能保存单元格的值，又要能检索指定单元格的值，并指出代码可能存在的不足。

7.7 字典的效率

如果具有传统编译型语言的经验，大家可能会对是否使用字典而犹豫不决，担心字典的效率比列表或数组低。事实上 Python 字典的执行速度已经相当快了。Python 语言的许多内部特性都依赖于字典，为提高字典的效率已经投入了大量的心血。Python 的所有数据结构都经过了高度优化，因此不应该花太多时间去考虑哪个更快，哪个效率更高。如果用字典可以比用列表更容易更清晰地解决问题，那就尽管用吧。仅当确认是字典导致了不可接受的速度下降时，再来考虑替代方案。

研究题 7：单词计数 在上一次研究中，读取了 *Moby Dick* 的第一章第一节，统一了大小写，去除了标点符号，将拆分完毕的单词写入了文件。本次研究请读取该文件，用字典来统计每个单词出现的次数，然后将最常用和最不常用的单词打印出来。

7.8 小结

- 字典是一种功能强大、用途广泛的数据结构，甚至 Python 本身也在使用。
- 字典的键必须是不可变的，而任何不可变对象都可以用作字典键。
- 键的使用，意味着可以更加直接地访问数据组，所需代码也比其他方案少。

第 8 章　流程控制

本章主要内容

- 用 while 循环重复执行代码
- 用 if-elif-else 语句执行判断
- 用 for 循环遍历列表
- 使用列表和字典推导式
- 用缩进标识语句和代码块
- 对布尔值和布尔表达式求值

Python 提供了完整的流程控制要素，包括循环和条件判断。本章将详细介绍所有控制要素。

8.1　while 循环

之前已经多次用到了基本的 while 循环。完整的 while 循环结构如下：

```
while condition:
    body
else:
    post-code
```

condition 是一个布尔表达式，也就是运算结果为值 True 或 False。只要 condition 为 True，body 部分的代码就会重复执行下去。如果 condition 的计算结果为 False，则 while 循环将会执行 post-code 部分的代码，然后停止执行。如果 condition 一开始就为 False，那么 body 部分代码就根本不会被执行，只会执行 post-code 部分的代码。body 和 post-code 部分的代码都是由换行符分隔的一条或多条 Python 语句，并且代码缩进的级别也相同。Python 解释器根据代码缩进的级别来识别这两个部分。这里不需要使用其他分隔符，如大括号或方括号。

注意，while 循环的 else 部分是可选的，且不常用到。因为只要 body 部分没有包含 break 语句，那么循环

```
while condition:
    body
else:
    post-code
```

和循环

```
while condition:
    body
post-code
```

的效果是一样的，而且第二种写法更简单，也更容易理解。这里提到 else 子句的目的，只是为了能让读者知道有这么回事，以免在别人的代码中看到它时，不会引起困惑。当然，在某些场合 else 子句还是有点用的。

在 while 循环的 body 部分，可以使用两种特殊语句，也就是语句 break 和 continue。如果执行了 break 语句，那么 while 循环就会立即终止，甚至都不会再执行 post-code 部分（当存在 else 子句时）。如果执行了 continue 语句，则会导致 body 部分的剩余语句被跳过，进行下一次 condition 计算，循环继续进行。

8.2 if-elif-else 语句

在 Python 中，最通用的 if-elif-else 结构的形式如下：

```
if condition1:
    body1
elif condition2:
    body2
elif condition3:
    body3
.
.
.
elif condition(n-1):
    body(n-1)

else:
    body(n)
```

如果 condition1 为 True，则执行 body1；否则，如果 condition2 为 True，则执行 body2；否则……依此类推，直至遇到判断为 True 的条件或者 else 子句并执行 body(n)。与 while 循环一样，body 部分也由一条或多条 Python 语句构成，由换行符分隔并处于相同的缩进级别。

当然，并不是每个条件从句都必须存在。elif、else 部分是可以省略的，两者可以都省略。如果没有符合条件的语句可执行（没有条件为 True，也没有 else 部分），那就什么都不做。

if 语句之后的 body 部分是必须提供的。但是这里可以使用 pass 语句，pass 语句也可在 Python 中需要语句的其他任何地方使用。pass 语句用作语句的占位符，但是它不执行任何操作：

```
if x < 5:
    pass
else:
    x = 5
```

Python 没有提供 case（或 switch）语句。

Python 的 case 语句在哪里

如前所述，Python 中没有提供 case 语句。在大多数其他语言采用 case 或 switch 语句的场合，Python 可以用串联的 if...elif...elif...else 结构来很好地应对。如果遇到极少数棘手的场合，通常可用函数字典来解决，如下所示：

```
def do_a_stuff():
    #process a
def do_b_stuff():
    #process b
def do_c_stiff():
    #process c
func_dict = {'a' : do_a_stuff,
             'b' : do_b_stuff,
             'c' : do_c_stuff }
x = 'a'
func_dict[x]()                    <—— 运行字典中的函数
```

确实有人提出过要在 Python 中加入 case 语句的建议（参见 PEP 275 和 PEP 3103），但总体的一致意见还是认为没有必要或不值得增加麻烦。

8.3 for 循环

Python 的 for 循环与某些编程语言的不大一样。传统模式是在每次迭代时递增并检测某个变量，C 语言的 for 循环通常就是如此。在 Python 中，for 循环遍历的是任何可迭代对象的返回值，也就是任何可以生成值序列的对象。例如，for 循环可以挨个遍历列表、元组或字符串的元素。这里的可迭代对象还可以是特殊的 range 函数，或者被称为生成器（generator）或生成器表达式的特殊类型函数。这种生成器函数的功能非常强大，常见的形式为：

```
for item in sequence:
    body
else:
    post-code
```

对 sequence 的每个元素都会执行一次 body 部分的语句。一开始 item 会被设为 sequence 的第一个元素，并执行 body 部分；然后 item 会被设为 sequence 的第二个元素，并执行 body 部分，等等，对 sequence 的其余元素都会逐个依此处理。

else 部分是可选的。像 while 循环的 else 部分一样，很少被用到。break 和 continue 在 for 循环中的作用，和在 while 循环中是一样的。

以下循环将会打印出 x 中每个数字的倒数：

```
x = [1.0, 2.0, 3.0]
for n in x:
    print(1 / n)
```

8.3.1 range 函数

有时候循环中需要显式的索引（如值在列表中出现的位置）。这时可以将 range 函数和 len 函数结合起来使用，生成供 for 循环使用的索引序列。以下代码将会打印列表中所有出现负数的位置：

```
x = [1, 3, -7, 4, 9, -5, 4]
for i in range(len(x)):
    if x[i] < 0:
        print("Found a negative number at index ", i)
```

对于给出的数字 *n*，range(n)会返回 0、1、2、……、*n*-2、*n*-1。因此，将列表长度（调用 len 函数）传入就会产生列表元素索引的序列。虽然看起来很类似，但 range 函数并不会构建一个整数值的列表，而是创建一个能够按需生成整数值的 range 对象。如果要用显式循环遍历大型列表，这种设计就很有用。例如，不必建立包含 1000 万个元素的列表，这会占用相当多的内存，而是使用 range(10000000)，只会占用少量内存，一样能生成整数序列，从 0 开始，直至（不含）for 循环需要用到的 10000000。

8.3.2 用初值和步进值控制 range 函数

range 函数有两个变体，可以对生成的值序列施以更多的控制。如果 range 函数带有两个数值参数，则第一个参数是结果序列的起始值，第二个参数是结果序列的结束值（不含）。以下给出一些例子：

```
>>> list(range(3, 7))        <——❶
[3, 4, 5, 6]
>>> list(range(2, 10))        <——❶
[2, 3, 4, 5, 6, 7, 8, 9]
>>> list(range(5, 3))
[]
```

这里 list()函数的作用，只是为了把 range 函数生成的值强制转换为列表。通常在实际的代码中不会这么用❶。

以上代码还不能实现倒计数，因此 list(range(5, 3))的值会是空列表。要实现倒计数或 1 以外的步进计算，需要用到 range 函数的第三个可选参数，以便给出计数时的步进值：

```
>>> list(range(0, 10, 2))
[0, 2, 4, 6, 8]
>>> list(range(5, 0, -1))
```

```
[5, 4, 3, 2, 1]
```

range 函数的返回序列中，始终会包含第一个参数给出的起始值，但不会包含第二个参数给出的结束值。

8.3.3　在 for 循环中使用 break 和 continue 语句

在 for 循环体中，也可以使用 break 和 continue 这两种特殊语句。如果执行了 break，就会立即终止 for 循环，甚至不会执行 post-code 部分（存在 else 子句时）。如果在 for 循环中执行了 continue，则会导致 body 的其余部分被跳过，循环正常进入下一次迭代。

8.3.4　for 循环和元组拆包

元组拆包操作可以让某些 for 循环变得简洁一些。以下代码将读取元组列表，每个元组中包含两个元素，计算每个元组中两个数的乘积并累计求和。在某些领域这是一种常见的数学运算：

```
somelist = [(1, 2), (3, 7), (9, 5)]
result = 0
for t in somelist:
    result = result + (t[0] * t[1])
```

以下代码的效果相同，但更为简洁：

```
somelist = [(1, 2), (3, 7), (9, 5)]
result = 0

for x, y in somelist:
    result = result + (x * y)
```

上述代码在 for 关键字之后紧跟着用到了元组 x,y，而不是平常的单个变量。在 for 循环的每次迭代时，x 中包含的是 list 中当前元组的元素 0，y 包含了 list 中当前元组的元素 1。元组的这种用法是 Python 提供的一种便利手段，表示列表的每个元素都应该是大小一致的元组，以便能拆包到 for 关键字后面跟的元组变量中。

8.3.5　enumerate 函数

通过组合使用元组拆包和 enumerate 函数，可以实现同时对数据项及其索引进行循环遍历。用法与 range 函数类似，优点是代码更清晰、更易理解。与之前的例子类似，以下代码也将打印列表中所有出现负数的位置：

```
x = [1, 3, -7, 4, 9, -5, 4]
for i, n in enumerate(x):          ←❶
    if n < 0:                        ←❷
        print("Found a negative number at index ", i)     ←❸
```

enumerate 函数返回的是元组（索引，数据项）❶。这样可以不通过索引来访问列表的数据项❷。索引是可用的❸。

8.3.6 zip 函数

在循环遍历之前将两个或以上的可迭代对象合并在一起，有时候会很有用。zip 函数可以从一个或多个可迭代对象中逐一读取对应元素，并合并为元组，直至长度最短的那个可迭代对象读取完毕：

```
>>> x = [1, 2, 3, 4]          <—— x 包含 4 个元素
>>> y = ['a', 'b', 'c']       <—— y 包含 3 个元素
>>> z = zip(x, y)
>>> list(z)
[(1, 'a'), (2, 'b'), (3, 'c')]     <—— z 只包含 3 个元素
```

动手题：循环和 if 语句 假定有列表 x = [1, 3, 5, 0, -1, 3, -2]，现在需要去除其中所有的负数，请编写代码实现。

应该如何对列表 y = [[1, -1, 0], [2, 5, -9], [-2, -3, 0]]中的负数合计数量呢？

如果 x 中的元素值小于-5，则打印“very low”；如果介于-5 到 0 之间，则打印“low”；如果等于 0，则打印“neutral”；如果介于 0 到 5 之间，则打印“high”；如果大于 5，则打印“very high”。该如何编写代码？

8.4 列表和字典推导式

利用 for 循环遍历列表、修改或选中某个元素、新建列表或字典，这些都是十分常见的用法。这时的循环往往如下所示：

```
>>> x = [1, 2, 3, 4]
>>> x_squared = []
>>> for item in x:
...     x_squared.append(item * item)
...
>>> x_squared
[1, 4, 9, 16]
```

这种用法太过普遍了，因此 Python 为这种操作提供了特殊的快捷写法，称为推导式（comprehension）。不妨将列表或字典推导式视作一条 for 循环语句，在一行代码中完成了由一个序列创建新列表或字典的操作。列表推导式的用法如下：

```
new_list = [expression1 for variable in old_list if expression2]
```

字典推导式的用法如下：

```
new_dict = {expression1:expression2 for variable in list if expression3}
```

在这两种情况下，表达式的主体部分类似于 for 循环的开头 for variable in list，再加上某些用于新建键或值的变量的表达式，以及可选的用于根据变量值决定是否要放入新列表或字典中的条件表达式。以下代码和上面的示例功能相同，但是用到了列表推导式：

```
>>> x = [1, 2, 3, 4]
>>> x_squared = [item * item for item in x]
>>> x_squared
[1, 4, 9, 16]
```

这里甚至可以用 if 语句来筛选列表的项：

```
>>> x = [1, 2, 3, 4]
>>> x_squared = [item * item for item in x if item > 2]

>>> x_squared
[9, 16]
```

字典推导式也类似，但是需要同时给出键和值。如果想实现类似上面的例子，但要把数字作为字典键，数字的平方作为字典值，就可以用字典推导式来实现。如下所示：

```
>>> x = [1, 2, 3, 4]
>>> x_squared_dict = {item: item * item for item in x}
>>> x_squared_dict
{1: 1, 2: 4, 3: 9, 4: 16}
```

列表和字典推导式非常灵活，也十分强大。用习惯后会让处理列表的操作简化许多。建议进行一些尝试，只要是编写 for 循环处理一系列项时，都可以尝试用推导式来实现。

生成器表达式

生成器表达式（generator expression）类似于列表推导式，看起来与列表推导式十分相像，只是用圆括号代替了方括号而已。以下示例是上述列表推导式的生成器表达式版本：

```
>>> x = [1, 2, 3, 4]
>>> x_squared = (item * item for item in x)
>>> x_squared
<generator object <genexpr> at 0x102176708>
>>> for square in x_squared:
...     print(square,)
...
1 4 9 16
```

注意，除方括号的变化之外，生成器表达式还不返回列表。如上所示，生成器表达式返回的是生成器对象，可用作 for 循环中的迭代器，这与 range() 函数的用途非常类似。使用生成器表达式的优点是，不会在内存中生成整个列表。因此可生成任意大小的值序列，内存开销也很小。

动手题：推导式 为了去除列表 x 中的负数，该用什么列表推导式来处理列表？

创建能返回 1 到 100 之间奇数的生成器。提示：奇数除以 2 后会有余数，余数可以用%2 操作得到。

编写代码创建一个字典，键为 11 到 15 之间的数字，值为键的立方。

8.5　语句、代码块和缩进

本章在介绍流程控制结构时，首次用到了代码块和缩进，下面再来介绍一下这部分　内容。

Python 用语句缩进来确定流程控制结构不同代码块（即语句体）的边界。一个代码块由一条或多条语句组成，语句之间通常由换行符分隔。赋值语句、函数调用、`print` 函数、占位用的 `pass` 语句和 `del` 语句都是 Python 语句。代码流程控制结构（`if-elif-else`、`while` 和 `for` 循环）则属于复合语句：

```
compound statement clause:
    block
compound statement clause:
    block
```

复合语句由一条或多条子句组成，每条子句后面跟着缩进代码块。复合语句可以像任何其他语句一样出现在代码块中，这样就创建了嵌套代码块。

大家也许还会碰到一些特殊的用法。如果语句之间用分号分隔，则可以在同一行放置多条语句。只包含单行语句的代码块，可以紧挨着复合语句子句的冒号，放在同一行中：

```
>>> x = 1; y = 0; z = 0
>>> if x > 0: y = 1; z = 10
... else: y = -1
...
>>> print(x, y, z)
1 1 10
```

缩进有误的代码会引发异常，可能会遇到两种异常，第一种是：

```
>>>
>>>    x = 1
File "<stdin>", line 1
    x = 1
    ^
    IndentationError: unexpected indent
>>>
```

以上代码将不该缩进的行进行了缩进。在基本模式下，插入符“^”标出了出现问题的位置。在 IDLE Python shell（如图 8-1 所示）中，无效缩进会高亮显示。如果代码没有按要求缩进（即复合语句子句之后的第一行），也会显示相同的消息。

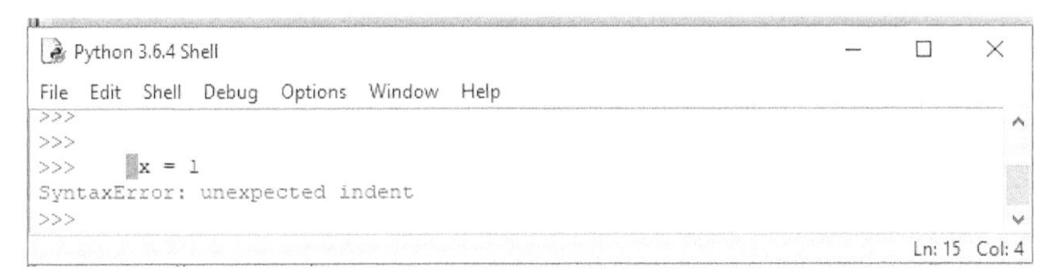

图 8-1　缩进出错

这里有一种情况可能会引起困惑。如果编辑器将制表符显示为 4 个空格（或者是在 Windows 命令行交互模式下，提示符后面的第一个制表符只会缩进 4 个空格），有一行缩进 4 个空格，下一行用制表符缩进，那么这两行看起来就像处于同一缩进级别。但是，仍然会收到以上异常，因为 Python 会将制表符映射为 8 个空格。避免上述问题的最好方法就是，在 Python 代码中只使用空格进行缩进。如果一定要用制表符缩进，或者正在处理采用了制表符的代码，请务必不要将制表符与空格混合使用。

在基础命令行交互模式和 IDLE Python shell 中，最外层的缩进块后面需多加一行空行：

```
>>> x = 1
>>> if x == 1:
...     y = 2
...     if v > 0:
...         z = 2
...         v = 0
...
>>> x = 2
```

在 `z = 2` 所在行后面，不需要添加空行。但是 `v = 0` 所在行之后则需要加上一行空行，如果是保存到文件中的模块代码，则不需要加入这个空行。

如果代码块中的语句缩进的字符数不足，将会引发第二种缩进异常：

```
>>> x = 1
>>> if x == 1:
            y = 2
         z = 2
File "<stdin>", line 3
        z = 2
        ^
    IndentationError: unindent does not match any outer indentation level
```

在上述例子中，`z = 2` 所在行没有正确对齐 `y = 2` 所在行的下方。这种格式很少出现，但还要再提一下。因为这种情况可能会引起困惑。

Python 对缩进量没有限制，也不会报错。只要保持同一个代码块中的缩进量一致，缩进多少字符都没有关系。请勿滥用这种灵活性，推荐标准是每级缩进使用 4 个空格。

本节最后将介绍语句拆分为多行的情况。缩进级别越多，跨行情况当然就越普遍。可以显式地用反斜杠符将一行代码拆分开。在一对 `()`、`{}` 或 `[]` 之内，也可以隐式地在单词之间随意拆分。也就是在输入列表、元组、字典中的值、函数调用的参数、方括号中的任意表达式时。一条语句的后续行，可以缩进任意级别：

```
>>> print('string1', 'string2', 'string3' \
...     , 'string4', 'string5')
string1 string2 string3 string4 string5
>>> x = 100 + 200 + 300 \
...     + 400 + 500
```

```
>>> x
1500
>>> v = [100, 300, 500, 700, 900,
...     1100, 1300]
>>> v
[100, 300, 500, 700, 900, 1100, 1300]
>>> max(1000, 300, 500,
...         800, 1200)
1200
>>> x = (100 + 200 + 300
...           + 400 + 500)
>>> x
1500
```

字符串也可以用“\”拆分成多行，但用于表示缩进的制表符或空格符将会成为字符串的一部分，而且“\”必须是行末最后一个字符。为了避免这种情况，请记住任何由空白字符分隔的字符串都会被 Python 解释器自动拼接起来：

```
>>> "strings separated by whitespace " \
...    """are automatically""" ' concatenated'
'strings separated by whitespace are automatically concatenated'
>>> x = 1
>>> if x > 0:
...         string1 = "this string broken by a backslash will end up \
...                 with the indentation tabs in it"
...
>>> string1
'this string broken by a backslash will end up \t\t\twith
     the indentation tabs in it'
>>> if x > 0:
...         string1 = "this can be easily avoided by splitting the " \
...             "string in this way"
...
>>> string1
'this can be easily avoided by splitting the string in this way'
```

8.6 布尔值和布尔表达式

在上述代码流程控制的示例中，显然用到了条件判断，但并没有真正解释清楚什么是 Python 中的 `True` 和 `False`，以及哪些表达式可用于条件判断。这些内容将在本节介绍。

Python 有一种布尔对象类型，可以被赋为 `True` 或 `False`。所有布尔操作表达式都返回 `True` 或 `False`。

8.6.1 大多数 Python 对象都能用作布尔类型

C 语言用整数 0 表示 False，其他整数均表示 True，Python 对待布尔值的方式与 C 语言类似。Python 对此做了推广，用 0 或空值表示 False，其他任何值都是 True。在实际应用中，这意味着：

- 数字 0、0.0 和 0+0j 都是 False，其他数字均为 True；
- 空串""是 False，其他字符串均为 True；
- 空列表[]是 False，其他列表均为 True；
- 空字典{}是 False，其他字典均为 True；
- 空集合()是 False，其他集合均为 True；
- Python 的特殊值 None 始终为 False。

通常情况下，Python 的其他数据结构同样适用于上述规则。如果数据结构为空或 0，则在布尔上下文中将被视为 False，否则被视为 True。某些对象（如文件对象和编码对象）对 0 或空元素没有明确的定义，这些对象也不应该在布尔上下文中使用。

8.6.2 比较操作符和布尔操作符

用普通的<、<=、>、>=等操作符，就可以进行对象之间的比较。==是判断相等操作符，!=是判断不等操作符。in 和 not in 操作符用于判断是否属于序列（列表、元组、字符串和字典）的成员，操作符 is 和 is not 用于判断两个对象是否为同一个对象。

通过 and、or、not 操作符，可以将返回布尔值的多个表达式组合成更为复杂的表达式。以下代码将判断变量是否位于指定的大小区间内：

```
if 0 < x and x < 10:
    ...
```

Python 为以上这种特殊类型的复合语句提供了很棒的简写形式，可以像在数学论文中一样写为：

```
if 0 < x < 10:
    ...
```

优先级的规则有很多，如果不太确定，则可以用圆括号来确保 Python 按要求解释表达式。如果表达式比较复杂，无论是否必要，用圆括号可能都是比较好的做法，因为这可以让以后维护代码的人确切地理解代码的意图。有关优先级的更多详细信息，参见 Python 文档。

本节接下来将会介绍一些更为高级的内容。如果是 Python 的初学者，或许现在可以先跳过以下内容。

操作符 and 和 or 将会返回对象。and 操作符要么返回第一个为 False 的对象（表达式的计算结果），要么返回最后一个对象。同理，or 操作符要么返回第一个为 True 的对象，要么返回最后一个对象。这看起来有点令人困惑，但合乎常理。只要带有 and 操作的表达式中有一个元素为 False，就会导致整个表达式的计算结果为 False，并返回 False。如果所有元素均为

True，则整个表达式为 True，返回的最后一个元素肯定也为 True。反过来说，对于 or 操作也是合理的。只要有一个元素为 True，整条语句就为 True，并返回第一个为 True 的元素。如果没有元素为 True，则返回最后一个肯定为 False 的元素。换句话说，就像很多其他编程语言一样，只要 or 操作符遇到计算结果为 True 的表达式，或者 and 操作符遇到计算结果为 False 的表达式，那么对整个表达式的计算过程就会终止：

```
>>> [2] and [3, 4]
[3, 4]
>>> [] and 5
[]
>>> [2] or [3, 4]
[2]
>>> [] or 5
5
>>>
```

操作符==和!=将会检查操作对象是否包含同样的值。大多数情况下，用到的都是==和!=，而不是 is 和 is not。is 和 is not 用来判断操作对象是否为同一个对象：

```
>>> x = [0]
>>> y = [x, 1]
>>> x is y[0]        <—— x 和 y 指向同一个对象
True
>>> x = [0]          <—— x 被赋予另一个对象
>>> x is y[0]
False
>>> x == y[0]
True
```

如果觉得上述例子难以理解，可以复习 5.6 节。

速测题：布尔值和真值判断 请确定以下语句的真假：1、0、-1、[0]、1 and 0、1 > 0 or []。

8.7 编写简单的文本文件分析程序

为了更好地了解 Python 程序的运行原理，本节将介绍一个简单的示例，大致重现了 UNIX 的 wc 工具程序，可将文件的行数、单词数和字符数显示出来。代码清单 8-1 所示的程序是特意为 Python 新手编写的，尽量进行了简化。

代码清单 8-1 word_count.py

```
#!/usr/bin/env python3

""" Reads a file and returns the number of lines, words,
    and characters - similar to the UNIX wc utility
"""
```

```
infile = open('word_count.tst')              ◁── 打开文件

lines = infile.read().split("\n")              ◁── 读取文件，按行拆分

line_count = len(lines)       ◁── 用 len()获取行数
word_count = 0     │初始化计数器
char_count = 0     │

for line in lines:       ◁── 遍历每一行

    words = line.split()       ◁── 拆分为单词
    word_count += len(words)

    char_count += len(line)       ◁── 获取字符数

print("File has {0} lines, {1} words, {2} characters".format     │打印结果
                        (line_count, word_count, char_count))    │
```

如果要测试以上程序，可以针对以下示例文件运行一下，其中包含了本章内容简介的第一段文字（英文原文），如代码清单 8-2 所示。

代码清单 8-2　word_count.tst

```
Python provides a complete set of control flow elements,
including while and for loops, and conditionals.
Python uses the level of indentation to group blocks
of code with control elements.
```

运行 word_count.py 之后，输出结果将会如下：

```
naomi@mac:~/quickpythonbook/code $ python3.1 word_count.py
File has 4 lines, 30 words, 189 characters
```

以上代码可以对 Python 程序有个大致概念。代码不长，大部分工作都是由 `for` 循环中的 3 行代码完成的。事实上，该程序还可以写得更简短流畅一些。大多数 Python 高手，都将简洁视为 Python 的强大优势之一。

研究题 8：重构 word_count 程序　重写 8.7 节中的单词计数程序，减少其代码量。可能需要复习已介绍过的字符串和列表操作，还可以考虑重新组织代码。还可以让程序更智能一些，只把字母字符串（不含符号或标点）视为单词并计数。

8.8　小结

- Python 用缩进将代码分块。
- Python 用 `while` 和 `for` 做循环，用 `if-elif-else` 做条件判断。
- Python 提供了布尔值 `True` 和 `False`，且可由变量引用。
- Python 将 0 或空值视为 `False`，将所有非零或非空值均视为 `True`。

第 9 章　函数

本章主要内容

- 定义函数
- 使用函数参数
- 用可变对象作为参数
- 理解局部变量和全局变量
- 创建和使用生成器函数
- 创建和使用 lambda 表达式
- 使用装饰器

本章假定读者至少熟悉另一种计算机语言的函数定义方法，包括函数定义、实参（argument）和形参（parameter）等概念。

9.1　基本的函数定义

Python 函数定义的基本语法如下：

```
def name(parameter1, parameter2, . . .):
    body
```

与代码流程控制结构一样，Python 用缩进来界定函数体。以下示例将之前计算阶乘的代码放入函数体中，这样只需调用 fact 函数即可得到阶乘值了：

```
>>> def fact(n):
...     """ Return the factorial of the given number. """     <-- ❶
...     r = 1
...     while n > 0:
...         r = r * n
...         n = n - 1
...     return r              <-- ❷
...
```

第二行❶是可选的文档字符串（docstring），可通过 `fact.__doc__`读取其值。文档字符串用于描述函数对外表现出来的功能及所需的参数，而注释（comment）则是记录代码工作原理的内部信息。文档字符串紧随在函数定义的第一行后面，通常用 3 重引号包围起来，以便能跨越多行。代码助手只会提取文档字符串的第一行。标准的多行文档字符串写法，是在第一行中给出函数的概述，第二行是空行，然后是其余的详细信息。`return` 语句之后的值将会返回给函数的调用者❷。

过程与函数

在某些编程语言中，无返回值的函数被称为“过程”。虽然 Python 允许编写不含 `return` 语句的函数，但这些函数还不是真正的过程。所有的 Python 过程都是函数。如果过程体没有显式地执行 `return` 语句，则会返回特殊值 `None`。如果执行了 `return arg` 语句，则值 `arg` 会被立即返回。`return` 语句执行之后，函数体中的其余语句都不会执行。因为 Python 没有真正的过程，所以均被称为“函数”。

虽然 Python 函数都带有返回值，但是否使用这个返回值则由写代码的人决定：

```
>>> fact(4)        ❶
24        ❷
>>> x = fact(4)        ❸
>>> x
24
>>>
```

一开始返回值没有与任何变量关联❶，`fact` 函数的值只是被解释器打印出来而已❷。然后返回值与变量 x 关联❸。

9.2　多种函数参数

大多数函数都需要形参，每种编程语言都有各自的函数形参定义规则。Python 非常灵活，提供了 3 种函数形参的定义方式。本节将介绍这些定义方式。

9.2.1　按位置给出形参

在 Python 中，最简单的函数传形参方式就是按位置给出。在函数定义的第一行中，可以为每个形参指定变量名称。当调用函数时，调用代码中给出的形参将按顺序与函数的形参变量逐一匹配。以下函数计算 x 的 y 次幂：

```
>>> def power(x, y):
...     r = 1
...     while y > 0:
...         r = r * x
...         y = y - 1
...     return r
```

```
>>> power(3, 3)
27
```

上述用法要求，调用代码使用的形参数量与函数定义时的形参数量应完全匹配，否则会引发 TypeError：

```
>>> power(3)
Traceback (most recent call last):
  File "<stdin>", line 1, in <module>
TypeError: power() missing 1 required positional argument: 'y'
>>>
```

默认值

函数的形参可以有默认值，可以在函数定义的第一行中给出该默认值，如下所示：

```
def fun(arg1, arg2=default2, arg3=default3, ...)
```

可以为任何数量的形参给出默认值。带默认值的形参必须位于形参列表的末尾，因为与大多数编程语言一样，Python 也是根据位置来把实参与形参匹配起来的。给函数的实参数量必须足够多，以便让形参列表中最后一个不带默认值的形参能获取到实参。更为灵活的机制参见 9.2.2 节。

以下函数同样也会计算 x 的 y 次幂。但如果在函数调用时没有给出 y，则会用默认值 2，于是就成了计算平方的函数：

```
>>> def power(x, y=2):
...     r = 1
...     while y > 0:
...         r = r * x
...         y = y - 1
...     return r
```

以下交互式会话演示了默认实参的效果：

```
>>> power(3, 3)
27
>>> power(3)
9
```

9.2.2 按形参名称传递实参

也可以使用对应的函数形参的名称将实参传给函数，而不是按照形参的位置给出。继续上面的交互示例，可以键入

```
>>> power(2, 3)
8
>>> power(3, 2)
9
>>> power(y=2, x=3)
9
```

最后提交给 power 函数的实参带了名称，因此与顺序无关。实参与 power 函数定义中的同

名形参关联起来，得到的是 3^2 的结果。这种实参传递方式被称为关键字传递（keyword passing）。

如果函数需要带有大量实参，并且大多数实参都有默认值，那么联合使用关键字传递和默认实参功能可能就非常有用了。例如，有个生成当前目录下文件信息清单的函数，可用布尔型实参指定清单中是否要包含每个文件的大小、最后修改日期等信息。函数定义如下所示：

```
def list_file_info(size=False, create_date=False, mod_date=False, ... ):
    ...获取文件名...
    if size:
        # 获取文件大小
    if create_date:
        # 获取文件的创建日期
    # 其他功能
    return fileinfostructure
```

然后用关键字传递方式调用，指明需要包含的文件信息（在本例中为文件大小和修改日期，但不是创建日期）：

```
fileinfo = list_file_info( size = True, mod_date = True)
```

这种参数处理方式特别适用于非常复杂的函数，图形用户界面（GUI）中常会用到。如果用过 Tkinter 包建立 Python 的 GUI 程序，就会发现这种可选的关键字命名实参是非常有用的。

9.2.3 变长实参

Python 函数也可以定义为实参数量可变的形式，定义方式有两种。一种用于处理实参预期相对明了的情况，实参列表尾部数量不定的实参将会被放入一个列表中。另一种方式可将任意数量的关键字传递实参放入一个字典中，这些实参均是在函数形参列表中不存在同名形参的。下面将介绍这两种机制。

1. 位置实参数量不定时的处理

当函数的最后一个形参名称带有“*”前缀时，在一个函数调用中所有多出来的非关键字传递实参（即这些按位置给出的实参未能赋给合适的形参）将会合并为一个元组赋给该形参。下面用这种简单方式来实现一个求数字列表中最大值的函数。

首先，实现函数：

```
>>> def maximum(*numbers):
...     if len(numbers) == 0:
...         return None
...     else:
...         maxnum = numbers[0]
...         for n in numbers[1:]:
...             if n > maxnum:
...                 maxnum = n
...         return maxnum
...
```

接下来，测试该函数的功能：

```
>>> maximum(3, 2, 8)
8
>>> maximum(1, 5, 9, -2, 2)
9
```

2. 关键字传递实参数量不定时的处理

按关键字传递的实参数量不定时，也能进行处理。如果形参列表的最后一个形参前缀为“**”，那么所有多余的关键字传递实参将会被收入一个字典对象中。字典的键为多余实参的关键字（形参名称），字典的值为实参本身。这里的“多余”是指，传递实参的关键字匹配不到函数定义中的形参名称。

例如：

```
>>> def example_fun(x, y, **other):
...     print("x: {0}, y: {1}, keys in 'other': {2}".format(x,
...           y, list(other.keys())))
...     other_total = 0
...     for k in other.keys():
...         other_total = other_total + other[k]
...     print("The total of values in 'other' is {0}".format(other_total))
```

在交互会话中测试一下，以上函数可以处理用关键字 foo 和 bar 传入的实参，即便 foo 和 bar 不属于函数定义中给出的形参名也没问题：

```
>>> example_fun(2, y="1", foo=3, bar=4)
x: 2, y: 1, keys in 'other': ['foo', 'bar']
The total of values in 'other' is 7
```

9.2.4 多种参数传递方式的混用

Python 函数的所有实参传递方式可以同时使用，但一不小心就可能会引起混乱。混合使用多种实参传递方式的一般规则是，先按位置传递实参，接着是命名实参，然后是带单个“*”的数量不定的位置传递实参，最后是带“**”的数量不定的关键字传递实参。详细信息参见官方文档。

速测题：函数和参数 该如何编写函数，接收任意数量的未命名实参，并逆序打印出来？

如何创建过程，也就是无返回值的函数？

如果用变量捕获函数的返回值，会发生什么？

9.3 将可变对象用作函数实参

函数的实参传递的是对象的引用，形参则成为指向对象的新引用。对于不可变对象（如元组、字符串和数值），对形参的操作不会影响函数外部的代码。但如果传入的是可变对象（如列表、字典或类的实例），则对该对象做出的任何改动都会改变该实参在函数外引用的值。函数内部对形参的重新赋值不会影响实参，如图 9-1 和图 9-2 所示：

```
>>> def f(n, list1, list2):
...     list1.append(3)
...     list2 = [4, 5, 6]
...     n = n + 1
...
>>> x = 5
>>> y = [1, 2]
>>> z = [4, 5]
>>> f(x, y, z)
>>> x, y, z
(5, [1, 2, 3], [4, 5])
```

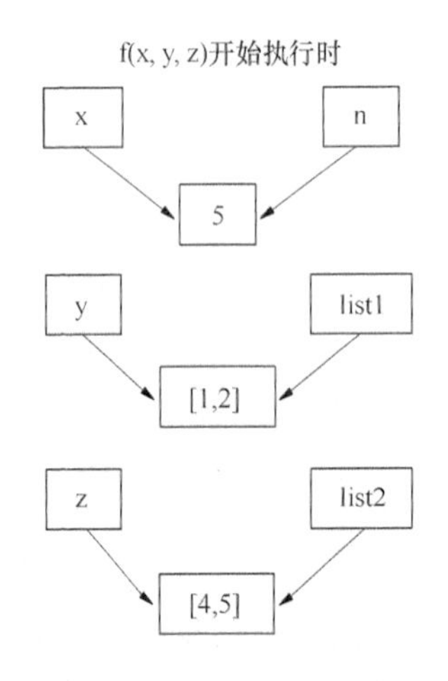

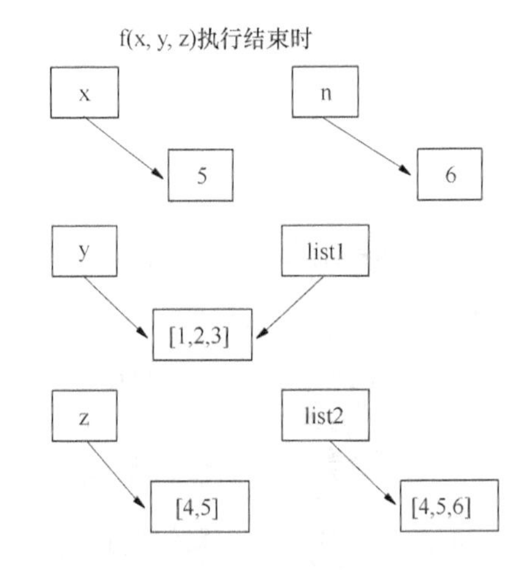

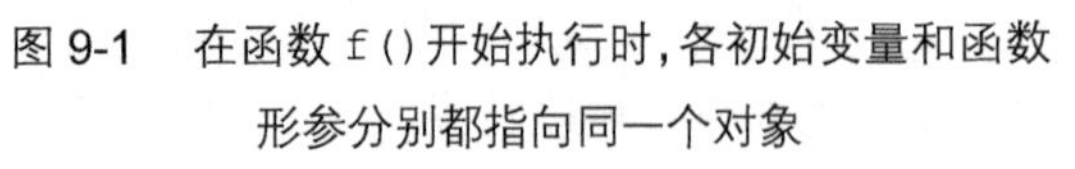
图 9-1 在函数 f() 开始执行时，各初始变量和函数形参分别都指向同一个对象

图 9-2 在函数 f() 执行完毕后，y（函数内的 list1）引用的值已经发生了变化，而 n 和 list2 则指向了不同的对象

图 9-1 和图 9-2 演示了调用函数 f 时发生的事情。变量 x 没有变化，因为 x 是不可变的。而函数形参 n 则被指向了新的值 6。同理，变量 z 没有变化，因为在函数 f 内，对应的形参 list2 被指向了新的对象 [4,5,6]。只有 y 发生了变化，因为其指向的实际列表发生了变化。

速测题：函数参数为可变类型 如果将列表或字典作为参数值传入函数，那么（在函数内）对其进行修改会导致什么结果？哪些操作可能会导致改动对函数外部也是可见的？可采取什么措施降低这种改动风险？

9.4 局部变量、非局部变量和全局变量

下面回顾一下本章开始介绍过的 fact 函数的定义：

```
>>> def fact(n):
        """ 返回给定值的阶乘 """
        r = 1
        while n > 0:
            r = r * n
            n = n - 1
        return r
```

变量 r 和 n 对于 fact 函数的任何调用都是*局部*（local）的，在函数执行期间，它们的变化对函数外部的任何变量都没有影响。函数形参列表中的所有变量，以及通过赋值（如 fact 函数中的 r = 1）在函数内部创建的所有变量，都是该函数的局部变量。

在使用变量之前，用 global 语句对其进行声明，可以显式地使其成为*全局*（global）变量。函数可以访问和修改全局变量。全局变量存在于函数之外，所有将其声明为全局变量的其他函数，以及函数之外的代码，也可以对其进行访问和修改。以下示例演示了局部变量和全局变量的差异：

```
>>> def fun():
...     global a
...     a = 1
...     b = 2
...
```

以上示例中定义的函数，将 a 视为全局变量，而视 b 为局部变量，并对 a 和 b 进行了修改。

下面测试一下上述函数：

```
>>> a = "one"
>>> b = "two"

>>> fun()
>>> a
1
>>> b
'two'
```

在 fun 函数内对 a 的赋值，同时也是对 fun 函数外部现存的全局变量 a 进行操作。因为 a 在 fun 函数中被指定为 global，所以赋值会将该全局变量从"one"修改为 1。对 b 来说则不一样，fun 函数内部名为 b 的局部变量一开始指向 fun 函数外部的变量 b 的相同值①，但赋值操作让 b 指向了函数 fun 内的新值。

nonlocal 语句与 global 语句类似，它会让标识符引用最近的*闭合作用域*（enclosing scope）中已绑定的变量。第 10 章中将会更详细地介绍作用域和命名空间，现在的重点是要理解，global 语句是对顶级变量使用的，而 nonlocal 语句则可引用闭合作用域中的全部变量，如代码清单

① 此处应该是指函数闭包，即内部函数可以不经声明直接引用外部函数的变量。对于文中的顶级变量 b，则不适用，会报“UnboundLocalError”错误。——译者注

9-1 所示。

代码清单 9-1 nonlocal.py 文件

```
g_var = 0                    inner_test 函数中的 g_var 绑定为同名的顶级变量
nl_var = 0
print("top level-> g_var: {0} nl_var: {1}".format(g_var, nl_var))
def test():
    nl_var = 2      <—— inner_test 函数中的 nl_ var 绑定为 test 函数中的同名变量
    print("in test-> g_var: {0} nl_var: {1}".format(g_var, nl_var))
    def inner_test():
        global g_var        <—— inner_test 函数中的 g_var 绑定为同名的顶级变量
        nonlocal nl_var     <—— inner_test 函数中的 nl_var 绑定为 test 函数中的同名变量
        g_var = 1
        nl_var = 4
        print("in inner_test-> g_var: {0} nl_var: {1}".format(g_var,
            nl_var))

    inner_test()
    print("in test-> g_var: {0} nl_var: {1}".format(g_var, nl_var))

test()
print("top level-> g_var: {0} nl_var: {1}".format(g_var, nl_var))
```

上述代码运行后会打印出以下结果：

```
top level-> g_var: 0 nl_var: 0
in test-> g_var: 0 nl_var: 2
in inner_test-> g_var: 1 nl_var: 4
in test-> g_var: 1 nl_var: 4
top level-> g_var: 1 nl_var: 0
```

注意，顶级变量 `nl_var` 的值没有受到影响。如果 `inner_test` 函数中包含 `global nl_var` 语句，那么 `nl_var` 的值就会受影响了。

最起码的一点就是，如果想对函数之外的变量赋值，就必须将其显式声明为 `nonlocal` 或 `global`。但如果只是要访问函数外的变量，则不需要将其声明为 `nonlocal` 或 `global`。如果 Python 在函数本地作用域中找不到某变量名，就会尝试在全局作用域中查找。因此，对全局变量的访问会自动发送给相应的全局变量。个人不建议使用这种便捷方式。如果所有全局变量都被显式地声明为 `global`，阅读代码的人就会看得更清楚。以后，则还可能有机会将全局变量的使用限制在函数内部，仅限极少数情况下才会用到。

动手题：全局变量和局部变量 假定 `x = 5`，在运行以下的 `funct_1()` 之后，`x` 的值会是什么？运行 `funct_2()` 之后呢？

```
def funct_1():
    x = 3
def funct_2():
    global x
    x = 2
```

9.5 将函数赋给变量

与其他 Python 对象一样，函数也可以被赋值，如下所示：

```
>>> def f_to_kelvin(degrees_f):        ◁——定义 f_to_kelvin 函数
...     return 273.15 + (degrees_f - 32) * 5 / 9
...
>>> def c_to_kelvin(degrees_c):        ◁——定义 c_to_kelvin 函数
...     return 273.15 + degrees_c
...
>>> abs_temperature = f_to_kelvin      ◁——将 f_to_kelvin 函数赋给变量
>>> abs_temperature(32)
273.15
>>> abs_temperature = c_to_kelvin      ◁——将 c_to_kelvin 函数赋给变量
>>> abs_temperature(0)
273.15
```

函数可以被放入列表、元组或字典中：

```
>>> t = {'FtoK': f_to_kelvin, 'CtoK': c_to_kelvin}    ◁——❶
>>> t['FtoK'](32)          ◁——访问字典中的 f_to_kelvin 函数
273.15
>>> t['CtoK'](0)           ◁——访问字典中的 c_to_kelvin 函数
273.15
```

引用函数的变量，用起来与函数完全相同❶。最后一个例子演示了如何使用字典调用各个函数，只要通过用作字符串键的值即可。在需要根据字符串值选择不同函数的情况下，这种模式就很常用。很多时候，这种用法代替了 C 和 Java 等语言中的 `switch` 结构。

9.6 lambda 表达式

上面那种简短的函数，还可以用 `lambda` 表达式来定义：

```
lambda parameter1, parameter2, . . .: expression
```

`lambda` 表达式是匿名的小型函数，可以快速地在行内完成定义。通常小型函数是要被传给另一个函数的，例如，列表的排序方法用到的键函数。这种情况下，通常没有必要定义一个大型函数，而且在使用的地方以外定义也会显得很别扭。上一节中的字典就可以在一处完成全部定义：

```
>>> t2 = {'FtoK': lambda deg_f: 273.15 + (deg_f - 32) * 5 / 9,
...       'CtoK': lambda deg_c: 273.15 + deg_c}     ◁——❶
>>> t2['FtoK'](32)
273.15
```

以上示例将 lambda 表达式定义为字典值❶。注意，lambda 表达式没有 return 语句，因为表达式的值将自动返回。

9.7 生成器函数

生成器（generator）函数是一种特殊的函数，可用于定义自己的迭代器（iterator）。在定义生成器函数时，用关键字 yield 返回每一个迭代值。当没有可迭代值，或者遇到空的 return 语句或函数结束时，生成器函数将停止返回值。与普通的函数不同，生成器函数中的局部变量值会保存下来，从本次调用保留至下一次调用：

```
>>> def four():
...     x = 0               <—— 将 x 的初始值设为 0
...     while x < 4:
...         print("in generator, x =", x)
...         yield x         <—— 返回 x 的当前值
...         x += 1          <——x 递增 1
...
>>> for i in four():
...        print(i)
...
in generator, x = 0
0
in generator, x = 1
1
in generator, x = 2
2
in generator, x = 3
3
```

注意，以上生成器函数包含一个 while 循环，限定了生成器执行的次数。根据使用方式的不同，调用无停止条件的生成器函数可能会导致无限循环。

yield 与 yield from 的对比

从 Python 3.3 开始，除 yield 之外，为生成器函数新增了关键字 yield from。从本质上说，yield from 使将生成器函数串联在一起成为可能。yield from 的执行方式与 yield 相同，但是会将当前生成器委托（delegate）给子生成器。简单一点的话，可以如下使用：

```
>>> def subgen(x):
...     for i in range(x):
...         yield i
...
>>> def gen(y):
...     yield from subgen(y)
...
>>> for q in gen(6):
...     print(q)
...
```

```
0
1
2
3
4
5
```

以上示例允许将 yield 表达式移出主生成器，方便了代码重构。

还可以对生成器函数使用 in，以便检查某值是否属于生成器生成的一系列值：

```
>>> 2 in four()
in generator, x = 0
in generator, x = 1
in generator, x = 2
True
>>> 5 in four()
in generator, x = 0
in generator, x = 1
in generator, x = 2
in generator, x = 3
False
```

速测题：生成器函数 如果要让上面代码中的 four() 函数适用于任何数字，需要如何修改代码呢？还需要添加什么代码，以便能同时设置起始值呢？

9.8 装饰器

如上所述，因为函数是 Python 的一级对象（first-class），所以能被赋给变量。函数也可以作为实参传递给其他函数，还可作为其他函数的返回值回传。

例如，可以编写一个 Python 函数，它把其他函数作为形参，并将这个形参包入另一个执行相关操作的新函数中，然后返回这个新函数。这个新的函数组合可用于替换原来的函数：

```
>>> def decorate(func):
...     print("in decorate function, decorating", func.__name__)
...     def wrapper_func(*args):
...         print("Executing", func.__name__)
...         return func(*args)
...     return wrapper_func
...
>>> def myfunction(parameter):
...     print(parameter)
...
>>> myfunction = decorate(myfunction)
in decorate function, decorating myfunction
>>> myfunction("hello")
Executing myfunction
hello
```

装饰器（decorator）就是上述过程的语法糖（syntactic sugar），只增加一行代码就可以将一个函数包装到另一个函数中去。效果与上述代码完全相同，不过最终的代码则更加清晰易懂。

装饰器用起来十分简单，由两部分组成：先定义用于包装或“装饰”其他函数的装饰器函数；然后立即在被包装函数的定义前面，加上“@”和装饰器函数名。这里的装饰器函数应该是以一个函数为形参，返回值也是一个函数，如下所示：

```
>>> def decorate(func):
...     print("in decorate function, decorating", func.__name__)      ❶
...     def wrapper_func(*args):
...         print("Executing", func.__name__)
...         return func(*args)
...     return wrapper_func       ❷
...
>>> @decorate           ❸
... def myfunction(parameter):
...     print(parameter)
...
in decorate function, decorating myfunction
>>> myfunction("hello")     ❹
Executing myfunction
hello
```

当定义要包装的函数时，上面的 decorate 函数会把该函数的名称打印出来❶。装饰器函数最后将会返回包装后的函数❷。通过使用@decorate，myfunction 就被装饰了起来❸。被包装的函数将会在装饰器函数执行完毕后调用❹。

装饰器可将一个函数封装到另一个函数中，这样就可以方便地实现很多目标了。在 Django 之类的 Web 框架中，装饰器用于确保用户在执行函数之前已经处于登录状态了。在图形库中，装饰器可用来向图形框架中注册函数。

动手题：装饰器　请修改上述装饰器函数的代码，移除无用的消息，并把被包装函数的返回值用<html>和</html>包起来，以便 myfunction("hello")能返回<html>hello<html>。

研究题 9：函数的充分利用　回顾第 6 章和第 7 章的研究题，请将代码重构为清洗和处理数据的函数。目标应该是将大部分逻辑移入函数中。请自行决定函数和参数的类型，但请牢记每个函数只应完成一项功能，而且不应该产生能影响函数外部环境的副作用。

9.9　小结

- 在函数内部，可以使用 global 语句访问外部变量。
- 实参的传递可以根据位置，也可以根据形参的名称。
- 函数形参可以有默认值。
- 函数可以把多个实参归入元组，以便能定义实参数量不定的函数。

- 函数可以把多个实参归入字典，以便能定义实参数量不定的函数，其中实参按照形参的名称传入。
- 函数是 Python 的一级对象，也就是说函数可以被赋给变量，可以通过变量来访问，可以被装饰。

第10章 模块和作用域规则

本章主要内容

- 定义模块
- 编写第一个自己的模块
- 使用 import 语句
- 修改模块搜索路径
- 让名称归模块私有
- 导入标准库和第三方模块
- 理解 Python 的作用域规则和命名空间

模块（module）用于组织较大的 Python 项目。Python 标准库被拆分为多个模块，以便更易于管理。代码不一定非要组织到模块中，但如果正在编写的程序长度超过了几页，或者代码还需要重用，可能就该用到模块了。

10.1 何为模块

模块是一个包含代码的文件，其中定义了一组 Python 函数或其他对象，并且模块的名称来自文件名。

模块通常包含 Python 源代码，但也可以是经过编译的 C 或 C++对象文件。经过编译的模块和 Python 源代码模块的用法是一样的。

模块不仅可以将相互关联的 Python 对象归并成组，还有助于避免命名冲突（name-clash）问题。例如，可能为自己的程序编写了一个名为 `mymodule` 的模块，其中定义了一个名为 `reverse` 的函数。在同一个程序中，可能还要用到别人的模块 `othermodule`，其中也定义了一个名为 `reverse` 的函数，但是执行的操作与自己的 `reverse` 函数不同。在没有模块的编程语言中，不可能使用两个都叫 `reverse` 的不同函数。在 Python 中，这很容易处理，在主程序中用 `mymodule.reverse` 和 `othermodule.reverse` 就可引用这两个函数了。

因为 Python 采用了命名空间（namespace）的机制，所以使用模块名可以同时保留两个 `reverse` 函数。命名空间本质上就是标识符的字典，可用于代码块、函数、类、模块等。本章最后会对命名空间再做一些介绍，但要注意每个模块都有自己的命名空间，这有助于防止命名冲突。

使用模块还能让 Python 本身更易于管理。大多数标准的 Python 函数并没有内置于语言内核中，而是通过特定的模块提供的，可以按需加载。

10.2 编写第一个模块

学习模块的最好方式，可能就是自己动手写一个，就从本节开始吧。

新建一个名为 mymath.py 的文本文件，在其中输入代码清单 10-1 中的 Python 代码（如果使用的是 IDLE，选择 File > New Window 菜单，即可开始输入，如图 10-1 所示）。

代码清单 10-1 mymath.py 文件

```
"""mymath - our example math module"""
pi = 3.14159
def area(r):
    """area(r): return the area of a circle with radius r."""
    global pi
    return(pi * r * r)
```

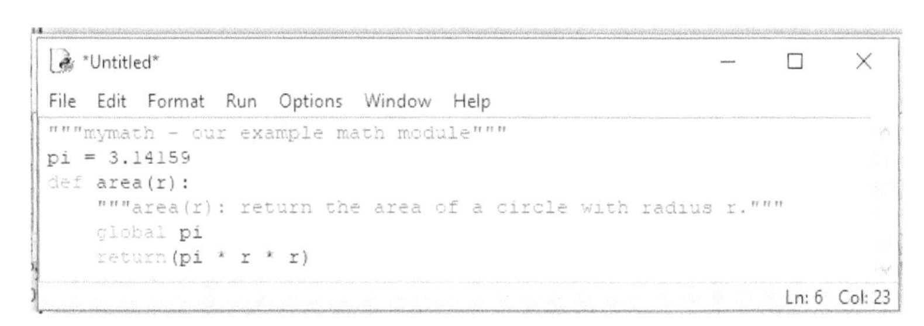

图 10-1 IDLE 编辑器窗口，提供了与 shell 窗口同样的编辑功能，内含了自动缩进和代码着色功能

现在将以上代码保存在 Python 可执行文件所在的目录中。这段代码只是给 `pi` 赋了值，并定义了一个函数。强烈建议对所有 Python 代码文件都带上.py 文件名后缀，以便通知 Python 解释器这是一个 Python 代码文件。与函数一样，可以选择在模块的第一行放入文档字符串。

现在启动 Python shell 并键入以下代码：

```
>>> pi
Traceback (innermost last):
  File "<stdin>", line 1, in ?
NameError: name 'pi' is not defined
>>> area(2)
Traceback (innermost last):
  File "<stdin>", line 1, in ?
```

```
NameError: name 'area' is not defined
```

也就是说，Python 并没有内置常量 pi 和函数 area。然后键入：

```
>>> import mymath
>>> pi
Traceback (innermost last):
  File "<stdin>", line 1, in ?
NameError: name 'pi' is not defined
>>> mymath.pi
3.14159
>>> mymath.area(2)
12.56636
>>> mymath.__doc__
'mymath - our example math module'
>>> mymath.area.__doc__
'area(r): return the area of a circle with radius r.'
```

利用 import 语句，从 mymath.py 文件中引入了 pi 和 area 的定义。在检索 mymath 模块的定义文件时，import 操作会自动在模块名后面加上.py 后缀。但新引入的对象定义不能直接访问，只输入 pi 会报错，只输入 area(2)也会报错。请把 pi 和 area 预先放在包含它们的模块名后面，才能访问它们，以此来保证对象名称的安全使用。也许别的外部模块也定义了 pi，也许该模块的作者将 pi 视为 3.14 或 3.14159265，但这都没有关系。即便同时导入了那个模块，它的 pi 也是要经由 othermodulename.pi 访问的，与 mymath.pi 并不相同。这种访问形式常被称为*限定名称*(qualification)，即变量 pi 是受模块 mymath 限定的。也可以将 pi 称为 mymath 的属性。

模块中的对象可以直接访问同一模块内定义的其他对象，不需要带上模块名。函数 mymath.area 访问常量 mymath.pi 时，只需要用 pi 即可。

还可以要求从模块中导入指定的对象名称，这样在使用时就不需要带上模块名了。例如：

```
>>> from mymath import pi
>>> pi
3.14159
>>> area(2)
Traceback (innermost last):
  File "<stdin>", line 1, in ?
NameError: name 'area' is not defined
```

因为用 from mymath import pi 语句做了特定的要求，所以上面的 pi 已经可以直接访问了。而函数 area 仍需要用 mymath.area 进行调用，因为没有进行显式的导入。

也许在新建模块时，大家会用基本交互模式或 IDLE 的 Python shell 对该模块进行渐进式的测试。但如果修改了磁盘中的模块文件，那么再次输入 import 命令并不会重新加载模块，这时要用到模块 importlib 的 reload 函数才可以。importlib 模块为访问模块导入的后台机制提供了一个接口：

```
>>> import mymath, importlib
>>> importlib.reload(mymath)
```

```
<module 'mymath' from '/home/doc/quickpythonbook/code/mymath.py'>
```

当模块被重新加载（或第一次导入）时，其所有的代码都会被解析一遍。如果发现错误，则会引发语法异常。反之，如果一切正常就会创建包含 Python 字节码的.pyc 文件，如 mymath.pyc。

重新加载模块后的状态，与新开会话并首次导入时的状态并不完全一样。但两者的差别通常不会引发什么问题。如果有兴趣了解详细的差别信息，可以在 Python 官方文档网站中在《Python 语言参考手册》（Python Language Reference）的模块 importlib 部分中查找 reload。

当然，模块不仅是在交互式 Python shell 中需要用到。模块还可以被导入脚本文件，或者其他模块中，只要在代码文件的开头输入合适的 import 语句即可。从本质上来说，对于 Python，交互式会话和脚本也被认为是模块。总结如下。

- 模块是定义 Python 对象的文件。
- 假定模块文件的名称是 modulename.py，那么模块的 Python 名称就是 modulename。
- 通过 import modulename 语句，即可导入名为 modulename 的模块。该导入语句执行完毕后，模块 modulename 中定义的对象就能以 modulename.objectname 的格式被访问了。
- 通过 from modulename import objectname 语句，可以将模块中的指定对象名称直接导入代码。该语句使得代码无须带 modulename 前缀即可直接访问 objectname，这在导入某个频繁使用的对象名称时会很有用。

10.3 import 语句

import 语句有 3 种格式。最基本的格式就是：

```
import modulename
```

这时会搜索给定名称的 Python 模块，解析模块内容并使之进入可用状态。发起导入的代码可以使用模块中的内容，但是引用模块中的对象名称时仍必须带有模块名前缀。如果未找到指定名称的模块，就会报错。10.4 节中将会完整地介绍 Python 模块搜索路径。

第二种格式允许指定模块中的名称，将其显式导入代码中：

```
from modulename import name1, name2, name3, ...
```

这些 name1、name2 等 modulename 中的对象名称，就可供发起导入的代码使用了。在 import 语句之后的代码，可以直接使用 name1、name2、name3 等名称，不需要再带上模块名前缀了。

最后一种是通用的 from ... import ...语句格式：

```
from modulename import *
```

“*”代表模块 modulename 中所有导出（exported）的对象名称。from modulename import

*将会导入 modulename 模块中所有公有对象名称，也就是未以下划线开头的名称。这些对象名称可供发起导入的代码直接使用，无须带上模块名前缀。但如果在模块（或者包的__init__.py文件）中存在名为__all__的名称列表，那么该列表中的名称都会被导入，无论它们是否以下划线开头。

在使用这种特殊格式的导入时应该十分地小心。如果两个模块都定义了同一个对象名，并且用这种导入格式导入了这两个模块，则最终会发生命名冲突，并且第二个模块中的名称将会替换第一个模块中的名称。这种技术还会让阅读代码的人更难确定对象名称的来源。如果使用的是前两种格式的导入语句，就可以向读者提供名称来源的明确信息。

不过某些模块（如 tkinter）命名的函数，可以明显看出名称的来源，以至于不太可能发生命名冲突。在使用交互式 shell 时，利用通用导入格式来减少击键数量也是常用的技巧。

10.4 模块搜索路径

Python 搜索模块的确切路径是在一个名为 path 的变量中定义的，可以通过模块 sys 访问 path 变量。请键入以下代码：

```
>>> import sys
>>> sys.path
_list of directories in the search path_
```

实际在_list of directories in the search path_位置显示的值，取决于当前的系统配置。不管具体内容是什么，该字符串给出的是一个目录列表。当准备执行 import 语句时，Python 将按顺序遍历该目录列表，并采用第一个满足 import 需求的模块。如果搜索路径中找不到合适的模块，则会引发 ImportError 异常。

如果使用的是 IDLE，可以用 Path Browser 窗口以图形方式查看搜索路径和其中的模块，从 Python shell 窗口的 File 菜单中可启动 Path Browser 窗口。

sys.path 变量的初始值，来自操作系统环境变量 PYTHONPATH（如果存在）的值，或者来自安装时的默认值。此外，无论何时运行 Python 脚本，都会把脚本文件所在目录插入其 sys.path 变量中，作为第一个元素。这为确定当前执行的 Python 程序所在的路径提供了一种便捷方法。例如，在上述交互式会话中，sys.path 的第一个元素被设为空字符串，Python 会将其视为首先应在当前目录中搜索模块。

自建模块的存放位置

在本章一开始给出的示例中，模块 mymath 之所以能被 Python 访问，原因可能有两个。一是因为以交互模式执行 Python 时，sys.path 的第一个元素为""，这会告知 Python 要在当前目录中查找模块。二是因为在 mymath.py 文件所在目录中执行 Python。在生产环境中，这两种条件通常都不具备。既不会以交互模式运行 Python，Python 代码文件也不会位于当前目录中。为确保程序可以使用自己编写的模块，需要做到：

- 将自己的模块放入 Python 的常规模块搜索路径中去；
- 将 Python 程序要用到的全部模块，都和程序放在同一目录中；
- 新建目录用于保存自己的模块，并修改 `sys.path` 变量，使之包含该新建目录。

在这 3 种方式中，第一种显然最简单，但也是永远不应采用的方式，除非 Python 默认的模块搜索路径中包含了本地代码所在的目录。这些目录专门用于存放当前环境特有（site-specific）的代码（适用于当前机器的专用代码），因为不属于 Python 安装目录，所以以后安装 Python 时也不会被覆盖。如果 `sys.path` 中引用了这类目录，可以把自己的模块放进去。

如果模块与特定的程序关联，那么第二种方式是种很好的选择。只要把模块和程序放在一起就可以了。

如果模块专用于某环境，将被同一部署环境下的多个程序调用，那么第三种方式就是正确的选择。修改 `sys.path` 的方式有很多。可以在代码中赋值，这很简单，但也会把目录位置写死（hardcode）在程序代码中。还可以设置环境变量 `PYTHONPATH`，相对来说还算简单，但可能无法适用于当前环境的所有用户。或者还可以利用.pth 文件将目录追加到默认搜索路径中。

在 Python 文档中，有设置环境变量 `PYTHONPATH` 的例子，位于“Python Setup and Usage”（Python 安装和使用）部分的“Command line and environment”（命令行和环境变量）一节中。在环境变量中设置的目录，将会插入到 `sys.path` 变量的最前面。如果用了 `PYTHONPATH`，注意不要把模块名定义为已有库模块的名称。如果模块同名，则自己的模块就会先于库模块被搜索到。某些情况下也许这正是需要的结果，但可能并不常见。

利用.pth 文件可以避免上述问题，因为这时目录会添加到 `sys.path` 变量的末尾。最后这种机制最好还是通过一个例子来说明。在 Windows 中，可以将.pth 文件放在 `sys.prefix` 指向的目录中。假定 `sys.prefix` 为“`c:\ program files\python`”，请将代码清单 10-2 所示的代码文件放入该目录中。

代码清单 10-2 myModules.pth 文件

```
mymodules
c:\Users\naomi\My Documents\python\modules
```

下一次 Python 解释器启动时，`sys.path` 中将会加入 `c:\program files\python\mymodules` 和 `c:\Users\naomi\My Documents\python\modules`（前提是目录存在）。现在就可以把模块放入这两个目录中了。注意，mymodules 目录仍然存在被以后的安装覆盖的危险。modules 目录就比较安全了。以后在升级 Python 时，可能还得先将 mymodules.pth 文件移走保存起来或者重新创建一个。如果想了解更多使用.pth 文件的详细信息，参见《Python 库参考手册》（Python Library Reference）中的 `site` 模块介绍。

10.5 模块内部私有名称

本章之前已经提过，可以用 from module import *从模块中导入几乎所有的对象名称。这里的例外是，模块中下划线开头的标识符不能用 from module import *导入。大家编写的模块，可以是准备供 from module import *导入用的，但也可以保留某些函数或变量不被导入。将所有内部对象名称（即不允许模块外部访问的名称）都以下划线开头，就可以确保 from module import *只引入用户需要访问的名称。

下面来看看这种技术的实际应用，假定 modtest.py 文件包含了代码清单 10-3 所示的代码。

代码清单 10-3　modtest.py 文件

```
"""modtest: our test module"""
def f(x):
    return x
def _g(x):
    return x
a = 4
_b = 2
```

下面启动一个交互式会话并输入以下命令：

```
>>> from modtest import *
>>> f(3)
3
>>> _g(3)
Traceback (innermost last):
  File "<stdin>", line 1, in ?
NameError: name '_g' is not defined
>>> a
4
>>> _b
Traceback (innermost last):
  File "<stdin>", line 1, in ?
NameError: name '_b' is not defined
```

如上所示，名称 f 和 a 被成功导入，但名称_g 和_b 在 modtest 之外是不可见的。注意，只有 from import *才会有这种行为。按以下方式操作还是可以访问到_g 和_b 的：

```
>>> import modtest
>>> modtest._b
2
>>> from modtest import _g
>>> _g(5)
5
```

用前导下划线表示私有名称的约定，整个 Python 中都在使用，而不仅用在模块中。

10.6　库和第三方模块

本章的开头提到过，为了更加便于管理，标准的 Python 发行版被拆分为多个模块。Python 安装完成后，这些库模块的所有功能都是可用的。只要在使用之前，显式导入合适的模块、函数、类等即可。

本书讨论了很多最常用和最实用的标准模块。但是标准 Python 发行版包含的内容，远远超过本书所介绍的内容。大家至少应该浏览一下《Python 库参考手册》的目录，获得一个大致的印象。

在 IDLE 中，可以用 Path Browser 窗口方便地浏览并查看用 Python 编写的模块。还可以用“Find in Files”对话框搜索模块用法的示例代码，该对话框可以从 Python shell 窗口的“Edit”菜单打开。自己编写的模块，也可以用这种方式进行搜索。

当前可用的第三方模块及其链接，都在 Python 包索引（Python Package Index，pyPI）中标识出来了，第 19 章中将会讨论这些模块。这些模块需要下载并安装于模块搜索路径中的某个目录下，以供在程序中导入。

速测题：模块　假定有个名为 new_math 的模块，其中包含 new_divide 函数。可采用哪些方式导入并使用这个函数呢？每种方式各有什么优缺点？

假定模块 new_math 包含_helper_math()函数。下划线对_helper_math()函数的各种导入方式会产生什么影响？

10.7　Python 作用域规则和命名空间

随着 Python 编程经验的增长，Python 的作用域规则和命名空间将变得有意思起来。如果是 Python 的新手，可能什么都不用做，只需要快速浏览本节有个基本概念就行了。要获得更多详细信息，请在《Python 语言参考手册》中查找“namespace”。

这里的核心概念是命名空间。Python 中的命名空间是从标识符到对象的映射，也就是 Python 如何跟踪变量和标识符是否活动以及指向什么。因此，像 `x = 1` 这样的语句，会把 x 添加到命名空间（假定尚不存在）并将其与值 1 关联。当在 Python 中执行一个代码块时，它拥有 3 个命名空间：局部（local）、全局（global）和内置（built-in）（如图 10-2 所示）。

在运行期间遇到标识符时，Python 首先会在局部命名空间中查找。如果没有找到，则接下来查看全局命名空间。如果仍未找到，则检查内置命名空间。如果标识符还不存在，将会被认为是错误，并引发 NameError。

对模块而言，在交互式会话中执行的命令或运行来自文件的脚本，全局命名空间和局部命名空间是相同的。创建变量和函数，或者从其他模块导入对象，都会导致在该命名空间中创建新条目或与已有条目进行绑定（binding）。

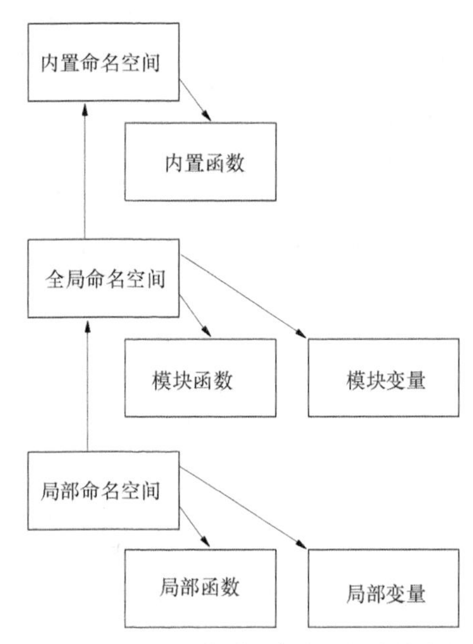

图 10-2 查找标识符时对命名空间的检查顺序

但在进行函数调用时，会创建一个局部命名空间，并在其中为函数调用的每个参数都加入一个绑定关系。以后无论何时在函数中创建一个变量，都会在该局部命名空间中加入一个新的绑定关系。函数的全局命名空间，是包含函数（可能是模块、脚本文件或交互式会话）的代码块的全局命名空间，与被调用处的动态上下文是相互独立的。

在所有上述场合，内置命名空间都是模块`__builtins__`的命名空间。除其他内容外，该模块中包含了所有已介绍过的内置函数（如 `len`、`min`、`max`、`int`、`float`、`list`、`tuple`、`range`、`str` 和 `repr`）以及其他如异常之类（如 `NameError`）的 Python 内置类。

有时候 Python 编程新手会在一件事情上栽跟头，那就是内置模块中的定义可能会被覆盖掉。例如，假设在程序中创建了一个列表，并将其放入一个名为 `list` 的变量，那么此后内置的 `list` 函数就不能用了。首先被找到的对象名称，是自定义的 `list` 变量。函数和模块的名称与其他对象没有区别。对给定标识符的最近一次绑定操作，将会被编译器采用。

内容介绍得差不多了，该看一些例子了。下面的示例用到了两个内置函数：`locals` 和 `globals`。这两个函数返回的是字典，分别包含了局部和全局命名空间中的绑定关系。

请新开一个交互式会话：

```
>>> locals()
{'__builtins__': <module 'builtins' (built-in)>, '__name__': '__main__',
   '__doc__': None, '__package__': None}
>>> globals()
{'__builtins__': <module 'builtins' (built-in)>, '__name__': '__main__',
   '__doc__': None, '__package__': None}>>>
```

在这个新开的交互式会话中，局部和全局命名空间是相同的。它们有 3 个初始的供内部使用的键/值对：（1）一个空的文档字符串`__doc__`；（2）主模块名`__name__`（对于由文件运行的交互式会话和脚本，则始终为`__main__`）；（3）用于内置命名空间`__builtins__`的模块（模块`__builtins__`）。

接下来，如果继续创建变量并从模块导入，将会创建多个绑定关系：

```
>>> z = 2
>>> import math
>>> from cmath import cos
>>> globals()
{'cos': <built-in function cos>, '__builtins__': <module 'builtins'
    (built-in)>, '__package__': None, '__name__': '__main__', 'z': 2,
    '__doc__': None, 'math': <module 'math' from
    '/usr/local/lib/python3.0/libdynload/math.so'>}
>>> locals()
{'cos': <built-in function cos>, '__builtins__':
    <module 'builtins' (built-in)>, '__package__': None, '__name__':
    '__main__', 'z': 2, '__doc__': None, 'math': <module 'math' from
    '/usr/local/lib/python3.0/libdynload/math.so'>}
>>> math.ceil(3.4)
4
```

正如预期的那样，局部和全局命名空间仍然是相同的。`z` 被添加为数字，`math` 添加为模块，`cmath` 模块中的 `cos` 添加为函数。

用 `del` 语句可以从命名空间中移除这些新创建的绑定关系，包括用 `import` 语句创建的模块绑定关系：

```
>>> del z, math, cos
>>> locals()
{'__builtins__': <module 'builtins' (built-in)>, '__package__': None,
    '__name__': '__main__', '__doc__': None}
>>> math.ceil(3.4)
Traceback (innermost last):
  File "<stdin>", line 1, in <module>
NameError: math is not defined
>>> import math
>>> math.ceil(3.4)
4
```

以上的执行结果还不算极端，因为能够导入 `math` 模块并再次使用。在处于交互模式时，`del` 的这种用法可能就很方便了。[①]

对好事者而言，确实能够用 `del` 来移除`__doc_`、`__main__`和`__builtins__`这些条目。但请勿这样做，因为这对会话的正常运行无益！

---

① 用了 `del` 然后再次导入，并不能反映出磁盘上的模块改动情况。这样做并不会从内存中移除并从磁盘重新加载模块。而只是将绑定关系移除，然后再放回当前的命名空间而已。如果要将文件的变化反映出来，仍需要用到 `importlib.reload`。

下面来看看在交互式会话中创建的函数：

```
>>> def f(x):
...     print("global: ", globals())
...     print("Entry local: ", locals())
...     y = x
...     print("Exit local: ", locals())
...
>>> z = 2
>>> globals()
{'f': <function f at 0xb7cbfeac>, '__builtins__': <module 'builtins'
    (built-in)>, '__package__': None, '__name__': '__main__', 'z': 2,
    '__doc__': None}
>>> f(z)
global:  {'f': <function f at 0xb7cbfeac>, '__builtins__': <module
    'builtins' (built-in)>, '__package__': None, '__name__': '__main__',
    'z': 2, '__doc__': None}
Entry local:  {'x': 2}
Exit local:  {'y': 2, 'x': 2}
>>>
```

以上代码稍显混乱，仔细分析一下就能发现，正如预期的那样，一开始参数 x 是 f 函数的局部命名空间中的初始条目，而 y 则是后来加入的。全局命名空间与交互式会话的相同，也就是定义 f 的地方。注意，全局命名空间中包含了 z，是在 f 之后定义的。

在生产环境下，通常会调用定义于模块中的函数。这些函数的全局命名空间，就是定义函数的模块的全局命名空间。假定已创建了代码清单 10-4 所示的文件。

代码清单 10-4　scopetest.py 文件

```
"""scopetest: our scope test module"""
v = 6
def f(x):
    """f: scope test function"""
    print("global: ", list(globals().keys()))
    print("entry local:", locals())
    y = x
    w = v
    print("exit local:", locals().keys())
```

注意，这里只会打印出 globals 返回的字典键（标识符），这样显示的结果就不会那么凌乱了。因为模块均已经过优化，会将整个__builtins__字典对象存储为__builtins__键的值，所以只要打印出字典键即可：

```
>>> import scopetest
>>> z = 2
>>> scopetest.f(z)
global:  ['__name__', '__doc__', '__package__', '__loader__', '__spec__',
     '__file__', '__cached__', '__builtins__', 'v', 'f']
entry local: {'x': 2}
exit local: dict_keys(['x', 'w', 'y'])
```

现在的全局命名空间是 scopetest 模块的全局命名空间，且包含了函数 f 和整数 v，但不包括来自交互式会话的 z。因此在创建模块时，可以完全掌控其内部函数的命名空间。

局部和全局命名空间介绍完了，接下来将介绍内置命名空间。以下示例引入了另一个内置函数 dir，它会返回给定模块中定义的对象名称列表：

```
>>> dir(__builtins__)
['ArithmeticError', 'AssertionError', 'AttributeError', 'BaseException',
     'BlockingIOError', 'BrokenPipeError', 'BufferError', 'BytesWarning',
     'ChildProcessError', 'ConnectionAbortedError', 'ConnectionError',
     'ConnectionRefusedError', 'ConnectionResetError', 'DeprecationWarning',
     'EOFError', 'Ellipsis', 'EnvironmentError', 'Exception', 'False',
     'FileExistsError', 'FileNotFoundError', 'FloatingPointError',
     'FutureWarning', 'GeneratorExit', 'IOError', 'ImportError',
     'ImportWarning', 'IndentationError', 'IndexError', 'InterruptedError',
     'IsADirectoryError', 'KeyError', 'KeyboardInterrupt', 'LookupError',
     'MemoryError', 'ModuleNotFoundError', 'NameError', 'None',
     'NotADirectoryError', 'NotImplemented', 'NotImplementedError',
     'OSError', 'OverflowError', 'PendingDeprecationWarning',
     'PermissionError', 'ProcessLookupError', 'RecursionError',
     'ReferenceError', 'ResourceWarning', 'RuntimeError', 'RuntimeWarning',
     'StopAsyncIteration', 'StopIteration', 'SyntaxError', 'SyntaxWarning',
     'SystemError', 'SystemExit', 'TabError', 'TimeoutError', 'True',
     'TypeError', 'UnboundLocalError', 'UnicodeDecodeError',
     'UnicodeEncodeError', 'UnicodeError', 'UnicodeTranslateError',
     'UnicodeWarning', 'UserWarning', 'ValueError', 'Warning',
     'ZeroDivisionError', '__build_class__', '__debug__', '__doc__',
     '__import__', '__loader__', '__name__', '__package__', '__spec__',
     'abs', 'all', 'any', 'ascii', 'bin', 'bool', 'bytearray', 'bytes',
     'callable', 'chr', 'classmethod', 'compile', 'complex', 'copyright',
     'credits', 'delattr', 'dict', 'dir', 'divmod', 'enumerate', 'eval',
     'exec', 'exit', 'filter', 'float', 'format', 'frozenset', 'getattr',
     'globals', 'hasattr', 'hash', 'help', 'hex', 'id', 'input', 'int',
     'isinstance', 'issubclass', 'iter', 'len', 'license', 'list', 'locals',
     'map', 'max', 'memoryview', 'min', 'next', 'object', 'oct', 'open',
     'ord', 'pow', 'print', 'property', 'quit', 'range', 'repr', 'reversed',
     'round', 'set', 'setattr', 'slice', 'sorted', 'staticmethod', 'str',
     'sum', 'super', 'tuple', 'type', 'vars', 'zip']
```

这里的条目有很多。以 Error 和 Exit 结尾的条目是 Python 内置的异常名称，第 14 章中将会介绍。

最后一组（从 abs 到 zip）是 Python 的内置函数。这些函数在本书中已经出现过很多次了，而且还会看到更多，但本书不会介绍所有的函数。有兴趣的话，可在《Python 库参考手册》中找到其余函数的详细信息。利用 help() 函数或直接把文档字符串打印出来，还可以轻松获取到所有函数的文档字符串：

```
>>> print(max.__doc__)
max(iterable[, key=func]) -> value
max(a, b, c, ...[, key=func]) -> value

With a single iterable argument, return its largest item.
```

```
With two or more arguments, return the largest argument.
```

如前所述，对于 Python 编程新手来说，无意中把内置函数覆盖掉，并非是前所未有的事：

```
>>> list("Peyto Lake")
['P', 'e', 'y', 't', 'o', ' ', 'L', 'a', 'k', 'e']
>>> list = [1, 3, 5, 7]
>>> list("Peyto Lake")
Traceback (innermost last):
  File "<stdin>", line 1, in ?
TypeError: 'list' object is not callable
```

即便使用了内置 list 函数的语法，Python 解释器也不会跳过 list 的最新绑定关系而理解为内置的 list 函数。

当然，如果在某个命名空间中，相同的标识符用了两次，也会发生同样的情况。无论数据类型是什么，先前的值都会被覆盖：

```
>>> import mymath
>>> mymath = mymath.area
>>> mymath.pi
Traceback (most recent call last):
  File "<stdin>", line 1, in <module>
AttributeError: 'function' object has no attribute 'pi'
```

只要意识到这种覆盖情况的存在，这也就不算是一个大问题了。即便对于不同类型的对象，标识符重用也无益于编写可读性最佳的代码。如果在交互模式下无意中犯下了某个错误，恢复起来是很容易的。可以用 del 移除绑定关系，重新获得对被覆盖内置对象的访问能力，或者再次导入模块也可重新获得：

```
>>> del list
>>> list("Peyto Lake")
['P', 'e', 'y', 't', 'o', ' ', 'L', 'a', 'k', 'e']
>>> import mymath
>>> mymath.pi
3.14159
```

函数 locals 和 globals 可用作简单的调试工具。dir 函数不会给出当前的设置，但如果调用时不带参数，则会返回经过排序的局部命名空间中的标识符列表。这种用法有助于捕获变量类型错误，而在那些变量需要预先声明的编程语言中，该错误通常由编译器捕获：

```
>>> x1 = 6
>>> xl = x1 - 2
>>> x1
6
>>> dir()
['__annotations__', '__builtins__', '__doc__', '__loader__', '__name__',
     '__package__', '__spec__', 'x1', 'xl']
```

IDLE 捆绑的调试器带有配置参数，允许在遍历代码时查看局部和全局变量的设置，可将函数 locals 和 globals 的输出显示出来。

速测题：命名空间和作用域 假定在模块 make_window.py 中有一个变量 width。以下哪个上下文是 width 的作用域？

（A）在该模块中

（B）在模块的 resize() 函数中

（C）在导入 make_window.py 模块的脚本中

研究题 10：创建模块 将第 9 章末尾创建的函数打包为单独的模块。虽然可以把源代码包进来，将模块作为主程序运行，但目标应该是这些函数在其他脚本中完全可用。

10.8 小结

- Python 的模块允许将关联的代码和对象放入同一个文件中。
- 使用模块还有助于防止变量命名冲突，因为被导入对象的名称通常与其所在模块联在一起使用。

第 11 章　Python 程序

本章主要内容

- 创建一个很简单的程序
- 让程序可在 Linux/UNIX 中直接运行
- 在 macOS 中编写程序
- 配置 Windows 中的执行参数
- 组合使用程序和模块
- 发布 Python 应用程序

到目前为止，本书主要是在交互模式下使用 Python 解释器。对生产用途而言，将会需要创建 Python 程序或脚本。本章中有好几节内容重点介绍了命令行程序。如果是来自 Linux/UNIX 的用户，可能会比较熟悉可从命令行启动的脚本以及可给出的参数和选项。这些参数和选项可用于传入信息，还可能重定向程序的输入和输出。对于 Windows 或 Mac 的用户，这些命令行操作可能会比较陌生，也更可能会对其价值表示怀疑。

在 GUI 环境下使用命令行脚本，有时确实不太方便。但在 Mac 中可以选择 UNIX 命令行 shell，而 Windows 中也有增强的命令行可供选择。花点时间把本章的大部分内容读一遍是非常值得的。大家可能会发现在某些场合这些技术很有用，或者会遇到有些代码用到了其中的技术。特别是在需要处理大量文件时，命令行技术是非常有用的。

11.1　创建一个很简单的程序

只要是连续存放于某个文件中的多条 Python 语句，就可以被用作程序或脚本（script）。但更标准和实用的做法是引入更多的程序架构。最基本的形式下，只需要在文件中创建主控函数并调用该函数即可，如代码清单 11-1 所示。

代码清单 11-1 script1.py 文件

```
def main():          <—— 主控函数 main
    print("this is our first test script file")
main()               <—— 调用 main 函数
```

上述脚本中，main 是主控函数，也是唯一一个函数。先定义主控函数，然后调用它。虽然在小型程序中没有太大的差别，但在创建较为大型的应用程序时，采用这种结构可以拥有更多选择和控制能力。因此从一开始就习惯这种用法，会是个好主意。

11.1.1 从命令行启动脚本

如果用的是 Linux/UNIX 系统，请确保 Python 位于命令搜索路径中，并且当前目录是脚本文件所在目录。然后在命令行中输入以下命令启动脚本：

```
python script1.py
```

如果用的是运行 OS X 的 Macintosh 系统，过程与其他 UNIX 系统是一样的。这里需要打开一个终端程序，该程序位于 Applications（应用）文件夹的 Utilities 目录中。在 OS X 中运行脚本时还可有几个参数可选，下面很快就会介绍。

如果用的是 Windows 系统，请打开命令提示符（command prompt）或 PowerShell。根据不同的 Windows 版本，命令提示符在菜单中的位置也不相同。在 Windows 10 系统中，命令提示符位于“Windows 系统”菜单中。这两种 shell 打开时都会位于当前用户的主目录，必要时可用 cd 命令切换到某个子目录中去。如果 script1.py 保存在桌面上，则运行命令如下所示：

```
C:\Users\naomi> cd Desktop          <—— 切换到桌面目录

C:\Users\naomi\Desktop> python script1.py      <—— 运行 script1.py
this is our first test script file      <—— script1.py 的输出

C:\Users\naomi\Desktop>
```

本章后续会介绍脚本调用的其他方式，但目前还是保持使用现在的方式。

11.1.2 命令行参数

传递命令行参数的方式十分简单，如代码清单 11-2 所示。

代码清单 11-2 script2.py 文件

```
import sys
def main():
    print("this is our second test script file")
    print(sys.argv)
main()
```

如果用以下命令行调用上述脚本：

```
python script2.py arg1 arg2 3
```

结果会是：

```
this is our second test script file
['script2.py', 'arg1', 'arg2', '3']
```

由此可见，命令行参数以字符串列表的形式存入 sys.argv 中了。

11.1.3 脚本输入/输出的重定向

利用命令行参数，可以将脚本的输入和输出重定向。代码清单 11-3 所示的这段简短的脚本，将用于展示重定向技术。

代码清单 11-3 replace.py 文件

```
import sys
def main():
    contents = sys.stdin.read()        ◁—— 从 stdin 读取输入并存入 contents
    sys.stdout.write(contents.replace(sys.argv[1], sys.argv[2]))  ◁—— 用第二个参数值替换第一个参数值
main()
```

以上脚本读取标准输入并原样写入标准输出，并将第一个参数替换为第二个参数。当按以下方式调用时，上述脚本将会把 infile 的副本写入 outfile 中，而且会把所有的“zero”替换为“0”：

```
python replace.py zero 0 <infile> outfile
```

注意，上述脚本在 UNIX 系统中可以正常执行。但在 Windows 系统中，只有从命令提示符窗口中启动脚本，输入/输出的重定向才会生效。一般来说，命令行

```
python script.py arg1 arg2 arg3 arg4 < infile > outfile
```

的运行效果是，把 input 或 sys.stdin 的所有操作都定向为来自 infile，把 print 或 sys.stdout 的所有操作都定向到 outfile。这种效果如同是将 sys.stdin 设为只读模式（'r'）的 infile，将 sys.stdout 设为只写（'w'）模式的 outfile：

```
python replace.py a A < infile >> outfile
```

上面这行将使输出结果追加至 outfile 末尾，而不是像上一个例子中那样把文件覆盖掉。

还可以把一条命令的输出作为另一条命令的输入，也就是管道（pipe）：

```
python replace.py 0 zero < infile | python replace.py 1 one > outfile
```

以上代码将使 outfile 包含 infile 的内容，只是其中所有的“0”都改成了“zero”，所有的“1”都改成了“one”。

11.1.4　argparse 模块

经过配置，脚本可以接受命令行选项及参数。argparse 正是为解析各类参数提供支持的模块，甚至还能生成用法帮助信息。

如果要使用模块 argparse，可以创建一个 ArgumentParser 的实例，填入一定的参数，然后就可以把*可选参数*（optional argument）和*位置参数*（positional argument）都读取出来。代码清单 11-4 演示了该模块的用法。

代码清单 11-4　opts.py 文件

```
from argparse import ArgumentParser

def main():
    parser = ArgumentParser()
    parser.add_argument("indent", type=int, help="indent for report")
    parser.add_argument("input_file", help="read data from this file")     ❶
    parser.add_argument("-f", "--file", dest="filename",              ❷
                  help="write report to FILE", metavar="FILE")
    parser.add_argument("-x", "--xray",
                  help="specify xray strength factor")
    parser.add_argument("-q", "--quiet",
                  action="store_false", dest="verbose", default=True,     ❸
                  help="don't print status messages to stdout")

    args = parser.parse_args()

    print("arguments:", args)
main()
```

上述代码首先创建了一个 ArgumentParser 的实例，然后添加了两个位置参数 indent 和 input_file，这是在全部可选参数都解析完毕后输入的参数。位置参数是指那些没有前缀字符（通常是“-”）且必须给定的参数。在上述情况中，参数 indent 必须是能被解析为 int 类型的❶。

接下来的一行，添加了一个可选的文件名参数，可以是"-f"或"--file"❷。最后一个可选参数"quiet"添加完之后，也就增加了关闭 verbose 选项的功能，默认值为 True（action = "store_false"）。这些参数以前缀字符“-”开头，这就告知了解析器其为可选项。

最后一个参数"-q"也带有默认值（这里为 True），当未给出本参数时将设为默认值。参数 action = "store_false"则表示，如果给出了本参数，则会将 False 值存入目标变量中❸。

模块 argparse 将返回一个 Namespace 对象，其属性就包含了上面这些参数。可以用句点符号“.”获取这些参数的值。如果某个选项没有给出实参，则其值为 None。因此，假如用以下命令调用上述脚本：

```
python opts.py -x100 -q -f outfile 2 arg2     <—— 选项跟在脚本文件名的后面给出
```

则输出结果将如下所示：

```
arguments: Namespace(filename='outfile', indent=2, input_file='arg2',
```

```
    verbose=False, xray='100')
```

如果发现有非法的实参，或者必须提供的实参没有给出，parse_args 将会引发错误。

```
python opts.py -x100 -r
```

运行以上命令行将会看到以下反馈信息：

```
usage: opts.py [-h] [-f FILE] [-x XRAY] [-q] indent input_file
opts.py: error: the following arguments are required: indent, input_file
```

11.1.5 fileinput 模块的使用

有时候 fileinput 模块对脚本还挺有用的，它能处理来自一个或多个文件的输入。它会自动读取命令行参数（由 sys.argv）并将其视为输入文件的列表。然后可按顺序读取数据行。代码清单 11-5 给出的是一个简单的示例脚本，演示了该模块的基本用法，作用是剔除所有以“##”开头的行。

代码清单 11-5 script4.py 文件

```
import fileinput
def main():
    for line in fileinput.input():
        if not line.startswith('##'):
            print(line, end="")
main()
```

现假定有两个数据文件，内容如代码清单 11-6 和代码清单 11-7 所示。

代码清单 11-6 sole1.tst 文件

```
## sole1.tst: test data for the sole function
0 0 0
0 100 0
##
0 100 100
```

代码清单 11-7 sole2.tst 文件

```
## sole2.tst: more test data for the sole function
12 15 0
##
100 100 0
```

再假定脚本调用命令如下：

```
python script4.py sole1.tst sole2.tst
```

结果将会把这两个文件的数据拼接起来，并剔除所有的注释行，如下所示：

```
0 0 0
0 100 0
```

```
0 100 100
12 15 0
100 100 0
```

如果未给出命令行参数，所有数据都会从标准输入读取。如果有参数为“-”，则此参数处的数据会从标准输入读取。

该模块还提供了很多其他函数，可随时了解已读取的总行数（lineno）、已从当前文件读取的行数（filelineno）、当前文件名（filename）、当前行是否为文件的首行（isfirstline）、是否正从标准输入读取（isstdin）。还可随时跳到下一个文件（nextfile）或关闭整个文件流（close）。代码清单 11-8 将演示这些函数的用法，目标是把输入文件中的文本行拼接起来，并加上文件开始分界符。

代码清单 11-8 script5.py 文件

```
import fileinput
def main():
    for line in fileinput.input():
        if fileinput.isfirstline():
            print("<start of file {0}>".format(fileinput.filename()))
        print(line, end="")
main()
```

调用

```
python script5.py file1 file2
```

将会得到以下结果，省略号表示输入文件中的内容：

```
<start of file file1>
.......................
.......................
<start of file file2>
.......................
.......................
```

最后，如果调用 fileinput.input 时带了一个文件名或文件名列表作为参数，这些文件就会被用作输入文件，而不再采用 sys.argv 中的参数。fileinput.input 还有一个可选参数 inplace，可将输出结果存回输入文件中，同时将原始文件保留为备份文件。有关可选参数 inplace 的说明，参见官方文档。

速测题：脚本和参数 将以下命令行用法和对应的使用场景一一匹配起来。

带有多个参数和选项	sys.agrv
不带参数或只有一个参数	使用 fileinput 模块
处理多个文件	将标准输入/输出做重定向
将脚本用作文本过滤程序	使用 argparse 模块

11.2 让脚本在 UNIX 下直接运行

如果是在 UNIX 下运行，让 Python 脚本直接可运行是很简单的。请在脚本文件的第一行加入以下命令，并将文件属性修改正确（即 `chmod +x replace.py`）：

```
#! /usr/bin/env python
```

注意，如果默认不是 Python 3.x 版本，则可能需要把上面这行代码中的 `python` 改为 `python3`、`python3.6` 之类，以指定运行 Python 3.x 而不是默认的旧版本。

如果脚本位于当前可执行路径（如 bin 目录中），那就不用考虑当前目录了，直接键入文件名和所需参数即可执行：

```
replace.py zero 0 <infile> outfile
```

UNIX 天然具备输入/输出的重定向能力。如果用的是新式的 shell，则命令行历史记录和自动完成功能也会一应俱全。

如果是在 UNIX 下编写系统管理脚本，有几个可用的库模块可能会比较有用，包括访问用户组数据库的 `grp`、访问密码数据库的 `pwd`、访问资源使用情况的 `resource`、使用 syslog 工具的 `syslog` 和处理由 `os.stat` 调用获取的文件或目录信息的 `stat`。在《Python 库参考手册》中，可以找到有关这些模块的详细信息。

11.3 macOS 系统中的脚本

Python 脚本在 macOS 系统中的行为，很多方面都与 Linux/UNIX 相同。与所有 UNIX 设备完全一样，Python 脚本可以在 macOS 的终端窗口中运行。但在 Mac 上，还可以由 Finder 运行 Python 程序，通过将脚本文件拖入 Python Launcher 应用程序或将 Python Launcher 配置为打开脚本文件（或所有扩展名为.py 的文件）的默认应用程序。

在 Mac 中使用 Python 有多种方式，虽然详细内容都超出了本书的讨论范围，但通过访问 Python 官方网站，查看文档“Using Python”一节中的 Mac 部分，就可以看到完整的介绍。有关如何为 Mac 平台发布 Python 应用程序和库的更多信息，参见 11.6 节。

如果对编写 macOS 系统管理脚本感兴趣，那就该看看用于融合 Apple 的 Open Scripting Architectures（OSA）和 Python 的包，如 `appscript` 和 `PyOSA`。

11.4 Windows 中多种脚本执行方式

如果是在 Windows 系统中，启动脚本的方式会有好多种，功能和易用性各不相同。遗憾的是，针对目前在用的多个 Windows 版本，这些执行方式及其配置都存在很大的差别。本书重点介绍在命令提示符或 PowerShell 中运行 Python。有关运行 Python 的其他方式，应该查阅对应版本的在线 Python 文档，请查找“Using Python on Windows”（在 Windows 中使用 Python）部分。

11.4.1 从命令窗口或 PowerShell 中启动脚本

要在命令窗口或 PowerShell 窗口中运行 Python 脚本，请先打开一个命令提示符或 PowerShell 窗口。在命令提示符下，进入脚本文件所在的目录，就能以 Python 命令方式运行脚本，这与 UNIX/Linux/macOS 系统几乎相同：

```
> python replace.py zero 0 < infile> outfile
```

Python 无法运行？

如果在 Windows 命令提示符中输入 python，但是 Python 没有运行起来，那么可能意味着 Python 可执行文件所在目录没有包含在命令执行路径中。这时需要手动将 Python 可执行文件路径添加到系统的 PATH 环境变量中，或者重新运行安装程序也能完成同样操作。有关 Windows 系统中设置 Python 的更多帮助信息，参见 Python 联机文档的“Python Setup and Usage”（Python 设置和用法）部分，其中有关于在 Windows 中使用 Python 的内容，还有 Python 的安装说明。

以上是在 Windows 系统中最灵活的一种 Python 脚本运行方式，因为可以使用输入/输出重定向功能。

11.4.2 Windows 中的其他运行方式

还可试试其他的运行方式。如果对批处理文件的编写比较熟悉，就可以将运行命令放入其中。Cygwin 实用工具集中自带一个 GNU BASH shell，为 Windows 系统提供了类似 UNIX 的 shell 功能，相关信息可以在 Cygwin 官网获取。

在 Windows 系统中，可以编辑环境变量（参见上一节），将.py 添加为可直接运行的扩展名，这样脚本就可自动执行了：

```
PATHEXT=.COM;.EXE;.BAT;.CMD;.VBS;.JS;.PY
```

动手题：让脚本文件直接可执行 请在机器上体验一下脚本的执行，并尽力让脚本实现输入/输出重定向。

11.5 程序和模块

对于只包含几行代码的短脚本，只用一个函数就能正常运行了。但如果代码量超过了这个大小，那么将主控函数和其余代码拆分开，就是个好的选择。本节接下来将演示这种技术及一些好处。就从一个简单的主控函数示例开始吧，代码清单 11-9 所示的脚本将返回给定的 0 到 99 之间数字的英文说法。

代码清单 11-9 script6.py 文件

```
#! /usr/bin/env python3
import sys
# 转换关系的映射
_1to9dict = {'0': '', '1': 'one', '2': 'two', '3': 'three', '4': 'four',
             '5': 'five', '6': 'six', '7': 'seven', '8': 'eight',
             '9': 'nine'}
_10to19dict = {'0': 'ten', '1': 'eleven', '2': 'twelve',
               '3': 'thirteen', '4': 'fourteen', '5': 'fifteen',
               '6': 'sixteen', '7': 'seventeen', '8': 'eighteen',
               '9': 'nineteen'}
_20to90dict = {'2': 'twenty', '3': 'thirty', '4': 'forty', '5': 'fifty',
               '6': 'sixty', '7': 'seventy', '8': 'eighty', '9': 'ninety'}
def num2words(num_string):
    if num_string == '0':
        return'zero'
    if len(num_string) > 2:
        return "Sorry can only handle 1 or 2 digit numbers"
    num_string = '0' + num_string          <—— 如果是一位数则在左侧补 0
    tens, ones = num_string[-2], num_string[-1]
    if tens == '0':
        return _1to9dict[ones]
    elif tens == '1':
        return _10to19dict[ones]
    else:
        return _20to90dict[tens] + ' ' + _1to9dict[ones]
def main():
    print(num2words(sys.argv[1]))          <—— ❶
main()
```

如果用以下命令调用：

```
python script6.py 59
```

就会得到以下结果：

```
fifty nine
```

这里的主控函数会用适当的实参调用函数 num2words，并打印出结果❶。标准的做法是把调用主控函数的代码放在脚本文件的末尾，但有时会在文件开头看到主控函数的定义。推荐把主控函数的定义放在末尾，紧挨着其调用代码的上面，这样就不必在最后找到名字后再往回翻找其定义了。这种做法还将脚本部分（scripting plumbing）与文件的其余部分清楚地分隔开来，当需要将脚本和模块放在一起时就会非常有用。

如果要让脚本中已建好的函数能被其他模块或脚本调用，可以将脚本代码和模块结合在一起。此外，模块还可以装备起来作为脚本运行，既能为用户提供快速的函数访问接口，又能为自动化模块测试提供钩子（hook）。

将脚本代码和模块结合在一起是很简单的，也就是在主控函数之外加上以下条件测试：

```
if __name__ == '__main__':
    main()
else:
    # 本模块的初始化代码
```

如果被作为脚本调用，运行时的当前模块名称将会是__main__，于是会调用主控函数main。如果条件测试已导入交互式会话或其他模块中，则模块名称将会是其文件名。

在创建脚本时，常常一开始先设定为模块。这样就能将其导入交互会话中，以便在函数创建时就能进行交互式测试和调试。只有主控函数需要在模块之外进行调试。如果脚本代码逐渐增加，或者某些自编函数可能需要供其他地方调用，就可以将函数分离出来自成模块，以供其他模块导入。

代码清单 11-10 中的脚本是在上一个脚本基础上的扩展，但是修改为模块的用法。在功能上也做了扩展，允许输入 0 到 999999999999999 之间的数字，而不仅是从 0 到 99。主控函数main会对参数的有效性进行验证，同时还会去除参数中的逗号。这样就允许输入可读性更好的数字，如 1 234 567。

代码清单 11-10　n2w.py 文件

```
#! /usr/bin/env python3
"""n2w: number to words conversion module: contains function
   num2words. Can also be run as a script
usage as a script: n2w num                <—— 给出本模块的用法及例子
           (Convert a number to its English word description)
           num: whole integer from 0 and 999,999,999,999,999 (commas are
            optional)
example: n2w 10,003,103
           for 10,003,103 say: ten million three thousand one hundred three
"""
import sys, string, argparse
_1to9dict = {'0': '', '1': 'one', '2': 'two', '3': 'three', '4': 'four',     <—┐
             '5': 'five', '6': 'six', '7': 'seven', '8': 'eight',              │
             '9': 'nine'}                                              转换关系的
_10to19dict = {'0': 'ten', '1': 'eleven', '2': 'twelve',               映射
               '3': 'thirteen', '4': 'fourteen', '5': 'fifteen',
               '6': 'sixteen', '7': 'seventeen', '8': 'eighteen',
               '9': 'nineteen'}
_20to90dict = {'2': 'twenty', '3': 'thirty', '4': 'forty', '5': 'fifty',
               '6': 'sixty', '7': 'seventy', '8': 'eighty', '9': 'ninety'}
_magnitude_list = [(0, ''), (3, ' thousand '), (6, ' million '),
                   (9, ' billion '), (12, ' trillion '),(15, '')]
def num2words(num_string):
    """num2words(num_string): convert number to English words"""
    if num_string == '0':     <—— 处理特殊情况（数字为 0 或过大）
        return 'zero'
    num_string = num_string.replace(",", "")      <—— 从数字中去除逗号
    num_length = len(num_string)
    max_digits = _magnitude_list[-1][0]
    if num_length > max_digits:
```

```
        return "Sorry, can't handle numbers with more than " \
               "{0} digits".format(max_digits)
    num_string = '00' + num_string      <——填充左边的数字
    word_string = ''    <——初始化数字字符串
    for mag, name in _magnitude_list:
        if mag >= num_length:
            return word_string                              创建数字字符串
        else:
            hundreds, tens, ones = num_string[-mag-3], \
                 num_string[-mag-2], num_string[-mag-1]
            if not (hundreds == tens == ones == '0'):
                word_string = _handle1to999(hundreds, tens, ones) + \
                                          name + word_string
def _handle1to999(hundreds, tens, ones):
    if hundreds == '0':
        return _handle1to99(tens, ones)
    else:
        return _1to9dict[hundreds] + ' hundred ' + _handle1to99(tens, ones)
def _handle1to99(tens, ones):
    if tens == '0':
        return _1to9dict[ones]
    elif tens == '1':
        return _10to19dict[ones]
    else:
        return _20to90dict[tens] + ' ' + _1to9dict[ones]
def test():    <—— 模块测试模式下用到的函数
    values = sys.stdin.read().split()
    for val in values:
        print("{0} = {1}".format(val, num2words(val)))
def main():
    parser = argparse.ArgumentParser(usage=__doc__)
    parser.add_argument("num", nargs='*')    <——将所有实参值加入列表
    parser.add_argument("-t", "--test", dest="test",
                        action='store_true', default=False,
                        help="Test mode: reads from stdin")
    args = parser.parse_args()
    if args.test:    <——如果设置了 test 变量，说明运行在测试模式
        test()
    else:
        try:
            result = num2words(args.num[0])
        except KeyError:     <——捕获非数字的参数导致的 KeyError
            parser.error('argument contains non-digits')
        else:
            print("For {0}, say: {1}".format(args.num[0], result))
if __name__ == '__main__':
    main()     <——❶
else:
    print("n2w  loaded as a module")
```

如果作为脚本调用，运行时的当前模块名称将会是`__main__`。如果作为模块导入，则模块名称将会是 n2w❶。

main 函数演示了主控函数在命令行脚本中的作用，实际上是建立了一个简单的用户交互界

面。它可以处理以下工作。

- 确保命令行参数数量、类型都正确。如果参数不对，则向用户给出用法信息。以上函数保证必须得有一个参数，但没有对参数只能包含数字进行显式检测。
- 能够处理特殊运行模式。以上例子中，带上'--test'参数就能进入测试模式。
- 将命令行参数映射为函数的参数，并以适当的方式发起调用。以上例子中，在剔除了逗号后调用了函数 num2words。
- 能够捕获异常并以更为友好的方式显示信息。以上例子中，将会捕获 KeyErrors，如果参数中包含非数字字符，就会引发该异常。[1]
- 必要时可将输出映射为更友好的形式，当然以上例子只是用了 print 语句。如果在 Windows 系统中运行，可能会想用鼠标双击打开脚本，也就是用 input 来给出参数提示，而不是以命令行参数的形式获取，让输出信息一直显示在屏幕上，直至用以下代码结束脚本的运行：

  ```
  input("Press the Enter key to exit")
  ```

  但测试模式可能还是保留以命令行参数方式为好。

代码清单 11-11 给出的测试模式，能对以上模块及其 num2words 函数提供回归（regression）测试支持。

代码清单 11-11 n2w.tst 文件

```
0 1 2 3 4 5 6 7 8 9 10 11 12 13 14 15 16 17 18 19 20 21 98 99 100
101 102 900 901 999
999,999,999,999,999
1,000,000,000,000,000
```

在这个例子中，使用时先在文件中写入一些数字，然后输入命令：

```
python n2w.py --test < n2w.tst > n2w.txt
```

从输出文件中就很容易检查结果的正确性。以上测试用例会被运行多次，并且无论何时 num2words 或其他需要调用的函数发生了改动，都能再次使用。当然，这里确实没有进行完全测试。必须承认，该程序对大于 999 万亿的输入数字，确实没有检查有效性！

为模块提供测试模式的支持，往往是模块内部脚本代码的唯一用途。据我所知，至少有一家公司有此规定，必须为每个已开发的 Python 模块创建一个测试用的函数。Python 内置的数据对象类型和方法，通常能让这一过程变得比较简单。采用了这种技术的人，似乎一致相信这种做法是值得的。有关测试 Python 代码的更多信息，参见第 21 章。

另一种编码方案是创建一个单独的文件并导入 n2w 模块，文件中只包含了 main 函数的参数处理部分。这样在 n2w.py 的 main 函数中，就只留下供测试模式调用的代码了。

---

① 更好的方式是使用正则表达式模块，将能显式检查参数中的非数字字符，后续将会介绍到。这将确保由其他原因触发的 KeyErrors 不会被隐藏。

速测题：程序和模块 用 if __name__ == "__main__":是为了防止什么问题，这是如何做到的？还有什么其他方法来防止这类问题的发生吗？

11.6 发布 Python 应用程序

Python 脚本和应用程序的发布方式可以有很多种。当然，可以把源代码文件分享出去，或许可以打包在 zip 或 tar 文件中。假设应用程序是可移植的，也可以只发布字节码.pyc 文件。不过，这两种方式通常都有很多不足之处。

11.6.1 wheel 包

目前，打包和发布 Python 模块和应用程序的标准方法，是使用名为 wheel 的包。wheel 旨在让 Python 代码的安装更加可靠，并能帮助管理代码依赖的包。关于如何创建 wheel 包的细节超出了本章的讨论范围，但关于新建 wheel 包的环境需求和过程的完整详细信息可以参见 Python 官方网站上的《Python 包用户指南》(Python Packaging User Guide)。

11.6.2 zipapp 和 pex

如果应用程序分散在多个模块中，则还可以发布为可执行的 zip 文件。这种格式有赖于 Python 的两个特点。

第一，如果 zip 文件中包含名为__main__.py 的文件，Python 就可以用该文件作为归档文件的入口点，并直接执行__main__.py 文件。此外，zip 文件内容还会被添加到 sys.path 中，以供__main__.py 导入和执行。

第二，zip 文件允许在归档文件开头添加任意内容。如果添加一条可供 Python 解释器读取的 shebang 行，如#!/usr/bin/env python3，并赋予该 zip 文件必要的权限，则其就能成为一个独立可执行的文件。

实际上，手动创建可执行的 zipapp 并不困难。先创建一个包含__main__.py 的 zip 文件，并将 shebang 行添加到 zip 文件开头，并设置为可执行权限。

从 Python 3.5 开始，zipapp 模块就已被包含在标准库中了，标准库可以从命令行或用库 API 创建 zipapp。

还有一个更强大的工具 pex，并未包含在标准库中，但可以通过 pip 从包索引中获取。pex 不仅能完成同样的基础性打包工作，还提供了更多特性和配置选项。如果需要，在 Python 2.7 中已经提供了 pex。无论采用哪种方式，对于准备运行的多文件 Python 应用程序来说，zipapp 都是将其打包和发布的便捷途径。

11.6.3 py2exe 和 py2app

虽然研究平台相关的工具不是本书的目标，但值得一提的是 `py2exe` 能够制作独立的 Windows 程序，而 `py2app` 则在 macOS 平台完成相同功能。这里的“独立”是指，可以在没有安装 Python 的机器上运行的单个可执行文件。独立的可执行文件在很多方面并不够理想，往往比原生 Python 应用程序体积更大，也更不灵活，但在某些情况下，它是最好的解决方案，有时还是唯一方案。

11.6.4 用 freeze 创建可执行程序

利用 `freeze` 工具，也可以创建可执行的 Python 程序，使其能在没有安装 Python 环境的机器上运行。在 Python 源代码目录的 Tools 子目录中，有个 freeze 目录，其中的 Readme 文件给出了使用说明。如果打算使用 `freeze`，可能还需要下载 Python 源代码。

在封装（freeze）Python 程序的过程中，将会创建 C 程序文件，然后会用 C 编译器对其进行编译和链接，因此需要在系统中装有 C 编译器。封装好的应用程序，将只能在支持封装 C 编译器的平台上运行。

其他还有一些工具，也想方设法要把 Python 解释器/环境和应用程序进行转换，打包成一个独立运行的应用程序。但一般情况下，由于这种方式复杂且仍有难度，也许还是不用为好。除非是需求真的很强烈，而且有充足的时间和资源来保证程序能够正常工作。

研究题 11：创建程序　第 8 章中创建了一个类似于 UNIX 系统 `wc` 的程序，用于对文件中的文本行、单词和字符进行计数。现在有更多工具函数可供选择，请对该程序进行重构，使其工作方式与原本的 `wc` 程序更为相似。尤其是程序应该带上很多参数，可以只显示行（`-l`）、只显示单词（`-w`）、只显示字符（`-c`）。如果这些参数都没有给出，则把 3 种统计数据全部显示出来。但如果只给出一个参数，就会只显示指定的统计数据。

作为额外的挑战，请参照 Linux/UNIX 系统中 man 手册中的 `wc`，添加`-L` 参数来显示最长一行的长度。大家可按照 man 手册，尽情尝试让自编 `wc` 程序实现并测试其中列出的全部功能。

11.7 小结

- Python 脚本和模块的最基本的存在形式，就是保存在文件中的一系列 Python 语句。
- 模块经过适当处理，就可以像脚本那样运行。脚本经过设置也可以像模块那样导入。
- 脚本经过处理，可以直接在 UNIX、macOS 或 Windows 命令窗口中运行。经过设置，脚本可以支持命令行上的输入/输出重定向。借助 `argparse` 模块，脚本可以轻易解析出复杂的命令行参数。
- 在 macOS 系统中，可以用 Python Launcher 运行 Python 程序，可以每次都打开，也可以设置为打开 Python 文件的默认应用。

- 在 Windows 系统中，调用 Python 脚本的方式可以有很多：双击打开、用“运行”窗口和用命令提示窗口。
- Python 脚本可以发布为脚本文件、二进制编码和 wheel 格式包。
- 工具 `py2exe`、`py2app` 和 `freeze` 能够生成可执行的 Python 程序，以便在没有安装 Python 解释器的机器上运行。
- 创建脚本和应用程序的多种方式就介绍到这里，下面将介绍 Python 如何与文件系统交互及如何操作文件系统。

第 12 章　文件系统的使用

本章主要内容

- 管理路径和路径名
- 获取文件信息
- 执行文件系统操作
- 处理目录树下的所有文件

文件操作涉及两件事情，即基本的 I/O 操作（第 13 章中将会介绍）和文件系统操作（如文件的命名、创建、移动和引用）。因为各种操作系统的文件系统规范各不相同，所以文件操作会稍显复杂。

为了简化跨平台的文件系统操作，Python 已经提供了很多特性。如果不想全面了解这些特性，只了解基本的文件 I/O 操作还是相当简单的，但不推荐这种做法。至少应该阅读本章的第一部分，这里介绍了一些引用文件时要用到的工具，都是与操作系统无关的。在进行文件基本 I/O 操作时，就可以用这种平台无关的方式打开相应的文件。

12.1　os、os.path 和 pathlib 的对比

Python 中处理文件路径和文件系统操作的传统方式，是通过 `os` 和 `os.path` 模块中的函数来完成的。这些函数完全能够胜任需求，但往往会使得代码过于冗长。自 Python 3.5 开始，引入了新的 `pathlib` 库，可以用更加面向对象、更统一的方式来完成文件操作。因为有大量的外部代码还在使用传统的方式，所以本书对相关例子和说明都予以保留。但是 `pathlib` 的应用正在日益增加，可能会成为新的标准，因此在每个传统方式的示例后面，都会带有用 `pathlib` 实现相同功能的例子，必要时附带简要说明。

12.2 路径和路径名

所有的操作系统都会用字符串来引用文件和目录，字符串中包含了给定文件或目录的名称。这种字符串通常被称为“路径名”，有时简称为路径，本书也会采用这种名称。因为路径名是个字符串，所以在使用时也带来了一定的复杂性。Python 做了大量工作，提供了很多函数来避免这种复杂性。但为了能高效运用这些 Python 函数，需要对一些隐藏的问题有些理解。本节将会详细介绍。

路径名在各种操作系统中的写法都非常相似，因为几乎所有操作系统都把文件系统建模为树状结构，磁盘就是根目录，文件夹、子文件夹就是分支、子分支，依此类推。这就意味着大部分操作系统对文件的引用方式基本是相同的，都是通过路径名指定从文件系统的根（磁盘）开始直至要查找文件的路径。这种将根目录对应为磁盘的描述有点过于简化，但与本章的实际内容十分贴切。路径名包含了一层层的文件夹名称，直至目标文件为止。

不同的操作系统，路径名的精确写法还是有差别的。Linux/UNIX 路径名中，分隔文件或目录名称的字符是“/”，而在 Windows 路径名中则是用“\”。此外，UNIX 文件系统只有一个根目录（通过把路径名的第一个字符设为“/”来引用），而 Windows 文件系统的每个驱动器都有单独的根目录，分别标记为 A:\、B:\、C:\等（C:通常是主驱动器）。正是由于这些差异的存在，文件在不同的操作系统上有不同的路径名表示法。在 Windows 中名为 `C:\data\myfile` 的文件，在 UNIX 和 Mac OS 上可能被称为`/data/myfile`。Python 提供的函数和常量可完成常见的路径名操作，而不必关心这些语法上的细节。只要稍加小心，就可以不管底层文件系统是什么，都能编写出正常运行的 Python 程序。

12.2.1 绝对路径和相对路径

操作系统支持以下两种路径表示法。

- 绝对路径指明了文件在整个文件系统中的确切位置，不会有什么歧义。绝对路径将给出文件的完整路径，从文件系统的根目录开始。
- 相对路径指明了文件相对于文件系统某点的位置，该相对点并不是由相对路径本身给出的。相对路径起始点的绝对位置，是由调用时的上下文给出的。

下面是 Windows 系统绝对路径的两个示例：

```
C:\Program Files\Doom
D:\backup\June
```

下面是 Linux 系统中的两个绝对路径，以及 Mac 系统中的一个绝对路径：

```
/bin/Doom
/floppy/backup/June
/Applications/Utilities
```

下面是 Windows 系统中的两个相对路径：

```
mydata\project1\readme.txt
games\tetris
```

下面是 Linux/UNIX/Mac 系统中的相对路径：

```
mydata/project1/readme.txt
games/tetris
Utilities/Java
```

相对路径需要根据上下文来确定实际的位置，上下文一般由两种方式来给出。

相对简单的方式是在已有的绝对路径上添加相对路径，以生成一个新的绝对路径。假定有 Windows 下的相对路径 `StartMenu\Programs\Startup` 和绝对路径 `C:\Users\Administrator`。将两者相加就得到了一个新的绝对路径 `C:\Users\ Administrator\Start Menu\Programs\Startup`，这样就能表示在文件系统中的位置了。如果把同一相对路径添加到另一个绝对路径中（如 `C:\Users\myuser`），就会生成指向另一个用户（myuser）名下 Startup 文件夹的路径了。

相对路径获得上下文的第二种方式是，通过对当前工作目录的隐式引用。当前工作目录是指，在运行 Python 程序的任意时刻，程序记录的当前所在目录。如果调用参数给出的是相对路径，那么 Python 命令就会隐式利用当前工作目录。例如，`os.listdir(path)`命令用了相对路径作为参数，则该相对路径就以当前工作目录作为锚点（anchor），结果中文件名所在目录的路径就是当前工作目录加上参数指定的相对路径。

12.2.2 当前工作目录

每当在计算机上编辑文档时，都会有一个位置概念，即文档在计算机文件结构中所处的当前位置，因为大家会觉得与正在处理的文件处于同一个目录（文件夹）当中。类似地，每当 Python 运行时，也有一个当前位置的概念，即某时刻所处的目录结构。这一点很重要，因为程序可能需要获取当前目录中的文件列表。Python 程序所在的目录被称为该程序的*当前工作目录*，当前工作目录可能与存放该程序的目录不同。

如果想实际查看一下当前工作目录，请启动 Python，用 `os.getcwd` 命令（获取当前工作目录）查看 Python 初始状态下的当前工作目录：

```
>>> import os
>>> os.getcwd()
```

注意，调用函数 `os.getcwd` 时是不带参数的，以强调返回值不是固定不变的。如果执行了修改当前工作目录的命令，其返回结果就会发生变化。当前工作目录可能是存放 Python 程序的目录，也可能是启动 Python 时所在的目录。在 Linux 机器上，返回结果会是`/home/myuser`，也就是当前用户的主目录（home）。在 Windows 机器上，路径中会有额外的反斜杠插入。因为 Windows 系统用“\”作为路径分隔符，而在 Python 字符串中（如 6.3.1 节所述），“\”还具有特殊含义。

下面输入：

```
>>> os.listdir(os.curdir)
```

常量 os.curdir 返回的是系统用来表示当前目录的字符串。在 UNIX 和 Windows 系统中，当前目录均表示为一个句点。但为了保证程序的可移植性，应该始终采用 os.curdir 而不是只输入一个句点。该字符串是个相对路径，也就是说 os.listdir 会将其加到当前工作目录的路径之后，路径其实没有发生变化。上述命令将会返回当前工作目录中所有文件/文件夹的列表。任选一些文件夹名称，键入以下命令：

```
>>> os.chdir(folder name)        <—— 修改当前目录
>>> os.getcwd()
```

由上可见，Python 将会移入 os.chdir 函数参数指定的文件夹中。这时再次调用 os.listdir(os.curdir)，将会返回 folder 文件夹中的文件列表，因为 os.curdir 将相对新的当前工作目录而言。Python 中有很多文件系统操作，都是以这种方式使用当前工作目录的。

12.2.3 用 pathlib 模块访问目录

用 pathlib 获取当前目录的步骤如下：

```
>>> import pathlib
>>> cur_path = pathlib.Path()
>>> cur_path.cwd()
PosixPath('/home/naomi')
```

pathlib 不提供像 os.chdir()那样（参见上一节）改变当前目录的函数，但可以通过创建 path 对象来新建文件夹，在 12.2.5 节将会介绍。

12.2.4 路径名的处理

了解了文件和目录的路径名的相关背景知识后，现在该介绍 Python 提供的处理路径名的功能了。这些功能由 os.path 子模块中的一些函数和常量构成，利用这些功能处理路径名时，就无须显式采用任何与操作系统相关的语法了。路径仍然用字符串来表示，但再也不用视其为字符串，也不用当作字符串来处理了。

一开始可用 os.path.join 函数在各种操作系统中构建一些路径名。注意，导入 os 也就引入了 os.path 子模块，不需要再用 import os.path 语句显式导入一次了。首先介绍 Windows 系统中的 Python：

```
>>> import os
>>> print(os.path.join('bin', 'utils', 'disktools'))
bin\utils\disktools
```

os.path.join 函数将参数解释为一系列的目录名或文件名，这些目录名或文件名将被拼接起来形成单个字符串，底层操作系统将该字符串理解为相对路径。在 Windows 系统中，这意味着路径名的各个部分应该以反斜杠连接，以上的生成结果正是如此。下面在 UNIX 中执行同样操作：

```
>>> import os
>>> print(os.path.join('bin', 'utils', 'disktools'))
bin/utils/disktools
```

生成的路径是相同的，但不是用反斜杠作为分隔符的 Windows 规则，而是用正斜杠作为分隔符的 Linux/UNIX 规则。也就是说，`os.path.join` 可以由一系列目录或文件名生成文件路径，并且不必关心底层操作系统的语法规则。如果想让构建文件路径的方式不受未来运行环境的限制，那么采用 `os.path.join` 就是基本方式。

`os.path.join` 的参数不一定非得是单个目录或文件名，也可以是子路径，连起来可以形成更长的路径名。以下例子演示了在 Windows 环境中的这种用法，并且这时必须在字符串中使用双反斜杠。注意，这时用正斜杠（/）输入路径名也是可以的，因为 Python 在与 Windows 操作系统交互之前会进行转换：

```
>>> import os
>>> print(os.path.join('mydir\\bin', 'utils\\disktools\\chkdisk'))
mydir\bin\utils\disktools\chkdisk
```

当然，如果始终用 `os.path.join` 来建立路径，就几乎不必操心上述问题。若是以可移植的形式编写该示例，写法应该如下所示：

```
>>> path1 = os.path.join('mydir', 'bin');
>>> path2 = os.path.join('utils', 'disktools', 'chkdisk')
>>> print(os.path.join(path1, path2))
mydir\bin\utils\disktools\chkdisk
```

`os.path.join` 函数还会对绝对路径名和相对路径名做出一定的处理。在 Linux/UNIX 中，绝对路径始终以/开头（因为单个斜杠表示整个系统的顶级目录，其他所有内容都在其下，包括可用的各种软盘和 CD 驱动器）。UNIX 中的相对路径是指任何不以斜杠开头的合法路径。在所有版本的 Windows 操作系统中，情况更为复杂一些，因为 Windows 对相对路径和绝对路径的处理方式比较混乱。这里不会详细介绍所有细节，只推荐处理这种情况的最佳方法，就是采用以下简化的 Windows 路径规则。

- 如果路径名以驱动器字母开头，后跟冒号和反斜杠，那么就是绝对路径，如 C:\Program Files\Doom。注意，如果仅是 C:，尾部不带反斜杠，那么并不能可靠地表示 C:驱动器的顶级目录。必须用 C:\来引用 C:驱动器的顶级目录。这种要求是沿用了 DOS 的传统，而不是 Python 的设计规则。
- 如果路径名既不以驱动器字母开头，也不以反斜杠开头，那么就是相对路径，如 `mydirectory\letters\business`。
- 如果路径名以\\开头，后跟服务器名称，那么是网络资源的路径。

■ 其他路径名都被视为无效路径。[①]

无论采用什么操作系统，os.path.join 都不会对生成的路径名进行完整性检查。生成的路径名中可能会包含操作系统禁用的字符，不同的操作系统禁止用于路径名称的字符各不相同。如果需要对结果进行检查，最好的解决方案可能就是自行编写一个小小的路径合法性检查函数。

os.path.split 函数将返回由两个元素组成的元组，将路径拆分为文件名（路径尾部的单个文件或目录名称，basename）和其余部分。在 Windows 系统中，可查看以下示例：

```
>>> import os
>>> print(os.path.split(os.path.join('some', 'directory', 'path')))
('some\\directory', 'path')
```

os.path.basename 函数只返回路径中的文件名，os.path.dirname 函数则只返回前面的路径部分，如下所示：

```
>>> import os
>>> os.path.basename(os.path.join('some', 'directory', 'path.jpg'))
'path.jpg'
>>> os.path.dirname(os.path.join('some', 'directory', 'path.jpg'))
'some\\directory'
```

如果要处理以句点标识的文件扩展名，Python 提供了 os.path.splitext 函数。大多数文件系统都用扩展名来标识文件类型，不过 Macintosh 系统明显是个例外。

```
>>> os.path.splitext(os.path.join('some', 'directory', 'path.jpg'))
('some/directory/path', '.jpg')
```

上面返回元组的最后一个元素，就包含了句点标识的文件扩展名（如果存在的话）。返回元组的第一个元素包含了给定参数中除扩展名之外的其余部分。

还可以用更专业的函数来操作路径名。os.path.commonprefix(path1, path2, ...) 函数将会查找多个路径的相同前缀（如果存在的话）。如果要查找同时包含给定多个文件的最底层目录，则此方法就很有用了。os.path.expanduser 函数会把用户名快捷方式扩展为完整的路径，适用于 UNIX。类似地，os.path.expandvars 函数能将环境变量扩展为完整的路径。以下是在 Windows 10 系统中的示例：

```
>>> import os
>>> os.path.expandvars('$HOME\\temp')
'C:\\Users\\administrator\\personal\\temp'
```

12.2.5 用 pathlib 处理路径名

与上一节一样，一开始先在各种操作系统下建立路径名，这里用到了 Path 对象的方法。

首先从 Windows 系统中的 Python 开始：

① Microsoft Windows 还允许使用其他一些写法，但最好还是遵守本书给出的约定。

```
>>> from pathlib import Path
>>> cur_path = Path()
>>> print(cur_path.joinpath('bin', 'utils', 'disktools'))
bin\utils\disktools
```

直接用“/”操作符也可以达到同样效果：

```
>>> cur_path / 'bin' / 'utils' / 'disktools'
WindowsPath('bin/utils/disktools')
```

注意，Path 对象始终使用“/”来表示分隔符，但 Windows 的 Path 对象会根据操作系统的要求将“/”转换为“\”。因此，如果是在 UNIX 系统中进行同样操作，则结果将如下所示：

```
>>> cur_path = Path()
>>> print(cur_path.joinpath('bin', 'utils', 'disktools'))
bin/utils/disktools
```

Path 对象的 `parts` 属性将会返回一个元组，元素就是路径的各个组成部分。在 Windows 系统中的示例如下：

```
>>> a_path = WindowsPath('bin/utils/disktools')
>>> print(a_path.parts)
('bin', 'utils', 'disktools')
```

Path 对象的 `name` 属性将只返回路径的文件名部分，`parent` 属性将返回除文件名外的部分，`suffix` 属性将返回带句点的扩展名部分。大部分操作系统都用扩展名来标识文件类型，但 Macintosh 明显是一个例外。示例如下：

```
>>> a_path = Path('some', 'directory', 'path.jpg')
>>> a_path.name
'path.jpg'
>>> print(a_path.parent)
some\directory
>>> a_path.suffix
'.jpg'
```

Path 对象还拥有其他一些方法，可灵活地对路径名和文件进行处理，请查看 `pathlib` 模块的文档。`pathlib` 模块也许能让编程工作更为轻松，让文件处理代码更为简洁。

12.2.6 常用变量和函数

有几个与路径相关的常量和函数是比较有用的，可以提高 Python 代码的系统无关性。最基本的常量就是 `os.curdir` 和 `os.pardir`，分别定义了操作系统用于表示目录和父目录的路径符号。在 Windows 及 Linux/UNIX 和 macOS 中，分别是用“`.`”和“`..`”表示的，也都可以作为正常的路径组成部分来使用。以下例子

```
os.path.isabs(os.path.join(os.pardir, path))
```

将判断 `path` 的上一级路径是否为目录。如果要对当前工作目录进行某些操作，则 `os.curdir`

就特别有用。下面的例子将会返回当前工作目录下的文件名列表：

```
os.listdir(os.curdir)
```

因为 os.curdir 是相对路径，os.listdir 始终会把相对路径视为相对于当前工作目录而言的。

os.name 常量将返回被导入的处理操作系统特定细节的 Python 模块的名称。在 Windows XP 系统下将如下所示：

```
>>> import os
>>> os.name
'nt'
```

注意，即便 Windows 的实际版本可能是 Windows 10，os.name 也会返回'nt'。除 Windows CE 外，大多数 Windows 版本都被识别为'nt'。

在运行 OS X 的 Mac 机器上，以及 Linux/UNIX 系统中，返回值将为 posix。利用该返回值，可以基于当前运行平台执行一些特殊的操作：

```
import os
if os.name == 'posix':
    root_dir = "/"
elif os.name == 'nt':
    root_dir = "C:\\"
else:
    print("Don't understand this operating system!")
```

有些程序可能还会用到 sys.platform，它能够提供更加精确的信息。在 Windows 10 系统中，sys.platform 将被设为 win32，即便机器当前运行的是 64 位版本的操作系统也是如此。在 Linux 系统中，结果可能会是 linux2。而在 Solaris 系统中，sys.platform 可能会被设为 sunos5，具体要看当前系统的版本。

所有环境变量及其关联值，都存放在名为 os.environ 的字典中。在大多数操作系统中，该字典包含了很多与路径有关的变量，常见的有二进制可执行文件的搜索路径等。如果需要用到这些信息，就可以从这个字典中找到。

关于在 Python 中使用路径名的主要内容，已经介绍完了。如果马上就想打开文件进行读写，可以直接跳到下一章。本章接下来将会介绍更多有关路径名、检测路径的引用对象、常用的常量等的信息。

速测题：路径的处理　如何利用 os 模块中的函数获取 test.log 文件的路径，并在同一目录下为名为 test.log.old 的文件新建一个文件路径？如何用 pathlib 模块完成同样的任务？如果以 os.pardir 为参数创建 pathlib 的 Path 对象，会得到什么样的路径？请尝试一下。

12.3　获取文件信息

文件路径应该用来表示硬盘中的实际文件和目录。因为需要了解路径指向的文件信息，所以路径对象还有可能会被传来传去。Python 为获取文件信息提供了很多函数。

最常用的 Python 路径信息函数就是 os.path.exists、os.path.isfile 和 os.path.isdir，这些函数都接收一个路径参数。如果参数确实是文件系统中存在的路径，则 os.path.exists 将返回 True。当且仅当给出的路径表示某种类型的普通数据文件（包括可执行文件）时，os.path.isfile 返回 True，否则返回 False（包括参数指向的不是文件系统中的内容）。当且仅当参数表示的是目录时，os.path.isdir 才返回 True，否则返回 False。以下示例均已运行通过。如果要在自己的系统中查看这些函数的运行情况，可能需要用其他路径来做探究：

```
>>> import os
>>> os.path.exists('C:\\Users\\myuser\\My Documents')
True
>>> os.path.exists('C:\\Users\\myuser\\My Documents\\Letter.doc')
True
>>> os.path.exists('C:\\Users\\myuser\\\My Documents\\ljsljkflkjs')
False
>>> os.path.isdir('C:\\Users\\myuser\\My Documents')
True
>>> os.path.isfile('C:\\Users\\ myuser\\My Documents')
False
>>> os.path.isdir('C:\\Users\\ myuser\\My Documents\\Letter.doc')
False
>>> os.path.isfile('C:\\Users\\ myuser\\My Documents\\Letter.doc')
True
```

还有几个类似的函数，能够查到更加专用的信息。在 Linux 和其他支持文件链接和设备挂载点（mount point）的 UNIX 操作系统的上下文中，os.path.islink 和 os.path.ismount 就十分有用。如果路径表示的是文件链接或挂载点，则它们分别会返回 True。对于 Windows 快捷方式文件（以.lnk 结尾的文件），os.path.islink 不会返回 True。原因很简单，这些文件并不是真正的文件链接。但对于 Windows 系统中用 mklink() 命令创建的真正的符号链接，os.path.islink 将会返回 True。操作系统不会对文件链接和挂载点设置特殊的状态标记，而程序则不能透明地将它们当作真实的文件来使用。当且仅当参数中的两个路径指向同一个文件时，os.path.samefile(path1, path2) 才会返回 True。如果 os.path.isabs(path) 的参数为绝对路径则返回 True，否则返回 False。os.path.getsize(path)、os.path.getmtime(path) 和 os.path.getatime(path) 分别返回路径名大小、最后修改时间和最后访问时间。

用 scandir 获取文件信息

除上述 os.path 函数之外，还可以用 os.scandir 获取某个目录下文件的更为完整的信息，os.scandir 将返回 os.DirEntry 迭代器对象。os.DirEntry 对象能够展示目录中每一项的文件属性，因此用 os.scandir 将会比组合使用 os.listdir（在下一节中讨论）与

os.path 操作更加快速有效。例如，要知道某个目录项引用的是文件还是目录，os.scandir 的功能就有用得多，能够获取到更多的目录信息。os.DirEntry 对象具备的方法，很多都与上一节提到的 os.path 函数相对应，包括 exists、is_dir、is_file、is_socket 和 is_symlink。

os.scandir 还支持由 with 提供的上下文管理器，为了确保资源的妥善释放，这里推荐使用。以下示例将遍历目录中的所有条目，并打印出条目的名称及是否为文件：

```
>>> with os.scandir(".") as my_dir:
...     for entry in my_dir:
...         print(entry.name, entry.is_file())
...
pip-selfcheck.json True
pyvenv.cfg True
include False
test.py True
lib False
lib64False
bin False
```

12.4 文件系统的其他操作

除获取文件相关信息之外，Python 还支持某些对文件系统的直接操作，这是通过 os 模块中的一些基础而有用的函数来完成的。

本节中只会介绍能够跨平台执行的操作。很多操作系统都提供了更加高级的文件系统函数，详细信息需要查看 Python 主库文档。

上面已介绍了如何获取目录中的文件列表，用到了 os.listdir：

```
>>> os.chdir(os.path.join('C:', 'my documents', 'tmp'))
>>> os.listdir(os.curdir)
['book1.doc.tmp', 'a.tmp', '1.tmp', '7.tmp', '9.tmp', 'registry.bkp']
```

注意，与很多其他语言或 shell 的列出目录命令不同，Python 在 os.listdir 返回的文件列表中，不包含 os.curdir 和 os.pardir 标识符。

在 glob 模块中有个 glob 函数（名称取自古老的 UNIX 模式匹配功能），能够扩展路径名中的 Linux/UNIX shell 风格的通配符和字符序列，返回当前工作目录中匹配的文件。“*”将匹配任意字符序列，“?”匹配任意单个字符，字符序列（如[h,H]或[0-9]）则会匹配序列中的任意单个字符：

```
>>> import glob
>>> glob.glob("*")
['book1.doc.tmp', 'a.tmp', '1.tmp', '7.tmp', '9.tmp', 'registry.bkp']
>>> glob.glob("*bkp")
['registry.bkp']
>>> glob.glob("?.tmp")
['a.tmp', '1.tmp', '7.tmp', '9.tmp']
```

```
>>> glob.glob("[0-9].tmp")
['1.tmp', '7.tmp', '9.tmp']
```

用 os.rename 可以重命名（移动）文件或目录：

```
>>> os.rename('registry.bkp', 'registry.bkp.old')
>>> os.listdir(os.curdir)
['book1.doc.tmp', 'a.tmp', '1.tmp', '7.tmp', '9.tmp', 'registry.bkp.old']
```

用 os.rename 不仅可以在目录内移动（重命名）文件，还可以在目录之间移动文件。

用 os.remove 可以删除文件：

```
>>> os.remove('book1.doc.tmp')
>>> os.listdir(os.curdir)
['a.tmp', '1.tmp', '7.tmp', '9.tmp', 'registry.bkp.old']
```

注意，不能用 os.remove 删除目录。这是一种安全限制，确保不会因误操作将整个目录都删除了。

正如第 11 章中所述,可以通过写入操作来创建文件。如果要创建目录,请使用 os.makedirs 或 os.mkdir,这两个的区别是,os.makedirs 会连同必要的中间目录一起创建,但 os.mkdir 不会：

```
>>> os.makedirs('mydir')
>>> os.listdir(os.curdir)
['mydir', 'a.tmp', '1.tmp', '7.tmp', '9.tmp', 'registry.bkp.old']
>>> os.path.isdir('mydir')
True
```

要删除目录请使用 os.rmdir，它只删除空目录。如果试图删除非空目录，则会引发异常：

```
>>> os.rmdir('mydir')
>>> os.listdir(os.curdir)
['a.tmp', '1.tmp', '7.tmp', '9.tmp', 'registry.bkp.old']
```

如果要删除非空目录，请使用 shutil.rmtree 函数，它能以递归方式删除目录树中的所有文件。详细用法参见 Python 标准库文档。

pathlib 提供的其他文件操作

以上提到的大多数操作，Path 对象都具备同样功能的方法，但还是有一些区别。iterdir 方法类似于 os.path.listdir 函数，但返回的是路径迭代器而不是字符串列表：

```
>>> new_path = cur_path.joinpath('C:', 'my documents', 'tmp'))
>>> list(new_path.iterdir())
[WindowsPath('book1.doc.tmp'), WindowsPath('a.tmp'), WindowsPath('1.tmp'),
    WindowsPath('7.tmp'), WindowsPath('9.tmp'), WindowsPath('registry.bkp')]
```

注意，在 Windows 环境下，返回的是 WindowsPath 对象。而在 Mac OS 或 Linux 系统中，

返回的是 PosixPath 对象。

pathlib 的 path 对象也内置了一个 glob 方法，返回的也不是字符串列表，而是路径迭代器。不过该方法的行为与 glob.glob 函数十分相像，示例如下：

```
>>> list(cur_path.glob("*"))
[WindowsPath('book1.doc.tmp'), WindowsPath('a.tmp'), WindowsPath('1.tmp'),
    WindowsPath('7.tmp'), WindowsPath('9.tmp'), WindowsPath('registry.bkp')]
>>> list(cur_path.glob("*bkp"))
[WindowsPath('registry.bkp')]
>>> list(cur_path.glob("?.tmp"))
[WindowsPath('a.tmp'), WindowsPath('1.tmp'), WindowsPath('7.tmp'),
    WindowsPath('9.tmp')]
>>> list(cur_path.glob("[0-9].tmp"))
[WindowsPath('1.tmp'), WindowsPath('7.tmp'), WindowsPath('9.tmp')]
```

用 Path 对象的 rename 方法，可以重命名（移动）文件和目录：

```
>>> old_path = Path('registry.bkp')
>>> new_path = Path('registry.bkp.old')
>>> old_path.rename(new_path)
>>> list(cur_path.iterdir())
[WindowsPath('book1.doc.tmp'), WindowsPath('a.tmp'), WindowsPath('1.tmp'),
    WindowsPath('7.tmp'), WindowsPath('9.tmp'),
    WindowsPath('registry.bkp.old')]
```

rename 方法不仅可以在目录内移动（重命名）文件，还可以在目录之间移动文件。

要移除或删除数据文件，请使用 unlink 方法：

```
>>> new_path = Path('book1.doc.tmp')
>>> new_path.unlink()
>>> list(cur_path.iterdir())
[WindowsPath('a.tmp'), WindowsPath('1.tmp'), WindowsPath('7.tmp'),
    WindowsPath('9.tmp'), WindowsPath('registry.bkp.old')]
```

注意，和 os.remove 一样，不能用 unlink 方法来删除目录。这是一种安全性限制，确保不会因误操作将整个目录都删除了。

要通过 path 对象创建目录，请使用 path 对象的 mkdir 方法。如果调用时带了 parents=True 参数，mkdir 方法就会创建必要的中间目录。否则，就会在中间目录不存在时引发 FileNotFoundError：

```
>>> new_path = Path ('mydir')
>>> new_path.mkdir(parents=True)
>>> list(cur_path.iterdir())
[WindowsPath('mydir'), WindowsPath('a.tmp'), WindowsPath('1.tmp'),
    WindowsPath('7.tmp'), WindowsPath('9.tmp'),
    WindowsPath('registry.bkp.old')]]
>>> new_path.is_dir('mydir')
True
```

要删除目录请使用 rmdir 方法，它只删除空目录。如果试图删除非空目录，则会引发异常。

```
>>> new_path = Path('mydir')
>>> new_path.rmdir()
>>> list(cur_path.iterdir())
[WindowsPath('a.tmp'), WindowsPath('1.tmp'), WindowsPath('7.tmp'),
     WindowsPath('9.tmp'), WindowsPath('registry.bkp.old')
```

研究题 12：更多文件操作 该如何计算所有以.txt 结尾文件的总大小，符号链接文件除外？如果先用了 os.path，请用 pathlib 再试一遍，反之亦然。

编写代码将上述.txt 文件移动到同一目录下名为 backup 的新建子目录中。

12.5 处理目录树下的所有文件

最后介绍一个非常有用的函数，用于遍历递归结构的目录，那就是 os.walk 函数。用它可以遍历整个目录树，对每个目录都会返回 3 项数据：该目录的根目录或路径、子目录列表和文件列表。

调用 os.walk 方法时，参数为起始或顶层目录的路径，并且还可带 3 个可选参数：os.walk(top, topdown=True, onerror=None, followlinks=False)。top 是起始目录的路径。如果 topdown 为 True 或未给出，就会先处理目录中的文件，再处理子目录，这会使得结果是从目录树顶部开始向下移动。而如果 topdown 为 False，则会先处理每个目录的子目录，结果就是自下而上遍历目录树。onerror 参数可以被设为一个函数，用于处理由 os.listdir 调用产生的错误，默认会忽略错误。os.walk 默认不会进入符号链接文件夹，除非给出了 followlinks=True 参数。

os.walk 被调用时会创建一个迭代器，对 top 参数中包含的所有目录递归调用自身。也就是说，对 names 中的每个子目录 subdir，os.walk 都以递归方式调用自己，形式为 os.walk(subdir, ...)。注意，如果 topdown 参数为 True 或未给出，则在下一级递归之前可以修改子目录列表（用任何列表修改操作符或方法），可以用这种方式来控制 os.walk 下行到哪个子目录。

为了体会一下 os.walk 的用法，建议对目录树进行迭代，并打印出针对每个目录返回的值。以下例子演示了 os.walk 的强大功能，列出当前工作目录及其所有子目录，给出每个子目录中的条目数，但不包括所有的.git 目录：

```
import os
for root, dirs, files in os.walk(os.curdir):
    print("{0} has {1} files".format(root, len(files)))
    if ".git" in dirs:              ◁——检查是否包含.git 目录
        dirs.remove(".git")         ◁——从目录列表中去除.git（仅限.git 目录）
```

以上例子比较复杂，如果要最大限度地用好 os.walk，可能得花点时间好好运行一番，以便能理解运行过程的细节。

shutil 模块中的 copytree 函数，能够递归地复制目录及其子目录下的所有文件，文件的权限和状态信息（即访问/修改时间）都予以保留。shutil 中还包含上面提到过的 rmtree 函数，可用于删除目录及其所有子目录，还有几个用于复制单个文件的函数。如需要详细信息可参见标准库文档。

12.6 小结

- Python 提供了一些函数和常量，能以独立于底层操作系统的方式处理文件系统引用（路径名），并执行文件系统操作。
- 更为高级、专业的文件系统操作，一般是与某种操作系统或系统相关联的，请查看 Python 主文档的 os、pathlib 和 posix 模块部分。
- 为了方便查找，表 12-1 和表 12-2 汇总列出了本章涉及的各个函数。

表 12-1 文件系统属性值和函数汇总

函 数	文件系统常量或操作
os.getcwd()、Path.cwd()	获取当前目录
os.name	给出当前系统平台的通用标识
sys.platform	给出当前系统平台的特定信息
os.environ	将环境变量映射为字典
os.listdir(path)	获取目录中的文件
os.scandir(path)	获取目录信息，得到的是 os.DirEntry 对象迭代器
s.chdir(path)	改变当前目录
os.path.join(elements)、Path.joinpath(elements)	将参数中的字符串合并到路径中
os.path.split(path)	将路径拆分为主体部分和尾部（路径的最后一部分）
Path.parts	以路径各部分为元素的元组
os.path.splitext(path)	将路径拆分为主体部分和文件扩展名
Path.suffix	路径对象的文件扩展名
os.path.basename(path)	获取路径名中的文件名
Path.name	路径对象的文件名
os.path.commonprefix(list_ of_paths)	获取路径列表中所有路径的共同前缀
os.path.expanduser(path)	将“~”或“~用户名”扩展为完整的路径名
os.path.expandvars(path)	将参数路径中的环境变量扩展为实际路径
os.path.exists(path)	检测某路径是否存在

续表

函　数	文件系统常量或操作
os.path.isdir(path)、Path.is_dir()	检测某路径是否为目录
os.path.isfile(path)、Path.is_file()	检测某路径是否为文件
os.path.islink(path)、Path.is_link()	检测某路径是否为符号链接(Windows 快捷方式不算)
os.path.ismount(path)	检测某路径是否为设备挂载点（mount point）
os.path.isabs(path)、Path.is_absolute()	检测某路径是否为绝对路径
os.path.samefile(path_1, path_2)	检测两个路径是否指向同一个文件
os.path.getsize(path)	获取文件大小
os.path.getmtime(path)	获取文件最后修改时间
os.path.getatime(path)	获取文件最后访问时间
os.rename(old_path, new_path)	对文件重命名
os.mkdir(path)	创建目录
os.makedirs(path)	创建目录及必要的父级目录
os.rmdir(path)	删除目录
glob.glob(pattern)	获取与通配符匹配的文件清单
os.walk(path)	获取目录树下所有的文件名

表 12-2　pathlib 部分属性和方法

方法和属性	属性值或操作
Path.cwd()	获取当前目录
Path.joinpath(elements)或 Path / element / element	将路径各部分组合为新的路径
Path.parts	以路径各部分为元素的元组
Path.suffix	路径中的文件扩展名
Path.name	路径中的文件名
Path.exists()	检测路径是否存在
Path.is_dir()	检测路径是否为目录
Path.is_file()	检测路径是否为文件
Path.is_symlink()	检测路径是否为符号链接（Windows 快捷方式不算）
Path.is_absolute()	检测是否为绝对路径
Path.samefile(Path2)	检测两个路径是否指向同一个文件

续表

方法和属性	属性值或操作
Path1.rename(Path2)	对文件重命名
Path.mkdir([parents=True])	创建目录，如果参数 parents 为 True 则创建必要的父级目录
Path.rmdir()	删除目录
Path.glob(pattern)	获取与通配符匹配的文件清单

第 13 章　文件的读写

本章主要内容

- 打开文件及 file 对象
- 关闭文件
- 以各种模式打开文件
- 读写文本或二进制数据
- 重定向屏幕输入/输出
- 使用 struct 模块
- 用 pickle 将对象存入文件
- 用 shelve 保存对象

13.1　打开文件及 file 对象

最常见的文件操作，可能就是打开并读取其中的数据了。

在 Python 中，可以用内置的 open 函数和多种内置读取操作来打开并读取文件。以下 Python 代码将从名为 myfile 的文本文件中读取一行数据：

```
with open('myfile', 'r') as file_object:
    line = file_object.readline()
```

open 不会读取文件中的内容，而是返回一个 file 对象，可用于访问被打开的文件。file 对象将会对文件及读写位置进行跟踪记录。Python 的所有文件 I/O 操作，都是通过 file 对象而不是文件名来完成的。

第一次调用 readline 将返回 file 对象的第一行，包括第一个换行符在内。如果文件中不包含换行符，则返回整个文件的内容。下一次调用 readline 将返回第二行（如果存在），依此类推。

open 函数的第一个参数是路径名。在以上示例中，要打开的是当前工作目录中的一个已有文件。以下代码将会以绝对路径打开文件 c:\My Documents\test\myfile：

```
import os
file_name = os.path.join("c:", "My Documents", "test", "myfile")
file_object = open(file_name, 'r')
```

另请注意，上面的示例中用到了 with 关键字，这表示打开文件时用到了上下文管理器，第 14 章中将会详细解释。目前只需要记住，这种文件打开方式能对潜在的 I/O 错误进行更好地管理，通常应成为首选方案。

13.2 关闭文件

对 file 对象读写完毕后，应该将其关闭。关闭 file 对象会释放系统资源，并允许该文件能被其他代码读写，通常能提高程序的可靠性。对于小型脚本程序而言，不关闭 file 对象通常不会造成太大的影响。在脚本或程序运行结束时，file 对象将会被自动关闭。对于大型程序来说，打开的 file 对象太多可能会耗尽系统资源，导致程序异常中止。

当 file 对象使用完毕后，可以用 close 方法来关闭它。可以对上面的程序做出如下修改：

```
file_object = open("myfile", 'r')
line = file_object.readline()
# 对 file_object 执行读取操作
file_object.close()
```

利用上下文管理器和 with 关键字，也是一种自动关闭文件的好方法：

```
with open("myfile", 'r') as file_object:
    line = file_object.readline()
    # 对 file_object 执行读取操作
```

13.3 以写入等模式打开文件

open 方法的第二个参数，是表示文件打开方式的字符串。'r'表示“以只读模式打开文件”。'w'表示“以写入模式打开文件”，文件中已有数据将被全部清除。'a'表示“以追加模式打开文件”，新数据将被追加到文件已有数据的末尾。如果打开文件只是为了读取数据，第二个参数可以省略，其默认值就是'r'。以下代码将把“Hello, World”写入文件：

```
file_object = open("myfile", 'w')
file_object.write("Hello, World\n")
file_object.close()
```

open 也可以采用其他一些文件访问模式，这会因操作系统而异。这些模式大部分场合都是用不上的。在编写较为高级的 Python 程序时，可能需要查阅《Python 语言参考手册》以获取详细信息。

open 还有第三个可选参数，定义了文件读写缓冲模式。缓冲（buffering）是将数据暂时保存在内存中，直到需要读取或写入数据足够多，值得花费一次磁盘访问的时间时，再去执行真正的磁盘读写。open 方法的其他参数，则控制着文本文件的编码格式，以及文本文件的换行符处理方式。一般这些参数都不用去关心，但随着 Python 应用水平的提高，可能需要去了解一下。

13.4 读写文本及二进制数据的函数

最常用的文本文件读取函数就是 readline，上面已经介绍过了。该函数将从 file 对象中读取并返回一行数据，包括行尾的换行符。如果文件中没有数据可读了，readline 将返回空字符串，这样就能轻松计算出文件中的文本行数：

```
file_object = open("myfile", 'r')
count = 0
while file_object.readline() != "":
    count = count + 1
print(count)
file_object.close()
```

具体到以上问题，更简短的计数方案是用内置的 readlines 方法。readlines 将读取文件中的所有行，并作为字符串列表返回，每行就是一个字符串，尾部的换行符仍然保留：

```
file_object = open("myfile", 'r')
print(len(file_object.readlines()))
file_object.close()
```

当然，如果要对一个大型文件统计行数，readlines 方法可能会导致计算机内存不足，因为它会一次性将整个文件读入内存。如果要从大型文件中读取一行，偏偏该文件中不含换行符，那么用了 readline 也可能会导致内存溢出，当然这种情况不大可能发生。为了应对这种情况，readline 和 readlines 都可带一个可选参数，可以控制每次读取的数据量。详细信息参见 Python 参考文档。

另一种遍历文件全部数据行的方法，是将 file 对象视为 for 循环中的迭代器：

```
file_object = open("myfile", 'r')
count = 0
for line in file_object:
    count = count + 1
print(count)
file_object.close()
```

迭代器方式具备一个优点，每行数据都是按需读入内存的。因此即便是面对大型文件，也不用担心内存不足的问题。另外，迭代器方式还具有更简单、可读性更好的优点。

在 Windows 和 Macintosh 机器上，如果 open 方法处于文本模式，也就是模式字符串中没有加 b，那就会按照文本模式进行字符转换。这样在调用 read 方法时就可能引发问题。在文本模式下，Macintosh 系统中会将\r 全部转换为"\n"，而在 Windows 系统中则会将"\r\n"转换为"\n"。在打开文件时，可以用 newline 参数来指定换行符的处理方式。设置 newline="\n"、

"\r"或"\r\n"，就能强制将该字符串用作换行符：

```
input_file = open("myfile", newline="\n")
```

以上例子只会把"\n"强制用作换行符。如果文件是在二进制模式下打开的，就不需要用到 newline 参数，因为返回的每个字节都与文件中的完全相同。

与 readline 和 readlines 方法对应的写入方法是 write 和 writelines。注意，不存在 writeline 方法。write 方法将写入一个字符串，如果字符串中包含了换行符，则可以一次写入多行。示例如下：

```
myfile.write ("Hello")
```

write 方法在把参数字符串写入完毕后，不会再输出换行符。如果要在输出内容中换行，必须自行加入换行符。如果以文本模式（w）打开文件，那么所有\n 字符都会被转换为当前平台设定的行结束符，在 Windows 中为'\r\n'，Macintosh 平台中则为'\r'。这里同样可以在打开文件时指定换行符参数，以避免这种自动转换的发生。

writelines 方法其实是用词不当，因为写入的不一定是多行数据。它的参数是个字符串列表，将字符串逐个写入 file 对象，但不会写入换行符。如果列表中的字符串以换行符结尾，则它们将被写成多行，否则在文件中就会紧紧连在一起。不过 writelines 是 readlines 的精确逆操作，可以对 readlines 返回的列表直接使用 writelines，将写入一个与 readlines 读入的文件完全相同的文件。

假设有一个文本文件 myfile.txt，以下代码将为其创建名为 myfile2.txt 的精确副本：

```
input_file = open("myfile.txt", 'r')
lines = input_file.readlines()
input_file.close()
output = open("myfile2.txt", 'w')
output.writelines(lines)
output.close()
```

二进制模式的使用

有时候可能需要把文件中的全部数据读入一个 bytes 对象，尤其是在数据不是字符串的时候，需要将数据全部放入内存，以便当作字节序列来处理。或者是要把从文件中读入的数据视为固定大小的 bytes 对象。例如，正在读取的数据中可能没有给出明确的换行符，而是假定每行都是固定大小的字符序列。为此就该使用 read 方法。如果不带参数，read 方法将从当前位置读取文件中的所有数据，并返回 bytes 对象。如果带了一个整数参数，read 方法将读取该参数指定数量的字节（如果文件中的数据不足则会少于该数量）并返回该参数指定大小的 bytes 对象：

```
input_file = open("myfile", 'rb')
header = input_file.read(4)
data = input_file.read()
```

```
input_file.close()
```

第一行代码以二进制读模式打开一个文件，第二行代码读取前 4 个字节作为标题字符串，第三行代码则读取文件的其余部分作为一整块数据。

记住，以二进制模式打开的文件只能当作字节来处理，而不能视作字符串。如果要把数据当作字符串来使用，必须将 bytes 对象解码为 string 对象。这一点在处理网络协议时往往十分重要，这时的数据流往往与文件的表现很类似，但需要按照字节来进行解析，而不是字符串。

速测题 文件打开模式字符串中加入"b"表示什么意思（如 open("file", "wb")）？假定要打开名为 myfile.txt 的文件，并在其末尾写入一些数据。可以采用什么命令来打开 myfile.txt？用什么命令可以重新打开文件，以便从头开始读取数据？

13.5 用 pathlib 读写文件

除第 12 章介绍的路径操作功能之外，还可用 Path 对象来读写文本和二进制文件。因为不需要执行打开或关闭操作，并且分别对文本和二进制操作提供了单独的方法，所以 Path 对象用起来比较方便。但是，这里有一个限制，就是无法用 Path 的方法追加数据，因为其写入操作会把现有数据全部替换掉：

```
>>> from pathlib import Path
>>> p_text = Path('my_text_file')
>>> p_text.write_text('Text file contents')
18
>>> p_text.read_text()
'Text file contents'
>>> p_binary = Path('my_binary_file')
>>> p_binary.write_bytes(b'Binary file contents')
20
>>> p_binary.read_bytes()
b'Binary file contents'
```

13.6 屏幕输入/输出及重定向

利用内置的 input 函数，可以提示用户并读取其输入的字符串：

```
>>> x = input("enter file name to use: ")
enter file name to use: myfile
>>> x
'myfile'
```

提示行信息是可选参数，输入行末尾的换行符将会被删掉。如果要用 input 读取数值，需要将 input 返回的字符串显式转换为正确的数值类型。以下示例用到了 int：

```
>>> x = int(input("enter your number: "))
enter your number: 39
```

```
>>> x
39
```

input 会把提示信息写入标准输出中，再从标准输入读取数据。通过 sys 模块，可以从较低层访问标准输出、标准输入和标准错误设备，该模块带有 sys.stdin、sys.stdout 和 sys.stderr 属性，可以将这些属性视为专用的 file 对象。

对 sys.stdin 可以使用 read、readline 和 readlines 方法。对于 sys.stdout 和 sys.stderr，可以使用标准 print 函数以及 write 和 writelines 方法，用法与其他 file 对象是一样的：

```
>>> import sys
>>> print("Write to the standard output.")
Write to the standard output.
>>> sys.stdout.write("Write to the standard output.\n")
Write to the standard output.
30                                 <—— sys.stdout.write 会返回已写入的字符数量
>>> s = sys.stdin.readline()
An input line
>>> s
'An input line\n'
```

可以将标准输入重定向为从文件读取，同理，可以将标准输出或标准错误设为写入文件中。然后编写代码用 sys.__stdin__、sys.__stdout__和 sys.__stderr__将它们恢复为初始值：

```
>>> import sys
>>> f = open("outfile.txt", 'w')
>>> sys.stdout = f
>>> sys.stdout.writelines(["A first line.\n", "A second line.\n"])   <—— 此时 outfile.txt 中包含 2 行数据："A first line. "和"A second line. "
>>> print("A line from the print function")
>>> 3 + 4                          <—— 现在 outfile.txt 中包含 3 行数据："A first line."、"A second line." 和 "A line from the print function"
>>> sys.stdout = sys.__stdout__
>>> f.close()
>>> 3 + 4
7
```

在不改变标准输出的情况下，也可以将 print 函数重定向到文件中去：

```
>>> import sys
>>> f = open("outfile.txt", 'w')
>>> print("A first line.\n", "A second line.\n", file=f)   <—— 此时 outfile.txt 中包含 2 行数据："A first line."和"A second line. "
>>> 3 + 4
7
>>> f.close()
>>> 3 + 4
7
```

当标准输出被重定向之后，提示信息和错误的跟踪信息（traceback）可照常显示，但其他输出就看不到了。如果用的是 IDLE，那么用 sys.__stdout__是无法正常显示的，必须直接使用解释器的交互模式。

通常在运行脚本文件或程序时，会采用输入/输出重定向技术。不过在 Windows 中使用交互模式时，可能也会需要暂时把标准输出重定向到文件中，以便能把可能会引起滚屏的输出信息捕获下来。代码清单 13-1 所示的小模块实现了一组提供捕获输出功能的函数。

代码清单 13-1　mio.py 文件

```python
"""mio: module, (contains functions capture_output, restore_output,
     print_file, and clear_file )"""
import sys
_file_object = None

def capture_output(file="capture_file.txt"):
    """capture_output(file='capture_file.txt'): redirect the standard
    output to 'file'."""
    global _file_object
    print("output will be sent to file: {0}".format(file))
    print("restore to normal by calling 'mio.restore_output()'")
    _file_object = open(file, 'w')
    sys.stdout = _file_object

def restore_output():
    """restore_output(): restore the standard output back to the
             default (also closes the capture file)"""
    global _file_object
    sys.stdout = sys.__stdout__
    _file_object.close()
    print("standard output has been restored back to normal")

def print_file(file="capture_file.txt"):
    """print_file(file="capture_file.txt"): print the given file to the
         standard output"""
    f = open(file, 'r')
    print(f.read())
    f.close()

def clear_file(file="capture_file.txt"):
    """clear_file(file="capture_file.txt"): clears the contents of the
         given file"""
    f = open(file, 'w')
    f.close()
```

在上述代码中，capture_output()函数将把标准输出重定向到文件中，默认的文件名为 capture_file.txt。restore_output()函数则把标准输出恢复为默认值。如果不执行 capture_output，print_file()将会把文件显示到标准输出中去，clear_file()会把当前文件内容清除。

动手题：输入/输出的重定向　利用代码清单 13-1 中的 mio.py 模块，编写程序捕获某个脚本的所有显示输出信息，并写入名为 myfile.txt 的文件中。然后将标准输出重置为屏幕，把 myfile.txt 文件的内容显示到屏幕上。

13.7　用 struct 模块读取结构化的二进制数据

一般在处理文件时，不大会用 Python 来读写自定义的二进制数据。如果有简单的数据存储需求，通常最好用文本或字节进行输入/输出。对更加复杂的应用，Python 则提供了 pickle（13.8 节将会介绍），能够轻松完成任意对象的读写。相比直接读写自定义的二进制数据，pickle 能够大幅减少出错概率，强烈推荐使用。

但至少有一种情况下，或许有必要知道该如何读写二进制数据，那就是要处理的文件是由其他程序生成或使用的。本节将会介绍如何用 struct 模块来完成二进制数据的读写，详细信息参见 Python 参考文档。

如上所述，如果以二进制模式打开文件，Python 支持用字节显式地进行二进制输入或输出，而不是采用字符串。但是大多数二进制文件都是依赖特定的结构来解析数据的，因此自行编写代码读取数据并正确拆分为变量值，往往得不偿失。取而代之的是使用标准的 struct 模块，可以将这些字符串数据解释为具有特定含义的带格式的字节序列。

假设需要读取名为 data 的二进制文件，其中包含由 C 程序生成的多条记录。每条记录由 1 个 C 语言的 short 整数、1 个 C 语言的 double 浮点数和 1 个 4 字符的序列组成，字符序列应该被解析为包含 4 字符的字符串。数据要被读入 Python 元组列表中，每个元组包含 1 个整数、1 个浮点数和 1 个字符串。

首先需要定义一个可供 struct 模块解释的格式串（format string），以告知模块记录中的数据是如何封装的。在格式串中，用到了 struct 模块可解释的字符表示记录的数据类型。例如，字符'h'表示 1 个 C 语言的 short 整数，字符'd'表示 1 个 C 语言的 double 浮点数，'s'则表示字符串。这些标记前面都可以带有整数前缀，用来表示数量，本例就可用'4s'表示 4 个字符组成的字符串。因此，本例的数据记录对应的格式串就是'hd4s'。struct 模块可以解释很多数字、字符和字符串格式。详细信息参见《Python 库参考手册》。

在开始读取文件中的记录前，需要弄清楚每次读取的字节数量。好在 struct 模块中有一个 calcsize 函数，参数是格式串，返回的是以这种格式封装的数据字节数。

读取数据记录时，请使用本章前面介绍过的 read 方法。然后用 struct.unpack 函数可根据格式串对读到的记录进行解析来便捷地返回数据元组。读取二进制数据文件的程序非常简单：

```
import struct
record_format = 'hd4s'
record_size = struct.calcsize(record_format)
result_list = []
input = open("data", 'rb')
while 1:
```

```
    record = input.read(record_size)        <—— 读入一条记录
    if record == '':     <——❶
        input.close()
        break
    result_list.append(struct.unpack(record_format, record))   <—— 将数据拆包到元组中，并加入列表
```

如果记录为空且位于文件末尾，则退出循环❶。注意这里没有一致性检查，如果最后一条记录数为奇数，则 struct.unpack 函数引发错误。

可能大家已经猜到了，struct 模块还提供了将 Python 值转换为打包的字节序列的功能。转换是通过 struct.pack 函数完成的，几乎但不完全是 struct.unpack 的逆操作。之所以称为“几乎”，就是因为 struct.unpack 返回的是 Python 值的元组，而 struct.pack 的参数却不是元组。struct.pack 的第一个参数是格式串，然后是填充格式串的多个参数。以下代码以上一个示例中的格式生成一条二进制记录：

```
>>> import struct
>>> record_format = 'hd4s'
>>> struct.pack(record_format, 7, 3.14, b'gbye')
b'\x07\x00\x00\x00\x00\x00\x00\x00\x1f\x85\xebQ\xb8\x1e\t@gbye'
```

struct 模块还提供了更加强大的功能。可以在格式串中插入特殊字符，用于标识以大端字节序（big-endian）、小端字节序（little-endian）或本机字节序（machine-native-endian）读写数据（默认是本机字节序），还可标识 C 语言的 short 整数应该为本机（默认）尺寸还是标准 C 语言的尺寸。如果需要用到这些功能，了解这些功能是很有好处的。详细信息参见《Python 库参考手册》。

速测题：struct 模块 设想一个应用场景，发挥 struct 模块的作用来读写二进制数据。

13.8 用 pickle 将对象存入文件

只需要用到几个函数，Python 就能把任何数据结构写入文件，再从文件中读回并重建该数据结构。这种功能很特殊但可能很有用，因为能少写很多代码。光是把程序运行状态转储到文件中，就够写好几页的代码了。把状态数据从文件中读回来，又得写差不多数量的代码。

Python 通过 pickle 模块提供了上述功能，既强大又易用。假定程序的全部状态都保存在 3 个变量 a、b 和 c 中。以下代码就可以把状态数据保存到 state 文件中：

```
import pickle
.
.
.
file = open("state", 'wb')
pickle.dump(a, file)
pickle.dump(b, file)
pickle.dump(c, file)
file.close()
```

无论在 a、b、c 中保存什么数据，都是可以的，可以是简单的数值，也可以很复杂，例如，

包含用户自定义类的实例的字典列表。用 pickle.dump 一切皆可保存。

后续如果要把数据读回来，可以如下操作：

```
import pickle
file = open("state", 'rb')
a = pickle.load(file)
b = pickle.load(file)
c = pickle.load(file)
file.close()
```

pickle.load 将之前保存在变量 a、b、c 中的数据恢复回来了。

pickle 模块几乎可以用这种方式保存任何对象。它可以处理列表、元组、数字、字符串、字典，以及由这些类型的对象组成的任何对象，包括所有类的实例。它还能够正确处理共享对象、循环引用（cyclic reference）和其他的复杂内存结构。共享对象只会被保存一次，并能恢复为共享对象，而不是相同的副本。但是代码对象（Python 用于存储字节编译码）和系统资源（如文件或套接字）无法用 pickle 进行转储。

通常不会把程序的所有状态都用 pickle 保存下来。例如，大多数应用程序都可以同时打开多个文档。如果把程序的所有状态都保存了下来，实际上就会把所有打开的文档都保存在一个文件中。如果只需要保存和恢复感兴趣的数据，有一种简单高效的做法就是编写一个保存函数，把需要保存的数据都存入字典对象，然后用 pickle 把字典对象保存下来。之后可以用对应的恢复函数把字典对象读回来（仍然是通过 pickle），并将字典对象中的数据分别赋给相应的变量。这种技术还具备一个优点，就是读回数据时顺序不可能出错，也就是读取时的顺序一定与存储时的顺序相同。如果对上述例子应用这种做法，代码应该如下所示：

```
import pickle
.
.
.
def save_data():
    global a, b, c
    file = open("state", 'wb')
    data = {'a': a, 'b': b, 'c': c}
    pickle.dump(data, file)
    file.close()

def restore_data():
    global a, b, c
    file = open("state", 'rb')
    data = pickle.load(file)
    file.close()
    a = data['a']
    b = data['b']
    c = data['c']
```

以上例子多少有点勉强，交互模式下的顶级变量可能不会需要经常把状态保存下来。

下面这个比较真实的应用程序，是在第 7 章的缓存例程基础上进行了扩展。在第 7 章中，调用了一个相当耗时的带 3 个参数的函数。在程序运行过程中，很多对该函数的调用最终都用到了相同的参数。通过将结果缓存到字典中，并将调用参数作为字典键，可以获得显著的性能提升。但还有一种情况，该程序可能会分成多个会话运行多次，时间跨度可能是几天、几周或几个月。因此，利用 pickle 将缓存保存起来，就可以避免每次开启会话后都要重新开始计算。代码清单 13-2 给出的是可能实现该目标的简化版模块。

代码清单 13-2 sole.py 文件

```
"""sole module: contains functions sole, save, show"""
import pickle
_sole_mem_cache_d = {}
_sole_disk_file_s = "solecache"
file = open(_sole_disk_file_s, 'rb')    ←—— 加载模块时执行的初始化代码
_sole_mem_cache_d = pickle.load(file)
file.close()

def sole(m, n, t):          ←—— 公有函数
    """sole(m, n, t): perform the sole calculation using the cache."""
    global _sole_mem_cache_d
    if _sole_mem_cache_d.has_key((m, n, t)):
        return _sole_mem_cache_d[(m, n, t)]
    else:
       # 做一些消耗时间的计算
       _sole_mem_cache_d[(m, n, t)] = result
        return result

def save():
    """save(): save the updated cache to disk."""
    global _sole_mem_cache_d, _sole_disk_file_s
    file = open(_sole_disk_file_s, 'wb')
    pickle.dump(_sole_mem_cache_d, file)
    file.close()

def show():
    """show(): print the cache"""
    global _sole_mem_cache_d
    print(_sole_mem_cache_d)
```

上述代码已假定缓存文件已经存在。如果想让代码跑起来，请按以下步骤初始化缓存文件：

```
>>> import pickle
>>> file = open("solecache",'wb')
>>> pickle.dump({}, file)
>>> file.close()
```

当然，这里还需要把“# 做一些消耗时间的计算”部分替换为实际的计算过程。注意，如果是在生产代码中，这是一种可能会用绝对路径作为缓存文件名的情况。此外，这里没有对并发做出处理。如果有两个人运行的会话时间有重叠，则只有最后一个人的状态能被保存下来。如果这种情况会引发问题，可以在 save 函数中采用字典的 update 方法，以便大幅限制时间窗口重叠。

不宜使用 pickle 的理由

虽然在上面的场景中，使用经过 pickle 保存的对象具备一定的价值，但还是应该了解一下 pickle 的缺点。

- 作为一种序列化手段，pickle 速度不算特别快，空间利用率也不够高。哪怕用 JSON 格式来保存序列化后的对象，也比 pickle 更快，磁盘文件也更小。
- pickle 不够安全，如果以 pickle 方式加载恶意内容，就能在机器上执行任意代码。因此，只要 pickle 文件存在被想修改的人访问的任何可能，就应该避免使用 pickle 方式。

速测题：pickle　pickle 是否适合以下应用场景，请给出理由。

（A）保存一些状态变量，以供下一次运行时使用

（B）保存比赛的高分排名表

（C）保存用户名和密码

（D）保存大型的英语词汇字典

13.9　用 shelve 保存对象

本节的话题有点高级，但肯定不难理解。可以将 shelve 对象视为一个字典，只不过数据是存储在磁盘文件中，而不是内存中。这就表示仍可以方便地通过键来访问数据，但是数据量不再受内存大小的限制了。

对于那些需要在大文件中存储或访问小块数据的人来说，本节内容可能是最令他们感兴趣的。因为 Python 的 shelve 模块正好完成了这项任务，允许在大文件中读写小块数据，而无须读写整个文件。对于频繁访问大型文件的应用程序而言（如数据库应用程序），可以减少大量的访问时间。就像 pickle 模块（shelve 中用到了）一样，shelve 模块十分简单。

本节将会通过一个地址簿应用来介绍 shelve 模块。这类数据通常比较小，完全可以在应用程序启动时读入整个地址簿文件，并在应用程序结束时把文件写出去。如果由于交际甚广导致地址簿过于庞大，那么最好采用 shelve 模块，也就不用操心大小问题了。

假定地址簿中的每个条目都是包含 3 个元素的元组，分别表示某人的名称、电话号码和地址。所有条目都根据姓氏编制了索引。这种设定比较简单，所以应用程序在 Python shell 的交互式会话中即可实现。

首先导入 shelve 模块，然后打开地址簿文件。如果文件不存在，shelve.open 会自动创建一个：

```
>>> import shelve
>>> book = shelve.open("addresses")
```

然后添加一些条目。注意，要把 shelve.open 返回的对象视作是一个字典，虽然这个字典

只能用字符串作为键：

```
>>> book['flintstone'] = ('fred', '555-1234', '1233 Bedrock Place')
>>> book['rubble'] = ('barney', '555-4321', '1235 Bedrock Place')
```

最后，关闭文件并结束会话：

```
>>> book.close()
```

然后，在同一个目录中再次启动 Python，并打开同一个地址簿文件：

```
>>> import shelve
>>> book = shelve.open("addresses")
```

下面不再输入数据，而是查看一下刚才存入的数据是否还在：

```
>>> book['flintstone']
('fred', '555-1234', '1233 Bedrock Place')
```

shelve.open 在以上第一个交互式会话中创建的地址簿文件，就像是一个持久化的字典。虽然没有显式地执行磁盘写入操作，但是前面输入的数据也已被保存到磁盘中了。这正是 shelve 完成的工作。

概括起来说，shelve.open 返回的是一个 shelf 对象，可以对其进行基本的字典操作，包括对键赋值或查找、del、in 和 keys 方法。但与普通的字典对象不同，shelf 对象把数据存在磁盘上，而不是保存于内存中。可惜与字典相比，shelf 对象确实存在一个重要限制，即只能用字符串作键，而字典对象的键，则允许使用相当多的类型。

shelf 对象在处理大型数据集时，比字典对象更具优势，理解这一点是非常重要的。shelve.open 能保证文件的可访问性，因为不会将整个 shelf 对象文件全都读入内存，仅在需要时才会访问文件（通常是在查找元素时），并且文件结构的编排模式能够保证数据查找非常快。即便数据文件非常庞大，也只需要几次磁盘访问就能在文件中找到对象，这可以在多个方面提高程序的性能。因为不用将可能的大文件读入内存，所以程序的启动速度可能更快。此外，可供程序使用的物理内存会增加，被交换到虚拟内存的代码则会减少，因此程序执行速度就会提高。内存中可容纳的数据增加了，能够同时操作的数据也就更多。

shelve 模块的使用是有一些限制的。如前所述，shelf 对象的键只能是字符串。不过任何可由 pickle 序列化的 Python 对象，都可以保存在 shelf 对象的键下。此外，shelf 对象不适合用作多用户数据库，因为未提供对并发访问的控制。请确保在使用完毕后关闭 shelf 对象，有时为了把改动（新增或删除条目）写回磁盘，也需要执行关闭操作。

如上所述，代码清单 13-1 中的缓存例程，是应用 shelve 的理想示例。例如，再不用靠用户来把工作状态显式保存到磁盘上去了。唯一的问题可能是，写回文件时失去了对写入操作的底层控制。

速测题：shelf shelf 对象的用法与字典非常相像，有哪些方面存在差异？使用 shelf 对象会有什么缺点？

研究题 13：wc 程序的最后一次修正 查阅一下 wc 实用程序的 man 说明，它带有两个功能非常相像的命令行参数。-c 能让程序计算文件的字节数，-m 则对字符进行计数。有时候一个 Unicode 字符可能占据两个或两个以上的字节。此外，如果参数中给出了文件，wc 就会读取该文件并进行处理。如果没有给出文件，它就会从 stdin 读取并进行处理。

请重写自编的 wc 程序，实现对字节数和字符数的计数，以及从文件和标准输入读取数据的功能。

13.10 小结

- Python 中的文件输入/输出，可以采用多种内置函数来完成打开、读取、写入和关闭操作。
- 除文本读写功能之外，struct 模块还能读写经过封装的二进制数据。
- 模块 pickle 和 shelve 为保存和访问任何复杂的 Python 数据结构提供了简便、安全、强大的解决方案。

第 14 章　异常

本章主要内容

- 了解异常
- 处理 Python 中的异常
- 使用 with 关键字

本章将会介绍异常，这是一种语言特性，专门用于处理程序执行期间的不正常情况。异常的最常见用途就是处理程序执行期间出现的错误，但也可以有效用于很多其他目的。Python 提供的异常已经很全了，用户还可以根据自己的目的定义新的“异常”。

异常作为错误处理机制，已经存在有一段时间了。C 和 Perl 是最常用的系统和脚本语言，但它们都不支持异常，即便是使用 C++这类语言（已包含了对异常的支持）的程序员也经常对异常不甚熟悉。本章不会假定大家对异常都已熟悉，而是会给出详细的说明。

14.1　异常简介

下面将介绍一下异常及其用法。如果对异常已经很熟悉，则可以直接跳到 14.2 节。

14.1.1　错误和异常处理的一般原则

任何程序都可能在运行时遭遇错误。为了说明异常的概念，请考虑字处理程序会有把文件写入磁盘的情况，但有可能数据尚未写完就把磁盘空间耗尽了。解决这个问题的办法有很多。

1．方案 1：不做处理

处理磁盘空间问题的最简单的方案，就是假定写入任何文件都会有充足的磁盘空间，根本不用去操心。遗憾的是，这似乎是最常用的方案。对处理少量数据的小型程序而言，一般还说得过去。但对运行关键任务的程序来说，这是完全不能接受的。

2. 方案 2：所有函数都返回成功/失败状态信息

比不做处理高明一步的错误处理方案，是意识到错误可能会发生，并利用语言提供的标准机制来定义一种检测和处理错误的方案。实现的方式有很多种，典型的方式是让每个函数或过程都返回状态值，标识出这次函数或过程调用是否执行成功。执行成功时的结果值，可以通过引用类型的参数回传。

现在请考虑一下，这种解决方案如何应用于设想中的字处理程序。假定程序会调用一个 save_to_file 函数，以便将当前文档保存到文件中去。该函数将会调用多个子函数，将整个文档的不同部分存入文件。例如，save_text_to_file 用于保存实际的文档文本，save_prefs_to_file 用于保存文档的用户配置信息，save_formats_to_file 用于保存文档的用户自定义格式，等等。这些子函数都可以相应地调用各自的子函数，把更细小的部分存入文件。最底层则是内置的系统函数，将原始格式的数据写入文件，并且报告文件写入操作的成功或失败信息。

在可能产生磁盘空间错误的每个函数中，都可以放入错误处理代码，但这种做法没有多大意义。错误处理代码唯一能做的事情，就是打开一个对话框，告诉用户磁盘空间不足了，要求用户删除一些文件并再次保存。在所有磁盘写入操作的地方，都复制这段代码，这没有什么意义。应该把错误处理代码放入磁盘写入的主函数 save_to_file 当中。

不幸的是，为了能确定何时该调用错误处理代码，save_to_file 对调用的每个磁盘写入函数都必须检查磁盘空间错误，并返回标识磁盘写入成功或失败的状态值。此外，save_to_file 函数也必须在每次调用磁盘写入函数时都显式检查是否成功，哪怕它不关心函数是否返回失败也需要检查。使用类 C 语法的代码将如下所示：

```
const ERROR = 1;
const OK = 0;
int save_to_file(filename) {
    int status;
    status = save_prefs_to_file(filename);
    if (status == ERROR) {
        ...处理错误...
    }
    status = save_text_to_file(filename);
    if (status == ERROR) {
        ...处理错误...
    }
    status = save_formats_to_file(filename);
    if (status == ERROR) {
        ...处理错误...
    }
    .
    .
    .
}
int save_text_to_file(filename) {
    int status;
```

```
    status = ...调用底层函数来写入文本大小...
    if (status == ERROR) {
        return(ERROR);
    }
    status = ...调用底层函数来写入实际的文本数据...
    if (status == ERROR) {
        return(ERROR);
    }
    .
    .
    .
}
```

在函数 save_prefs_to_file 和 save_formats_to_file 中，以及需要直接或以调用函数方式写入 filename 文件的函数中，都要采用同样的处理方式。

在这种方式下，只要调用时有引发错误的可能，发起调用的函数和过程里就需要包含检查错误的代码，因此用于检测和处理错误的代码可能会成为整个程序的重头戏。程序员通常不会把时间或精力投入这种全面的错误检查，程序最终会变得不够可靠，容易崩溃。

3. 方案 3：异常机制

在上一种方案的程序中，绝大部分的错误检查代码显然都是重复的。代码对每次文件写入错误都要进行检查，并在检测到错误时将错误状态消息回传给发起调用的过程。磁盘空间错误只在一个地方得以处理，就是在最外层的 save_to_file 函数中。也就是说，大部分错误处理代码只是“管道”（plumb）代码，用于将引发错误的地方和处理错误的地方连通。真正要做的事情其实应该是去掉管道代码，写成如下的代码：

```
def save_to_file(filename)
    尝试执行以下代码块
        save_text_to_file(filename)
        save_formats_to_file(filename)
        save_prefs_to_file(filename)
          .
          .
          .
    除非，执行上述代码块时磁盘空间不足，那就执行以下代码
          ...处理错误...

def save_text_to_file(filename)
    ...调用底层函数来写入文本大小...
    ...调用底层函数来写入实际的文本数据...
    .
    .
    .
```

这里的错误处理代码完全从下级函数中移除了，错误由系统内置的文件写入函数生成，并直接传到 save_to_file 函数，交由错误处理代码直接处理。虽然用 C 语言无法编写这段代码，但是提供“异常”机制的语言就能准确支持这种方式，Python 当然就是这样一种语言。异常机制可以让代码更加清晰，错误处理得更加到位。

14.1.2 异常较为正式的定义

产生异常的动作被称为*引发*（raise）或*抛出*（throw）异常。在上面的示例中，所有的异常都是由磁盘写入函数引发的。不过异常也可以由其他任何函数引发，或者由自己的代码显式引发。在上述示例中，如果磁盘空间不足，底层的磁盘写入函数（代码中未给出）就会引发异常。

响应异常的动作被称为*捕获*（catch）异常，处理异常的代码则称为*异常处理代码*（exception-handling code）或简称为*异常处理程序*（exception handler）。在上述示例中，“除非，……”这行将会捕获磁盘写入异常，“……处理错误……”处的代码应该是磁盘写入异常（空间不足）的异常处理程序。异常处理程序还可以有很多，以便处理其他类型的异常，甚至对于同一类异常，也可以存在其他异常处理程序，只是位于代码的其他位置。

14.1.3 多种异常的处理

根据引发异常的事件不同，程序可能需要采取不同的操作。磁盘空间耗尽、内存不足、除零错误，引发这些异常时的处理方式都完全不同。处理多种异常的方案之一，就是全局记录一条标识异常原因的错误消息，并让所有的异常处理程序都检查该错误消息并进行适当的操作。实践证明，采用另一种方案会灵活得多。

与大多数实现了异常机制的现代语言一样，Python 并不是只定义了一种异常，而是定义多种不同类型的异常，对应于可能发生的各种问题。根据底层事件的不同，可以引发不同类型的异常。此外，还可以让捕获异常的代码仅捕获特定类型的异常。本章上面方案 3 的伪代码中，就用到了这种特性。“除非，执行上述代码块时磁盘空间不足，那就执行以下代码”，此句伪代码就指定了，本段异常处理代码只对磁盘空间异常感兴趣。这段异常处理代码不会捕获其他类型的异常。其他类型的异常可能会由数字异常处理程序捕获，如果不存在对应类型异常的处理程序，那就会导致程序提前退出并报错。

14.2 Python 中的异常

本章剩余部分将会专门介绍 Python 内置的异常机制。整个 Python 异常机制都是按照面向对象的规范搭建的，这使得它灵活而又兼具扩展性。即便大家对面向对象编程（object-oriented programming，OOP）不太熟悉，使用异常时也无须特地去学习面向对象技术。

异常是 Python 函数用 `raise` 语句自动生成的对象。在异常对象生成后，引发异常的 `raise` 语句将改变 Python 程序的执行方式，这与正常的执行流程不同了。不是继续执行 `raise` 的下一条语句，也不执行生成异常后的下一条语句，而是检索当前函数调用链，查找能够处理当前异常的处理程序。如果找到了异常处理程序，则会调用它，并访问异常对象获取更多信息。如果找不到合适的异常处理程序，程序将会中止并报错。

请求容易认可难

总体而言，Python 对待错误处理的方式与 Java 等语言的常见方式不同。那些语言有赖于在错误发生之前就尽可能地检查出来，因为在错误发生后再来处理异常，往往要付出各种高昂的成本。本章第一节已对这种方式有所介绍，有时也被称为“三思而后行”（Look Before You Leap, LBYL）方式。

而 Python 可能更依赖于“异常”，在错误发生之后再做处理。虽然这种依赖看起来可能会有风险，但如果“异常”能使用得当，代码就会更加轻巧，可读性也更好，只有在发生错误时才会进行处理。这种 Python 式的错误处理方法通常被称为“先斩后奏”（Easier to Ask Forgiveness than Permission, EAFP）。

14.2.1 Python 异常的类型

为了能够正确反映引发错误的实际原因，或者需要报告的异常情况，可以生成各种不同类型的异常对象。Python 3.6 提供的异常对象有很多类型：

```
BaseException
    SystemExit
    KeyboardInterrupt
    GeneratorExit
    Exception
        StopIteration
        ArithmeticError
            FloatingPointError
            OverflowError
            ZeroDivisionError
        AssertionError
        AttributeError
        BufferError
        EOFError
        ImportError
            ModuleNotFoundError
        LookupError
            IndexError
            KeyError
        MemoryError
        NameError
            UnboundLocalError
        OSError
            BlockingIOError
            ChildProcessError
            ConnectionError
                BrokenPipeError
                ConnectionAbortedError
                ConnectionRefusedError
                ConnectionResetError
            FileExistsError
            FileNotFoundError
            InterruptedError
            IsADirectoryError
```

```
            NotADirectoryError
            PermissionError
            ProcessLookupError
            TimeoutError
        ReferenceError
        RuntimeError
            NotImplementedError
            RecursionError
        SyntaxError
            IndentationError
                TabError
        SystemError
        TypeError
        ValueError
            UnicodeError
                UnicodeDecodeError
                UnicodeEncodeError
                UnicodeTranslateError
        Warning
            DeprecationWarning
            PendingDeprecationWarning
            RuntimeWarning
            SyntaxWarning
            UserWarning
            FutureWarning
            ImportWarning
            UnicodeWarning
            BytesWarningException
            ResourceWarning
```

Python 的异常对象是按层级构建的，上述异常列表中的缩进关系正说明了这一点。正如第 10 章中所示，可以从`__builtins__`模块中获取按字母顺序排列的异常对象清单。

每种异常都是一种 Python 类，继承自父异常类。但大家如果还未接触过 OOP，也不必担心。例如，`IndexError` 也是 `LookupError` 类和 `Exception` 类（通过继承），且还是 `BaseException`。

这种层次结构是有意为之的，大部分异常都继承自 `Exception`，强烈建议所有的用户自定义异常也都应是 `Exception` 的子类，而不要是 `BaseException` 的子类。理由如下。

```
try:
    # 执行一些异常操作
except Exception:
    # 处理异常
```

上述代码中，仍旧可以用 Ctrl+C 中止 `try` 语句块的执行，且不会引发异常处理代码。因为 `KeyboardInterrupt` 异常不是 `Exception` 的子类。

虽然在文档中可以找到每种异常的解释，但最常见的几种异常通过动手编程就能很快熟悉了。

14.2.2　引发异常

异常可由很多 Python 内置函数引发：

```
>>> alist = [1, 2, 3]
>>> element = alist[7]
Traceback (innermost last):
  File "<stdin>", line 1, in ?
IndexError: list index out of range
```

Python 内置的错误检查代码，将会检测到第二行请求读取的列表索引值不存在，并引发 IndexError 异常。该异常一直传回顶层，也就是交互式 Python 解释器，解释器对其处理的方式是打印出一条消息表明发生了异常。

在自己的代码中，还可以用 raise 语句显式地引发异常。raise 语句最基本的形式如下：

```
raise exception(args)
```

exception(args)部分会创建一个异常对象。新异常对象的参数通常应是有助于确定错误情况的值，后续将会介绍。在异常对象被创建之后，raise 会将其沿着 Python 函数堆栈向上层抛出，也就是当前执行到 raise 语句的函数。新创建的异常将被抛给堆栈中最近的类型匹配的异常捕获代码块。如果直到程序顶层都没有找到相应的异常捕获代码块，程序就会停止运行并报错，在交互式会话中则会把错误消息打印到控制台。

请尝试以下代码：

```
>>> raise IndexError("Just kidding")
Traceback (innermost last):
  File "<stdin>", line 1, in ?
IndexError: Just kidding
```

上面用 raise 生成的消息，乍一看好像与之前所有的 Python 列表索引错误消息都很类似。再仔细查看一下就会发现，情况并非如此。实际的错误并不像之前的错误那么严重。

创建异常时，常常会用到字符串参数。如果给出了第一个参数，大部分内置 Python 异常都会认为该参数是要显示出来的信息，作为对已发生事件的解释。不过情况并非总是如此，因为每个异常类型都有自己的类，创建该类的异常时所需的参数，完全由类的定义决定。此外，由程序员创建的自定义异常，经常用作错误处理之外的用途，因此可能并不会用文本信息作为参数。

14.2.3　捕获并处理异常

异常机制的重点，并不是要让程序带着错误消息中止运行。要在程序中实现中止功能，从来都不是什么难事。异常机制的特别之处在于，不一定会让程序停止运行。通过定义合适的异常处理代码，就可以保证常见的异常情况不会让程序运行失败。或许可以通过向用户显示错误消息或其他方法，或许还可能把问题解决掉，但是不会让程序崩溃。

以下演示了 Python 异常捕获和处理的基本语法，用到了 try、except，有时候还会用 else

关键字：

```
try:
    body
except exception_type1 as var1:
    exception_code1
except exception_type2 as var2:
    exception_code2
    .
    .
    .
except:
    default_exception_code
else:
    else_body
finally:
    finally_body
```

首先执行的是 try 语句的 body 部分。如果执行成功，也就是 try 语句没有捕获到有异常抛出，那就执行 else_body 部分，并且 try 语句执行完毕。因为这里有条 finally 语句，所以接着会执行 finally_body 部分。如果有异常向 try 抛出，则会依次搜索各条 except 子句，查找关联的异常类型与抛出的异常匹配的子句。如果找到匹配的 except 子句，则将抛出的异常赋给变量，变量名在关联异常类型后面给出，并执行匹配 except 子句内的异常处理代码。例如，except exception_type as var:这行匹配上了某抛出的异常 exc，就会创建变量 var，并在执行该 except 语句的异常处理代码之前，将 var 的值赋为 exc。var 不是必需的，可以只出现 except exception_type：这种写法，给定类型的异常仍然能被捕获，只是不会把异常赋给某个变量了。

如果没有找到匹配的 except 子句，则该 try 语句就无法处理抛出的异常，异常会继续向函数调用链的上一层抛出，期望有外层的 try 能够处理。

try 语句中的最后一条 except 子句，可以完全不指定任何异常类型，这样就会处理所有类型的异常。对于某些调试工作和非常快速的原型开发，这种技术可能很方便。但通常这不是个好做法，所有错误都被 except 子句掩盖起来了，可能会让程序的某些行为令人难以理解。

try 语句的 else 子句是可选的，也很少被用到。当且仅当 try 语句的 body 部分执行时没有抛出任何错误时，else 子句才会被执行。

try 语句的 finally 子句也是可选的，在 try、except、else 部分都执行完毕后执行。如果 try 块中有异常引发并且没被任何 except 块处理过，那么 finally 块执行完毕后会再次引发该异常。因为 finally 块始终会被执行，所以能在异常处理完成后，通过关闭文件、重置变量之类的操作提供一个加入资源清理代码的机会。

动手题：捕获异常 编写代码读取用户输入的两个数字，将第一个数字除以第二个数字。检查并捕获第二个数字为 0 时的异常（ZeroDivisionError）。

14.2.4 自定义新的异常

定义自己的异常十分简单。用以下两行代码就能搞定：

```
class MyError(Exception):
    pass
```

上述代码创建了一个类，该类将继承基类 Exception 中的所有内容。不过如果不想弄清楚细节，则大可不必理会。

以上异常可以像其他任何异常一样引发、捕获和处理。如果给出一个参数，并且未经捕获和处理，参数值就会在跟踪信息的最后被打印出来：

```
>>> raise MyError("Some information about what went wrong")
Traceback (most recent call last):
  File "<stdin>", line 1, in <module>
__main__.MyError: Some information about what went wrong
```

当然，上述参数在自己编写的异常处理代码中也是可以访问到的：

```
try:
    raise MyError("Some information about what went wrong")
except MyError as error:
    print("Situation:", error)
```

运行结果将如下所示：

```
Situation: Some information about what went wrong
```

如果引发异常时带有多个参数，这些参数将会以元组的形式传入异常处理代码中，元组通过 error 变量的 args 属性即可访问到：

```
try:
    raise MyError("Some information", "my_filename", 3)
except MyError as error:
    print("Situation: {0} with file {1}\n error code: {2}".format(
        error.args[0],
error.args[1], error.args[2]))
```

运行结果将如下所示：

```
Situation: Some information with file my_filename
error code: 3
```

异常类型是常规的 Python 类，并且继承自 Exception 类，所以建立自己的异常类型层次架构，供自己的代码使用，就是一件比较简单的事情。第一次阅读本书时，不必关心这一过程。读完第 15 章之后，可以随时回来看看。如何创建自己的异常，完全由需求决定。如果正在编写的是个小型程序，可能只会生成一些唯一的错误或异常，那么如上所述采用 Exception 类的子类即可。如果正在编写大型的、多文件的、完成特定功能的代码库（如天气预报库），那就可以考虑单独定义一个名为 WeatherLibraryException 的类，然后将库中所有的不同异常都定义为 WeatherLibraryException 的子类。

速测题："异常"类 假设 MyError 继承自 Exception 类，请问 except Exception as e 和 except MyError as e 有什么区别？

14.2.5 用 assert 语句调试程序

assert 语句是 raise 语句的特殊形式：

```
assert expression, argument
```

如果 expression 的结算结果为 False，同时系统变量__debug__也为 True，则会引发携带可选参数 argument 的 AssertionError 异常。__debug__变量默认为 True。带-O 或 -OO 参数启动 Python 解释器，或将系统变量 PYTHONOPTIMIZE 设为 True，则可以将__debug__置为 False。可选参数 argument 可用于放置对该 assert 的解释信息。

如果__debug__为 False，则代码生成器不会为 assert 语句创建代码。在开发阶段，可以用 assert 语句配合调试语句对代码进行检测。assert 语句可以留存在代码中以备将来使用，在正常使用时不存在运行开销：

```
>>> x = (1, 2, 3)
>>> assert len(x) > 5, "len(x) not > 5"
Traceback (most recent call last):
  File "<stdin>", line 1, in <module>
AssertionError: len(x) not > 5
```

动手题：assert 语句 请编写一个简单的程序，让用户输入一个数字，利用 assert 语句在数字为 0 时引发异常。首先请测试以确保 assert 语句的执行，然后通过本小节提到的方法禁用 assert。

14.2.6 异常的继承架构

之前已经介绍过，Python 的异常是分层的架构。本节将对这种架构作深入介绍，包括这种架构对于 except 子句如何捕获异常的意义。

请看以下代码：

```
try:
    body
except LookupError as error:
    exception code
except IndexError as error:
    exception code
```

这里将会捕获 IndexError 和 LookupError 这两种异常。正巧 IndexError 是 LookupError 的子类。如果 body 抛出 IndexError，那么错误会首先被"except LookupError as error:"这行检测到。由于 IndexError 继承自 LookupError，因此第一条 except 子句会

成功执行，第二条 except 子句永远不会用到，因为它的运行条件被第一条 except 子句包含在内了。

相反，将两条 except 子句的顺序互换一下，可能就有意义了。这样第一条子句将处理 IndexError，第二条子句将处理除 IndexError 之外的 LookupError。

14.2.7 示例：用 Python 编写的磁盘写入程序

本节将重新回到字处理程序的例子，在把文档写入磁盘时，该程序需要检查磁盘空间不足的情况：

```
def save_to_file(filename) :
    try:
       save_text_to_file(filename)
       save_formats_to_file(filename)
       save_prefs_to_file(filename)
       .
       .
       .
    except IOError:
       ...处理错误...
def save_text_to_file(filename):
    ...调用底层函数来写入文本大小...
    ...调用底层函数来写入实际的文本数据...
    .
    .
    .
```

注意，错误处理代码很不显眼，在 save_to_file 函数中与一系列磁盘写入调用放在一起了。那些磁盘写入子函数都不需要包含任何错误处理代码。程序一开始会比较容易开发，以后要添加错误处理代码也很简单。程序员经常这么干，尽管这种实现顺序不算最理想。

还有一点也值得注意，上述代码并不是只会对磁盘满的错误做出响应，而是会响应所有 IOError 异常。Python 的内置函数无论何时无法完成 I/O 请求，不管什么原因都会自动引发 IOError 异常。可能这么做能满足需求，但如果要单独识别磁盘已满的情况，就得再做一些操作。可以在 except 语句体中检查磁盘还有多少可用空间。如果磁盘空间不足，显然是发生了磁盘满的问题，应该在 except 语句体内进行处理。如果不是磁盘空间问题，那么 except 语句体中的代码可以向调用链的上层抛出该 IOError，以便交由其他的 except 语句体去处理。如果这种方案还不足以解决问题，那么还可以进行一些更为极端的处理，例如，找到 Python 磁盘写入函数的 C 源代码，并根据需要引发自定义的 DiskFull 异常。最后的这种方案并不推荐，但在必要时应该知道有这种可能性的存在，这是很有意义的。

14.2.8 示例：正常计算过程中的异常

异常最常见的用途就是处理错误，但在某些应被视作正常计算过程的场合，也会非常有用。

设想一下电子表格程序之类的实现时可能会遇到的问题。像大多数电子表格一样，程序必须能实现涉及多个单元格的算术运算，并且还得允许单元格中包含非数字值。在这种应用程序中，进行数值计算时碰到的空白单元格，其内容可能被视作 0 值。包含任何其他非数字字符串的单元格可能被视作无效，并表示为 Python 的 None 值。任何涉及无效值的计算，都应返回无效值。

下面首先编写一个函数，用于对电子表格单元格中的字符串进行求值，并返回合适的值：

```
def cell_value(string):
    try:
        return float(string)
    except ValueError:
        if string == "":
            return 0
        else:
            return None
```

Python 的异常处理能力使这个函数写起来十分简单。在 try 块中，将单元格中的字符串用内置 float 函数转换为数字，并返回结果。如果参数字符串无法转换为数字，float 函数会引发 ValueError 异常。然后异常处理代码将捕获该异常并返回 0 或 None，具体取决于参数字符串是否为空串。

有时候在求值时可能必须要对 None 值做出处理，下一步就来解决这个问题。在不带异常机制的编程语言中，常规方案就是定义一组自定义的算术求值函数，自行检查参数是否为 None，然后用这些自定义函数取代内置函数，执行所有电子表格计算。但是，这个过程会非常耗时且容易出错。而且实际上这是在电子表格程序中自建了一个解释器，所以会导致运行速度的降低。本项目采用的是另一种方案。所有电子表格公式实际上都可以是 Python 函数，函数的参数是被求值单元格的 x、y 坐标和电子表格本身，用标准的 Python 算术操作符计算结果，用 cell_value 从电子表格中提取必要的值。可以定义一个名为 safe_apply 的函数，在 try 块中用相应参数完成公式的调用，根据公式是否计算成功，返回其计算结果或者返回 None：

```
def safe_apply(function, x, y, spreadsheet):
    try:
        return function(x, y, spreadsheet)
    except TypeError:
        return None
```

上述两步改动，足以在电子表格的语义中加入空值（None）的概念。如果不用异常机制来开发上述功能，那将会是一次很有教益的练习（言下之意是，能体会到相当大的工作量）。

14.2.9 异常的适用场合

使用异常来处理几乎所有的错误，是很自然的解决方案。往往是在程序的其余部分基本完成时，错误处理部分才会被加入进来。很遗憾事实就是如此，不过异常机制特别擅长用易于理解的方式编写这种事后错误处理的代码，更好听的说法是事后多加点错误处理代码。

如果程序中有计算分支已明显难以为继，然后可能有大量的处理流程要被舍弃，这时异常机制也会非常有用。电子表格示例就是这种情况，其他应用场景还有分支限界（branch-and-bound）算法和语法解析（parsing）算法。

速测题：异常 Python 异常会让程序强行中止吗？
假定要访问字典对象 x，如果键不存在，也就是引发 KeyError，则返回 None。该如何编写代码达到此目标呢？

动手题：异常 编写代码创建自定义的 ValueTooLarge，并在变量 x 大于 1000 时引发。

14.3 用到 with 关键字的上下文管理器

有些操作场景遵循一种可预期的模式，有始必有终，如文件的读取操作。读取文件时，通常只需要打开一次文件，读取数据后关闭文件。按照异常的编程结构，可以将这种文件访问代码编写如下：

```
try:
    infile = open(filename)
    data = infile.read()
finally:
    infile.close()
```

Python 3 为这种场景提供了一种更加通用的解决方案，即上下文管理器（context manager）。上下文管理器将代码块包裹起来，对进入（entry）和离开（departure）代码块时的操作进行集中管理，用 with 关键字进行标记。文件对象就是一种上下文管理器，可以利用这种能力读取文件：

```
with open(filename) as infile:
    data = infile.read()
```

这两行代码等效于上面的 5 行。无论操作是否成功，这两种方式都可预知，最后一次读取完成后将会立即关闭文件。第二种方式下关闭文件也能得以保证，因为这是文件对象的上下文管理功能之一，不需要再编写代码。也就是说，用了 with 关键字和上下文管理功能（本例中为文件对象），就无须操心例行的资源清理操作了。

正如所预期的那样，可以按需创建自己的上下文管理器。更多信息请查看标准库中 contextlib 模块的文档，包括如何创建上下文管理器，以及对它的各种操控方式。

上下文管理器非常适用于资源加/解锁、关闭文件、提交数据库事务之类的操作。自从引入以来，上下文管理器就已成为此类场景下标准的最佳实践。

速测题：上下文管理器 假定要在一个脚本中利用上下文管理器读写多个文件。以下哪种是最佳方案？

（A）将整个脚本都放入一个代码块中，交由一条 with 语句管理

（B）把所有的文件读取操作放入一条 with 语句下，所有的文件写入操作放入另一条 with 语句下

(C) 每次读写文件时都用一条 with 语句，也就是每读一行均如此

(D) 读写每个文件时都用一条 with 语句

研究题 14：自定义异常 请考虑一下第 9 章中编写的单词计数模块。那些函数可能会引发哪些错误？请对这些函数进行重构，以便对异常情况进行适当的处理。

14.4 小结

- Python 的异常处理机制和异常类，可为处理代码的运行时错误提供丰富的功能支持。
- 利用 `try`、`except`、`else` 和 `finally` 块，挑选合适的异常类型，甚至可以自建异常类，就可以对处理和忽略异常的方式进行非常精细的控制。
- Python 的理念就是，除非明确把错误显式标识为静默处理，否则就不应该让错误默默地传递下去。
- Python 的异常类型是按照层次结构组织起来的，因为和 Python 的所有对象一样，异常对象也是基于类实现的。

第三部分

高级特性

前面的几章已经对 Python 的基本特性做了一番介绍，大部分程序员多数时间里使用的都是这些基本特性。下面将会介绍一些比较高级的特性，可能不会每天都被用到（视需求而定），但需要用到时就是至关重要的。

第 15 章　类和面向对象编程

本章主要内容

- 定义类
- 使用实例变量和@property
- 定义方法
- 定义类变量和方法
- 从其他类继承
- 使变量和方法私有
- 从多个类继承

本章将会介绍 Python 中的类，可用于保存数据和代码。虽然多数程序员可能对其他编程语言的类或对象都很熟悉了，但本书不会对某种语言或模型的知识做特定要求。此外本章只会介绍 Python 中可用的结构，不会对面向对象编程（OOP）本身进行解释。

15.1　定义类

Python 中的类（class）实际上就是数据类型。Python 的所有内置数据类型都是类，Python 提供了强大的工具，用于对类的所有行为进行控制。类可用 `class` 语句进行定义：

```
class MyClass:
    body
```

`body` 部分由一系列 Python 语句组成，通常包含变量赋值和函数定义语句。不过赋值和函数定义语句都不是必需的，`body` 可以只包含一条 `pass` 语句。

为了能让类标识符足够醒目，按惯例每个单词首字母应该大写。类定义完之后，只要将类名称作为函数进行调用，就可以创建该类的对象，即类的实例：

```
instance = MyClass()
```

将类的实例当作结构或记录使用

类的实例可被当作结构（structure）或记录（record）使用。与 C 结构或 Java 类不同，类实例的数据字段不需要提前声明，可以在运行时再创建。下面的小例子定义了一个名为 Circle 的类，创建了 Circle 的实例，并给其 radius 字段赋值，然后用该字段计算出圆的周长：

```
>>> class Circle:
...     pass
...
>>> my_circle = Circle()
>>> my_circle.radius = 5
>>> print(2 * 3.14 * my_circle.radius)
31.4
```

与 Java 及许多其他语言一样，实例/结构的数据字段通过句点表示法来访问和赋值。

通过在类的定义中包含初始化方法__init__，可以实现对实例的字段进行自动初始化。每次创建类的新实例时，该函数都会运行，新建实例本身将作为函数的第一个参数 self 代入。__init__方法类似于 Java 中的构造器，但其实什么都没有构造，只是可以用于初始化类的字段。与 Java 和 C++不同，Python 的类只能包含一个__init__方法。以下示例将会创建默认半径为 1 的圆：

```
class Circle:
    def __init__(self):    ❶
        self.radius = 1
my_circle = Circle()    ❷
print(2 * 3.14 * my_circle.radius)    ❸
6.28
my_circle.radius = 5    ❹
print(2 * 3.14 * my_circle.radius)    ❺
31.400000000000002
```

按照惯例，__init__方法的第一个参数名始终是 self。当__init__运行时，self 会被置为新建的 Circle 实例❶。接下来就会用到类的定义。首先创建一个 Circle 实例对象❷。下一行代码是基于 radius 字段已被初始化这一事实❸。radius 字段的值可以被覆盖❹，这就导致了最后一行打印出的结果与上一条 print 语句的不一样了❺。

Python 还有更像构造器的__new__方法，在对象创建时将会被调用，返回未经初始化的对象。除非要创建 str 或 int 这种不可变类型的子类，或者要通过元类（metaclass）修改对象的创建过程，否则很少会覆盖已有的__new__方法。

利用真正的 OOP 方式，能够做的事情还有很多很多。如果对 OOP 还不熟悉，建议去学习一下。本章后续的主要内容都是介绍 Python 的 OOP 架构。

15.2　实例变量

实例变量是 OOP 最基本的特性。再来看一下 Circle 类：

```
class Circle:
    def __init__(self):
        self.radius = 1
```

radius 就是 Circle 的实例变量。也就是说，Circle 类的每个实例都拥有各自的 radius 副本，每个实例存储在副本 radius 中的值可以各不相同。在 Python 中，可以按需创建实例变量，只要给类实例的字段赋值即可：

```
instance.variable = value
```

如果变量尚不存在，则会自动创建，__init__正是如此创建 radius 变量的。

实例变量在每次使用时，不论是赋值还是访问，都需要显式给出包含该变量的实例，即采用 instance.variable 的格式。单单引用 variable 并不是对实例变量的引用，而是对当前执行的方法中的局部变量的引用。这与 C++和 Java 不同，它们对实例变量的引用方式与局部的函数变量相同。个人更喜欢 Python 这种显式给出实例的要求，因为能清楚地分辨出实例变量和局部函数变量。

动手题：实例变量 该用什么代码创建 Rectangle 类？

15.3 方法

方法是与某个类关联的函数。上面已经介绍了特殊的__init__方法，当创建实例时会对新实例调用该方法。在以下示例中，Circle 类定义了另一个方法 area，用于计算并返回 Circle 实例的面积。与大部分用户自定义的方法一样，调用 area 采用的是方法调用（invocation）语法，类似于对实例变量的访问方式：

```
>>> class Circle:
...     def __init__(self):
...         self.radius = 1
...     def area(self):
...         return self.radius * self.radius * 3.14159
...
>>> c = Circle()
>>> c.radius = 3
>>> print(c.area())
28.27431
```

方法调用语法包括实例名，加上一个句点，再加上要在该实例上调用的方法。当以这种方式调用方法时，就是一种已绑定（bound）的方法调用。但是，方法还可以用非绑定（unbound）的方式调用，即通过类来访问方法。这种用法不太方便，几乎没人使用。因为在非绑定方法调用时，第一个参数必须是定义该方法的类的实例，调用关系不够清晰：

```
>>> print(Circle.area(c))
28.27431
```

与__init__类似，area 方法被定义为类定义内部的函数。方法的第一个参数一定是发起调用的实例，按惯例命名为 self。在许多编程语言中，这时的实例常被命名为 this，而且是作为隐含参数的，从来不会被显式传递。但 Python 的设计理念是，更愿意让事情明确。

如果方法定义了能接受的参数，就可以在调用时使用。以下版本的 Circle 为__init__方法添加了一个参数，以便能创建给定半径的圆，而无须在对象创建之后再另行设置：

```
class Circle:
    def __init__(self, radius):
        self.radius = radius
    def area(self):
        return self.radius * self.radius * 3.14159
```

注意，这里用到了两个 radius。self.radius 是实例变量，单个 radius 则是局部的函数参数。这两个 radius 可不是一回事！在实际编程时，局部的函数参数也许应该用 r 或 rad 之类的名称，以免混淆。

有了上述定义的 Circle，就能通过调用一次 Circle 类生成任意半径的圆对象了。以下代码将创建半径为 5 的 Circle 对象：

```
c = Circle(5)
```

Python 的所有标准函数特性，都可以用于方法，这些特性如参数默认值、不定参数、关键字参数等。__init__的第一行可以定义为：

```
def __init__(self, radius=1):
```

然后在调用 Circle 时，带或不带参数都是可以的。Circle()将返回半径为 1 的圆，Circle(3)将返回半径为 3 的圆。

Python 的方法调用毫无神奇之处，可以看成是普通函数调用的简写。对于方法调用 instance.method(arg1, arg2, ...)，Python 将按以下规则将其转换为普通的函数调用。

（1）先在实例的命名空间中查找方法名。如果方法在该实例中被修改或添加过，那就会优先调用该实例中的方法，而不是类或父类（superclass）中的方法。这种查找方式与本章后面 15.4.1 节中介绍的相同。

（2）如果在实例的命名空间中找不到该方法，就会找到实例的类型，也就是其所属的类，并在其中查找该方法。在以上示例中，实例 c 的类型为 Circle，也就是说 c 属于 Circle 类。

（3）如果方法还未找到，就查找父类中的方法。

（4）如果方法找到了，就会像普通的 Python 函数一样被直接调用，函数的第一个参数将是 instance，方法调用中的其他参数则整体向右平移一个位置传入函数。因此 instance.method(arg1, arg2, ...)就会成为 class.method(instance, arg1, arg2, ...)。

动手题：实例变量和方法 请修改 Rectangle 类的代码，以便能在创建实例时设置其边长，正如上述 Circle 类一样。再添加一个 area()方法。

15.4 类变量

类变量（class variable）是与类关联的变量，而不是与类的实例关联，并且可供类的所有实例访问。类变量可用于保存类级别的数据，例如，在某一时刻已创建了多少个该类的实例。尽管类变量的使用需要比其他大多数语言多花点工夫，Python 还是提供了支持。并且还需要关注类和实例变量之间的交互方式。

类变量是通过类定义代码中的赋值语句创建的，而不是在`__init__`函数中创建的。类变量创建之后，就可被类的所有实例看到。可以用类变量创建`pi`值，供`Circle`类的所有实例访问：

```
class Circle:
    pi = 3.14159
    def __init__(self, radius):
        self.radius = radius
    def area(self):
        return self.radius * self.radius * Circle.pi
```

有了这一定义，就可以键入：

```
>>> Circle.pi
3.14159
>>> Circle.pi = 4
>>> Circle.pi
4
>>> Circle.pi = 3.14159
>>> Circle.pi
3.14159
```

以上例子完全按照对类变量的预期执行，类变量与定义它的类关联并位于其内部。注意，该例中对`Circle.pi`的访问，都是在类实例创建之前。`Circle.pi`的存在，显然是不依赖于`Circle`类的任何特定实例。

在类的方法中也可以访问类变量，只要带上类名即可。在`Circle.area`的定义中就是这么做的，这里的`area`函数明确引用了`Circle.pi`。实际运行达到了预期效果，从类中获取了正确的`pi`值并用于计算：

```
>>> c = Circle(3)
>>> c.area()
28.27431
```

或许有人会反对在上述类的方法中把类名写死。通过特殊的`__class__`属性可以避免这种写法，该属性可供 Python 类的所有实例访问。`__class__`属性会返回实例所属的类，例如：

```
>>> Circle
<class '__main__.Circle'>
>>> c.__class__
<class '__main__.Circle'>
```

名为`Circle`的类在系统内部是用一个抽象数据结构表示的，该数据结构正是从`c`的

__class__属性获取的，c 就是 Circle 类的一个实例。以下示例由 c 获取 Circle.pi 的值，而无须显式引用 Circle 类名：

```
>>> c.__class__.pi
3.14159
```

在 area 方法内部，就可以用这种写法摆脱对 Circle 类的显式引用，只要用 self.__class__.pi 替换 Circle.pi 即可。

类变量的特异之处

如果不加了解，那么类变量的特异之处可能会带来问题。Python 在查找实例变量时，如果找不到具有该名称的实例变量，就会在同名的类变量中查找并返回类变量值。只有在找不到合适的类变量时，Python 才会报错。类变量可以高效地实现实例变量的默认值，只需创建一个具有合适默认值的同名类变量，就能避免每次创建类实例时初始化该实例变量的时间和内存开销。但这也很容易在无意之中引用了实例变量而不是类变量，不会有任何报错信息。本节将来看看类变量是如何与前面的示例一起工作的。

首先，尽管 c 未包含名为 pi 的关联实例变量，但可以引用变量 c.pi。Python 首先会寻找实例变量 pi。如果找不到实例变量，Python 就会查找 Circle 并找到类变量 pi：

```
>>> c = Circle(3)
>>> c.pi
3.14159
```

上述结果可能是满足需求的，也可能不满足。这种技术用起来很方便，但容易出错，所以请小心使用。

如果尝试将 c.pi 当作真正的类变量来使用，在某个实例中对其进行修改，并希望让所有实例都要看到这种修改，那将会发生什么？这里用到了 Circle 之前的定义：

```
>>> c1 = Circle(1)
>>> c2 = Circle(2)
>>> c1.pi = 3.14
>>> c1.pi
3.14
>>> c2.pi
3.14159
>>> Circle.pi
3.14159
```

以上例子并没有像真正的类变量那样工作，c1 现在有了自己的 pi 副本，与 c2 访问的 Circle.pi 并不相同。因为对 c1.pi 的赋值在 c1 中新建了一个实例变量，它不会对类变量 Circle.pi 产生任何影响，所以才会如此。后续对 c1.pi 的查找都会返回这个实例变量的值。而后续对 c2.pi 的查找则会先在 c2 中查找实例变量 pi，可是没有找到，然后就会转而返回类变量 Circle.pi 的值。如果需要更改类变量的值，请通过类名进行访问，而不要通过实例变量

self。

15.5　静态方法和类方法

Java 之类的编程语言还带有静态方法，Python 类也拥有与静态方法明确对应的方法。此外，Python 还拥有类方法，要比静态方法更高级一些。

15.5.1　静态方法

与 Java 一样，即便没有创建类的实例，静态方法也是可以调用的，当然通过类实例来调用也是可以的。请用`@staticmethod`装饰器来创建静态方法，如代码清单 15-1 所示。

代码清单 15-1　circle.py 文件

```
"""circle module: contains the Circle class."""
class Circle:
    """Circle class"""
    all_circles = []        <—— 该类变量包含所有已创建实例的列表
    pi = 3.14159
    def __init__(self, r=1):
        """Create a Circle with the given radius"""
        self.radius = r
        self.__class__.all_circles.append(self)    <—— 如果实例已被初始化过了，就把自己加入 all_circles 列表
    def area(self):
        """determine the area of the Circle"""
        return self.__class__.pi * self.radius * self.radius

    @staticmethod
    def total_area():
        """Static method to total the areas of all Circles """
        total = 0
        for c in Circle.all_circles:
            total = total + c.area()
        return total
```

然后在交互模式下输入：

```
>>> import circle
>>> c1 = circle.Circle(1)
>>> c2 = circle.Circle(2)
>>> circle.Circle.total_area()
15.70795
>>> c2.radius = 3
>>> circle.Circle.total_area()
31.415899999999997
```

注意，这里用到了文档字符串。在实际的模块代码中，可能还会加入更多的信息字符串，在类的文档字符串中给出可用的方法，在方法的文档字符串中包括用法信息：

```
>>> circle.__doc__
'circle module: contains the Circle class.'
>>> circle.Circle.__doc__
'Circle class'
>>> circle.Circle.area.__doc__
'determine the area of the Circle'
```

15.5.2 类方法

类方法与静态方法很相像，都可以在类的对象被实例化之前进行调用，也都能通过类的实例来调用。但是类方法隐式地将所属类作为第一个参数进行传递，因此代码可以更简单，如代码清单 15-2 所示。

代码清单 15-2 circle_cm.py 文件

```
"""circle_cm module: contains the Circle class."""
class Circle:
    """Circle class"""
    all_circles = []   <—— 该变量包含所有已创建实例的列表
    pi = 3.14159
    def __init__(self, r=1):
        """Create a Circle with the given radius"""
        self.radius = r
        self.__class__.all_circles.append(self)
    def area(self):
        """determine the area of the Circle"""
        return self.__class__.pi * self.radius * self.radius

    @classmethod            <—— ❶
    def total_area(cls):            <—— ❷
        total = 0
        for c in cls.all_circles:            <—— ❸
            total = total + c.area()
        return total
>>> import circle_cm
>>> c1 = circle_cm.Circle(1)
>>> c2 = circle_cm.Circle(2)
>>> circle_cm.Circle.total_area()
15.70795
>>> c2.radius = 3
>>> circle_cm.Circle.total_area()
31.415899999999997
```

这里 def 方法前面加上了装饰器@classmethod❶。类作为参数，按惯例命名为 cls❷。然后就可以用 cls 代替 self.__class__❸。

利用类方法而不是静态方法，可以不必将类名硬编码写入 total_area。这样，Circle 的所有子类仍然可以调用 total_area，但引用的是自己的成员而不是 Circle 的成员。

动手题：类方法 编写一个类似于 total_area()的类方法，只不过返回的是所有圆的周长总和。

15.6 继承

因为 Python 的动态性，对语言没有加太多限制，所以其继承机制要比 Java 和 C ++等编译型语言更加简单灵活。

为了了解如何在 Python 中使用继承，可先从本章之前讨论过的 Circle 类开始，再推而广之。不妨再定义一个正方形类 Square：

```
class Square:
    def __init__(self, side=1):
        self.side = side          ⊲—— 正方形的边长
```

现在，如果要在绘图程序中使用这些类，必须定义每个实例在绘图表面的位置信息。在每个实例中定义 x、y 坐标，即可实现这一点：

```
class Square:
    def __init__(self, side=1, x=0, y=0):
        self.side = side
        self.x = x
        self.y = y
class Circle:
    def __init__(self, radius=1, x=0, y=0):
        self.radius = radius
        self.x = x
        self.y = y
```

这种方式能起作用，但如果要扩展大量的形状类，就会产生大量重复代码，因为可能要让每种形状类都具备这种位置的概念。毫无疑问，这正是在面向对象语言中使用继承的标准场景。不用在每个形状类中都定义变量 x 和 y，而可以将各种形状抽象为一个通用的 Shape 类，并让定义具体形状的类继承自该通用类。在 Python 中，定义方式如下：

```
class Shape:
    def __init__(self, x, y):
        self.x = x
        self.y = y
class Square(Shape):          ⊲—— 声明 Square 继承自 Shape
    def __init__(self, side=1, x=0, y=0):
        super().__init__(x, y)          ⊲—— Shape 的__init__方法必须得调用
        self.side = side
class Circle(Shape):      ⊲—— 声明 Circle 继承自 Shape
    def __init__(self, r=1, x=0, y=0):
        super().__init__(x, y)          ⊲—— Shape 的__init__方法必须得调用
        self.radius = r
```

在 Python 中使用继承类通常有两个要求，在 Circle 类和 Square 类的粗体代码中可以看到这两个要求。第一个要求是定义继承的层次结构，在用 class 关键字定义类名之后的圆括号中，给出要继承的类即可。在上述代码中，Circle 和 Square 都继承自 Shape。第二个要求比较微妙一些，就是必须显式调用被继承类的__init__方法。Python 不会自动执行初始化操作，

但可以用 super 函数让 Python 找到被继承的类。初始化的工作在示例中由 super().__init__(x, y)这行代码来完成，这里将调用 Shape 的初始化函数，用适当的参数初始化实例。如果没有显式调用父类的初始化方法，则本例中的 Circle 和 Square 的实例就不会给实例变量 x 和 y 赋值。

可以不用 super 来调用 Shape 的__init__，而是用 Shape.__init__(self, x, y)显式给出被继承类的名字，同样能够实现在实例初始化完毕后调用 Shape 的初始化函数。从长远来看，这种做法不够灵活，因为对被继承类名进行了硬编码。如果日后整体设计和继承架构发生了变化，这就可能成为问题。但在继承关系比较复杂的时候，采用 super 会比较麻烦。因为这两种方案无法完全混合使用，所以请把代码中采用的方案清楚地记录在文档中备查。

如果方法未在子类或派生类中定义，但在父类中有定义，继承机制也会生效。为了查看这种继承的效果，请在 Shape 类中再定义一个 move 方法，表示移动到指定位置。该方法将会把实例的 x 和 y 坐标修改为参数指定的值。Shape 的定义现在变成了：

```
class Shape:
    def __init__(self, x, y):
        self.x = x
        self.y = y
    def move(self, delta_x, delta_y):
        self.x = self.x + delta_x
        self.y = self.y + delta_y
```

如果这个 Shape 定义与之前的 Circle、Square 一起输入完毕，就可以进行以下的交互式会话：

```
>>> c = Circle(1)
>>> c.move(3, 4)
>>> c.x
3
>>> c.y
4
```

如果在交互式会话中执行上述代码，请务必在新定义的 Shape 类之后将 Circle 类的代码重新录入一遍。

以上示例中的 Circle 类本身没有定义 move 方法，但由于继承自实现 move 的类，因此 Circle 的所有实例都可以使用 move 方法。用比较传统的 OOP 术语来描述，就是所有 Python 方法都是虚方法。也就是说如果方法在当前类中不存在，则会在父类中逐级搜索，并采用第一个找到的方法。

动手题：继承 请重写 Rectangle 类的代码，改为从 Shape 继承。因为正方形和矩形是有关联的，两者之间的继承是否也该是合理的？如果可以继承，那么哪个是基类，哪个是继承者呢？该如何编写代码给 Square 类添加 area()方法呢？area()方法是否该移入基类 Shape 中，被 Circle、Square 和 Rectangle 继承呢？如果放入基类，会导致什么后果？

15.7　类及实例变量的继承

实例可以继承类的属性。实例变量是和对象实例关联的，某个名称的实例变量在一个实例中只会存在一个。

看一下以下示例，这里会用到以下类的定义，

```
class P:
    z = "Hello"
    def set_p(self):
        self.x = "Class P"
    def print_p(self):
        print(self.x)
class C(P):
    def set_c(self):
        self.x = "Class C"
    def print_c(self):
        print(self.x)
```

执行以下代码：

```
>>> c = C()
>>> c.set_p()
>>> c.print_p()
Class P
>>> c.print_c()
Class P
>>> c.set_c()
>>> c.print_c()
Class C
>>> c.print_p()
Class C
```

上述示例中的对象 c 是类 C 的实例。C 继承自 P，但 c 并非继承自类 P 的某个不可见的实例，而是直接从 P 继承方法和类变量的。因为只存在一个实例 c，在 c 的方法调用中，对实例变量 x 的任何引用都只能指向 c.x。在 c 上无论调用哪个类定义的方法，均会如此。如上所示，由 c 调用的 set_p 和 print_p，都是在类 P 里定义的，且都引用了同一个变量，在 c 上调用 set_c 和 print_c 时，引用的也是这个变量。

通常这正是实例变量应有的表现，因为对同一个名称的实例变量的引用，就应该指向同一个变量。不过有时也会有不同需求，可通过私有变量来实现（参见 15.9 节）。

类变量是支持继承的，但应该避免命名冲突，并小心类变量一节中提及的种种现象。在以下示例中，父类 P 中定义了类变量 z，并且通过以下 3 种方式都能被访问到：实例 c、派生类 C 或直接用父类 P：

```
>>> c.z; C.z; P.z
'Hello'
'Hello'
'Hello'
```

但如果通过类 C 来对类变量 z 赋值，就会在类 C 中创建一个新的类变量。这对 P 的类变量本身（通过 P 访问）没有影响。但以后通过类 C 或其实例 c 看到的，将会是这个新的变量，而不是原来的变量：

```
>>> C.z = "Bonjour"
>>> c.z; C.z; P.z
'Bonjour'
'Bonjour'
'Hello'
```

如果通过实例 c 来对 z 赋值,同样也会创建一个新的实例变量,最终会得到 3 个不同的变量：

```
>>> c.z = "Ciao"
>>> c.z; C.z; P.z
'Ciao'
'Bonjour'
'Hello'
```

15.8 概括：Python 类的基础知识

到目前为止，介绍的重点都是 Python 类和对象的基础知识。在继续介绍后面的内容之前，先把这些基础知识放入一个例子中来看一下。本节将运用上面介绍过的特性创建几个类，然后查看这些特性的运行情况。首先，创建基类：

```
class Shape:
    def __init__(self, x, y):          <—— __init__方法的参数为实例 self 和两个坐标
        self.x = x     | 通过 self 访问实例变量
        self.y = y     |
    def move(self, delta_x, delta_y):  <—— move 方法的参数为实例 self 和两个坐标的偏移量
        self.x = self.x + delta_x
        self.y = self.y + delta_y      <—— 在 move 方法中对实例变量赋值
```

接下来，创建由基类 Shape 继承而来的子类：

```
class Circle(Shape):            <—— 类 Circle 继承自类 Shape
    pi = 3.14159          | pi 和 all_circles 都是 Circle 的类变量
    all_circles = []      |
    def __init__(self, r=1, x=0, y=0):     <—— Circle 的__init__参数为实例 self 和 3 个带默认值的坐标
        super().__init__(x, y)     <—— Circle 的__init__通过 super()调用 Shape 的__init__
        self.radius = r
        self.__class__.all_circles.append(self)   <—— 在__init__方法中将实例加入 all_circles 列表
    @classmethod           <—— total_area 是类方法，参数为类本身 cls
    def total_area(cls):
        area = 0
        for circle in cls.all_circles:
                 area += cls.circle_area(circle.radius)   <—— 通过参数 cls 访问静态方法 circle_area
        return area
    @staticmethod
    def circle_area(radius):        <—— circle_area 是不用 self 和 cls 做参数的静态方法
        return Circle.pi * radius * radius      <—— 访问类变量 pi，也可以用__class__.pi
```

下面可以创建 Circle 类的一些实例，看看它们的表现如何。因为 Circle 的__init__方法的参数都带有默认值，所以创建 Circle 对象时可以不带任何参数：

```
>>> c1 = Circle()
>>> c1.radius, c1.x, c1.y
(1, 0, 0)
```

如果给出了参数，那就会用来设置实例变量值：

```
>>> c2 = Circle(2, 1, 1)
>>> c2.radius, c2.x, c2.y
(2, 1, 1)
```

在调用 move()方法时，Python 在 Circle 类中无法找到 move()，因此会沿着继承架构向上查找，采用 Shape 的 move()方法：

```
>>> c2.move(2, 2)
>>> c2.radius, c2.x, c2.y
(2, 3, 3)
```

同时，因为在__init__方法里已经把所有实例添加到一个列表（这是一个类变量）当中，所以可以获取到当前的 Circle 实例：

```
>>> Circle.all_circles
[<__main__.Circle object at 0x7fa88835e9e8>, <__main__.Circle object at
    0x7fa88835eb00>]
>>> [c1, c2]
[<__main__.Circle object at 0x7fa88835e9e8>, <__main__.Circle object at
    0x7fa88835eb00>]
```

通过 Circle 类本身或是其实例，也可以调用 Circle 类方法 total_area()：

```
>>> Circle.total_area()
15.70795
>>> c2.total_area()
15.70795
```

通过类本身或其实例，也可以调用静态方法 circle_area()。作为一个静态方法，circle_area 没有用参数传递实例或类，它的行为更像是类命名空间内的独立函数。实际上，静态方法相当常见的用途，就是把工具函数与类绑定在一起：

```
>>> Circle.circle_area(c1.radius)
3.14159
>>> c1.circle_area(c1.radius)
3.14159
```

以上示例演示了 Python 类的基本行为。类的基础知识就介绍到这里，请继续学习更为高级的内容。

15.9　私有变量和私有方法

所谓私有变量或私有方法，是指其在定义它们的类的方法之外无法看到。私有变量和私有方法的用途有两个。一是可以通过有选择地拒绝对对象实现的重要或敏感部分的访问，以增强安全性和可靠性。二是可以防止由继承产生的名称冲突。类可以定义自己的私有变量，同时其父类也可定义同名的私有变量，这完全没有问题，因为变量是私有的，可以保证拥有各自的副本。因为显式标明了仅供类内部使用，所以私有变量能让代码更容易阅读。除私有内容之外，其他全都是类可以与外部交互的接口了。

大多数编程语言在定义私有变量时，都是通过类似“private”的关键字来实现的。Python 中的约定比较简单，也更容易对是否私有一目了然。名称以双下划线“__”开头但不以它结尾的方法或实例变量，都是私有的，其他则都不是私有部分。

以下是类定义的示例：

```
class Mine:
    def __init__(self):
        self.x = 2
        self.__y = 3      <——名称前面加了双下划线，__y 就定义为私有变量
    def print_y(self):
        print(self.__y)
```

根据上述定义，创建类的实例：

```
>>> m = Mine()
```

x 不是私有变量，所以可以被直接访问：

```
>>> print(m.x)
2
```

而__y 则是私有变量，直接访问会引发错误：

```
>>> print(m.__y)
Traceback (innermost last):
  File "<stdin>", line 1, in ?
AttributeError: 'Mine' object has no attribute '__y'
```

print_y 方法不是私有的。不过因为它是在类 Mine 内部，所以可以访问__y 并将其打印出来：

```
>>> m.print_y()
3
```

最后有一点应当引起注意，如果代码被编译为字节码（bytecode），则隐私保护机制会对私有变量和私有方法的名称进行修饰（mangle）处理。具体来说，就是给变量名称加上“_类名”前缀：

```
>>> dir(m)
['_Mine__y', 'x', ...]
```

加上类前缀的目的，是为了防止被意外访问到。要是有人想要访问，仍然可以有意模拟这种

改动并访问到变量值。但这种改动增加了可读性，让代码调试起来更加容易。

动手题：使实例变量私有 请修改 Rectangle 类的代码，让边长变量变成私有变量。这样的修改会对类的使用造成什么限制？

15.10 用@property 获得更为灵活的实例变量

Python 允许程序员直接访问实例变量，不必采用方法 getter 和 setter 这种额外机制，那是 Java 和其他面向对象语言中经常采用的做法。没了 getter 和 setter，能让 Python 类更易于编写，代码也更简洁。但在某些场合，使用方法 getter 和 setter 可能会比较方便。假如在把值赋给实例变量之前就要先读取到该值，或者需要方便地动态计算出属性值。这两种情况用方法 getter 和 setter 就能胜任，但代价是享受不到 Python 实例变量访问的便利性了。

Python 的解决方案就是使用属性（property）。属性既能够通过类似 getter 和 setter 的方法间接访问到实例变量，又能用上直接访问实例变量的句点表示法。

为方法加上 property 装饰符，就能创建属性，方法的名称就是属性名：

```
class Temperature:
    def __init__(self):
        self._temp_fahr = 0
    @property
    def temp(self):
        return (self._temp_fahr - 32) * 5 / 9
```

不带 setter 方法时，属性就是只读的。如果要能修改属性，需要添加 setter 方法：

```
@temp.setter
def temp(self, new_temp):
    self._temp_fahr = new_temp * 9 / 5 + 32
```

然后就可以用标准的句点表示法来读写属性 temp 了。注意，上面 setter 方法名与属性名是相同的，但装饰器改成了属性名（这里为 temp）加.setter，表示正在定义 temp 属性的 setter：

```
>>> t = Temperature()
>>> t._temp_fahr
0
>>> t.temp
-17.77777777777778

>>> t.temp = 34     <——❶
>>> t._temp_fahr
93.2

>>> t.temp     <——❷
34.0
```

_temp_fahr 存放的 0 在被返回之前，会被转换为摄氏度❶。34 则会由 setter 转换回华氏度❷。

Python 加入了对属性的支持，可带来一个很大的好处，即初始开发时可以采用传统的实例变量，以后可根据需要随时随地无缝切换为属性，客户端代码则完全无须改动。访问的方式仍然不变，还是句点表示法。

动手题：属性 请把 Rectangle 类的边长修改为属性，并用 getter 方法和 setter 方法限制属性值不能为负值。

15.11 类实例的作用域规则和命名空间

关于类实例的作用域规则和命名空间，至此已经介绍完毕，可以放入一张图中展示了。

在类的方法中，可以直接访问局部命名空间（在方法内声明的参数和变量）、全局命名空间（在模块级别声明的函数和变量）以及内置命名空间（内置函数和内置异常）。三者将按以下顺序进行查找：本地命名空间、全局命名空间、内置命名空间（如图 15-1 所示）。

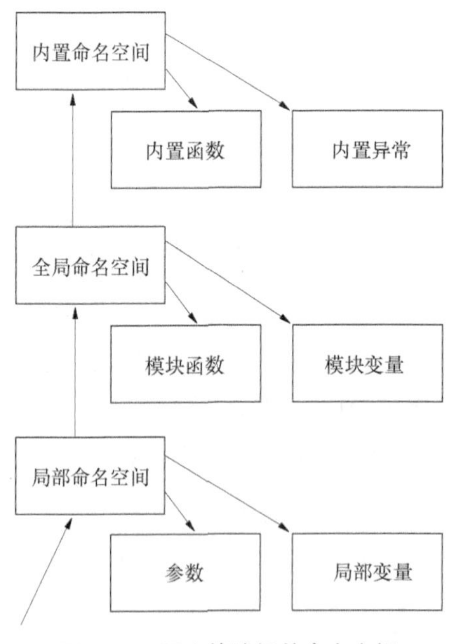

图 15-1 可直接访问的命名空间

通过 self 变量也能访问到实例的命名空间（实例变量、私有实例变量和父类的实例变量）、类的命名空间（方法、类变量、私有方法和私有类变量）以及父类的命名空间（父类方法和父类的类变量）。这 3 种命名空间的查找顺序是：实例、类、父类（如图 15-2 所示）。

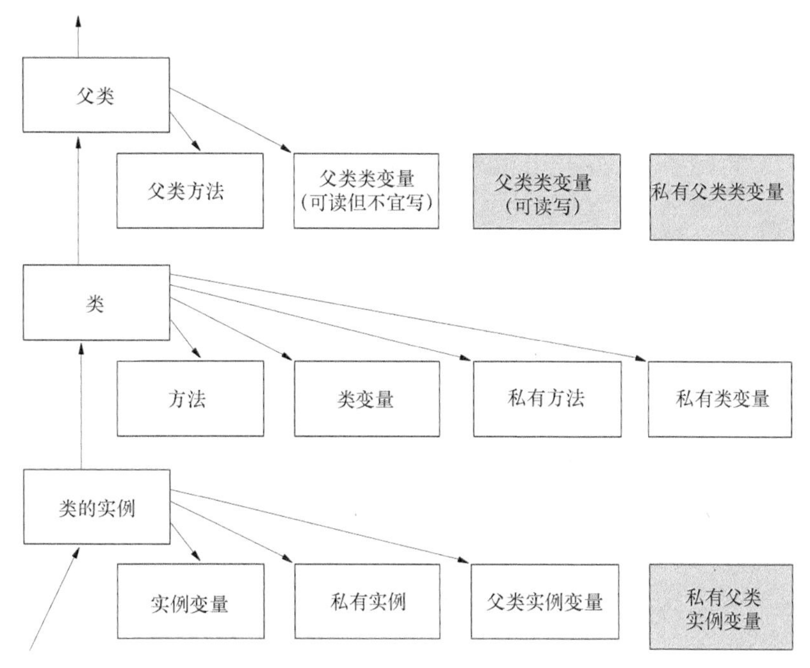

图 15-2 self 变量的命名空间

通过 self 变量无法访问到私有父类实例变量、私有父类方法和私有父类类变量。类能够对其继承者隐藏这些名称。

代码清单 15-3 中的模块，将两个示例整合在了一起，详细演示了在方法中能够访问到哪些内容。

代码清单 15-3 cs.py 文件

```
"""cs module: class scope demonstration module."""
mv ="module variable: mv"
def mf():
    return "module function (can be used like a class method in " \
           "other languages): mf()"
class SC:
    scv = "superclass class variable: self.scv"
    __pscv = "private superclass class variable: no access"
    def __init__(self):
        self.siv = "superclass instance variable: self.siv " \
                   "(but use SC.siv for assignment)"
        self.__psiv = "private superclass instance variable: " \
                      "no access"
    def sm(self):
        return "superclass method: self.sm()"
```

```
    def __spm(self):
        return "superclass private method: no access"
class C(SC):
    cv = "class variable: self.cv (but use C.cv for assignment)"
    __pcv = "class private variable: self.__pcv (but use C.__pcv " \
            "for assignment)"
    def __init__(self):
        SC.__init__(self)
        self.__piv = "private instance variable: self.__piv"
    def m2(self):
        return "method: self.m2()"
    def __pm(self):
        return "private method: self.__pm()"
    def m(self, p="parameter: p"):
        lv = "local variable: lv"
        self.iv = "instance variable: self.xi"
        print("Access local, global and built-in " \
              "namespaces directly")
        print("local namespace:", list(locals().keys()))
        print(p)        ◁—— 参数

        print(lv)       ◁——局部变量
        print("global namespace:", list(globals().keys()))

        print(mv)         ◁—— 模块变量
        print(mf())         ◁——模块函数

        print("Access instance, class, and superclass namespaces " \

              "through 'self'")
        print("Instance namespace:",dir(self))
        print(self.iv)        ◁—— 实例变量

        print(self.__piv)        ◁——私有实例变量

        print(self.siv)          ◁——父类的实例变量
        print("Class namespace:",dir(C))
        print(self.cv)              ◁—— 类变量

        print(self.m2())             ◁——方法

        print(self.__pcv)            ◁—— 私有类变量

        print(self.__pm())        ◁—— 私有方法
        print("Superclass namespace:",dir(SC))
        print(self.sm())        ◁——父类的方法

        print(self.scv)         ◁——通过实例访问父类的类变量
```

输出的信息相当多，所以下面将分段查看。

第一部分，类 C 的方法 m 的本地命名空间中，包含了参数 self（self 是实例变量）和 p，还有局部变量 lv，这些全都可以直接访问：

```
>>> import cs
>>> c = cs.C()
>>> c.m()
Access local, global and built-in namespaces directly
local namespace: ['lv', 'p', 'self']
parameter: p
local variable: lv
```

接下来，在方法 m 的全局命名空间中，包含了模块变量 mv 和模块函数 mf。如前一节所述，模块函数可用于提供类方法的功能。模块中还定义了类 C 和父类 SC，这些类全都可以直接访问：

```
global namespace: ['C', 'mf', '__builtins__', '__file__', '__package__',
    'mv', 'SC', '__name__', '__doc__']
module variable: mv
module function (can be used like a class method in other languages): mf()
```

在实例 c 的命名空间中，包含了实例变量 iv 和父类的实例变量 siv。如前一节所述，siv 与常规的实例变量没有区别。还包含了名称经过修饰的私有实例变量__piv（可以通过 self 访问）和父类私有实例变量__psiv（无法访问）：

```
Access instance, class, and superclass namespaces through 'self'
Instance namespace: ['_C__pcv', '_C__piv', '_C__pm', '_SC__pscv',
    '_SC__psiv', '_SC__spm', '__class__', '__delattr__', '__dict__',
    '__doc__', '__eq__', '__format__', '__ge__', '__getattribute__',
    '__gt__', '__hash__', '__init__', '__le__', '__lt__', '__module__',
    '__ne__', '__new__', '__reduce__', '__reduce_ex__', '__repr__',
    '__setattr__', '__sizeof__', '__str__', '__subclasshook__',
    '__weakref__', 'cv', 'iv', 'm', 'm2', 'scv', 'siv', 'sm']
instance variable: self.xi
private instance variable: self.__piv
superclass instance variable: self.siv (but use SC.siv for assignment)
```

在类 C 的命名空间中，包含了类变量 cv 和名称经过修饰的私有类变量__pcv，两者都可以通过 self 访问，但需要通过类 C 才能对它们赋值。类 C 还包含两个类方法 m 和 m2，以及名称经过修饰的私有方法__pm（可通过 self 访问）：

```
Class namespace: ['_C__pcv', '_C__pm', '_SC__pscv', '_SC__spm', '__class__',
    '__delattr__', '__dict__', '__doc__', '__eq__', '__format__', '__ge__',
    '__getattribute__', '__gt__', '__hash__', '__init__', '__le__',
    '__lt__', '__module__', '__ne__', '__new__', '__reduce__',
    '__reduce_ex__', '__repr__', '__setattr__', '__sizeof__', '__str__',
    '__subclasshook__', '__weakref__', 'cv', 'm', 'm2', 'scv', 'sm']
class variable: self.cv (but use C.cv for assignment)
method: self.m2()
class private variable: self.__pcv (but use C.__pcv for assignment)
private method: self.__pm()
```

最后一部分，在父类 SC 的命名空间中，包含了父类类变量 scv 和父类方法 sm。scv 可以通过 self 访问，但赋值时需要通过父类 SC。这里还包含了名称经过修饰的私有父类方法__spm 和私有父类类变量__pscv，两者均无法通过 self 访问：

```
Superclass namespace: ['_SC__pscv', '_SC__spm', '__class__', '__delattr__',
    '__dict__', '__doc__', '__eq__', '__format__', '__ge__',
    '__getattribute__', '__gt__', '__hash__', '__init__', '__le__',
    '__lt__', '__module__', '__ne__', '__new__', '__reduce__',
    '__reduce_ex__', '__repr__', '__setattr__', '__sizeof__', '__str__',
    '__subclasshook__', '__weakref__', 'scv', 'sm']
superclass method: self.sm()
superclass class variable: self.scv
```

以上算是第一个完整剖析的示例，可作为自学时的参考和基础。与大多数其他 Python 概念一样，通过尝试一些简化的示例，就可以对运行状况获得充分的理解。

15.12 析构函数和内存管理

上面已经介绍了类的初始化函数（__init__方法），还可以为类定义析构函数（Destructor）。但与 C++语言不同，Python 并不是一定要创建并调用析构函数，才能确保释放实例占用的内存。Python 通过引用计数机制，提供了自动内存管理。也就是说，Python 会跟踪实例的引用数量。当引用数为 0 时，实例占用的内存将会被回收，并且任何被实例引用的 Python 对象的引用计数都会减 1。析构函数似乎始终都没有定义的必要。

在删除对象时，偶尔会碰到需要显式重新分配外部资源的场合。这种场合的最佳做法是使用上下文管理器，第 14 章中已有介绍。正如第 14 章所述，可以用标准库中的 contextlib 模块创建自定义的上下文管理器。

15.13 多重继承

多重继承（multiple inheritance）是指对象从多个父类继承数据和行为，编译型语言对多重继承的使用做了严格的限制。例如，在 C++中，多重继承的使用规则非常复杂，很多人都敬而远之。在 Java 中，不允许多重继承，尽管 Java 确实提供了接口机制。

Python 对多重继承没有类似的限制。类可以继承自任意数量的父类，方式与从单个父类继承是一样的。最简单的情况是，所有类（包括通过父类间接继承的类）都不包含实例变量或同名的方法。在这种情况下，继承类的行为就像是自己和全部祖先类定义的整合。假设类 A 继承自类 B、C 和 D，类 B 又继承自类 E 和 F，类 D 则继承自类 G（如图 15-3 所示）。再假设这些类中没有相同的方法名。这时，类 A 的实例就像是类 B、C、D、E、F、G 中的任一实例一样，类 B 的实例就像类 E 或 F 的实例一样，类 D 的实例则像是类 G 的实例一样。如果写成代码，类的定义将如下所示：

```
class E:
        . . .
```

```
class F:
        . . .
class G:
        . . .
class D(G):
        . . .
class C:
        . . .
class B(E, F):
        . . .
class A(B, C, D):
        . . .
```

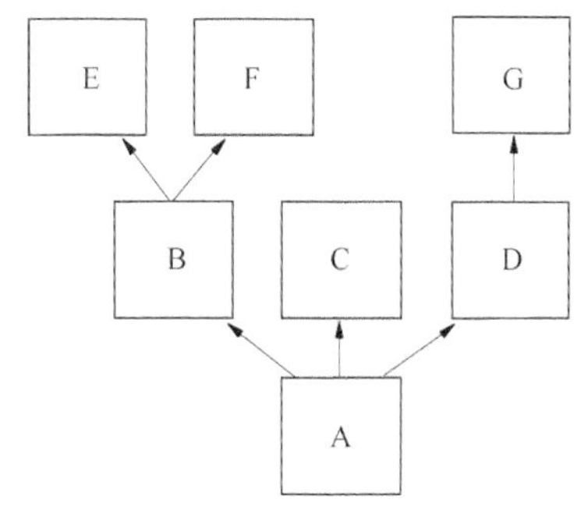

图 15-3　继承的层次结构

如果有多个类共用相同的方法名时，情况会复杂一些，因为 Python 必须确定哪个名称才是要用的。假设要在类 A 的实例 a 上对方法 a.f()的调用进行解析，这里的 f 并不是在 A 中定义的，而是在 F、C 和 G 中全都有定义。那么将会调用哪个方法呢？

答案取决于 Python 查找父类的顺序，如果方法在初始发起调用的类中没有定义，Python 就会按照该顺序进行查找。在最简单的情况下，Python 将按照从左到右的顺序查找所有基类。但在进入下一个基类之前，总是会先查看当前基类的所有祖先类。在执行 a.f()时，查找过程将如下所示。

（1）Python 首先会在调用对象的类（也就是类 A）中查找。

（2）因为类 A 没有定义方法 f，所以 Python 会开始查找 A 的所有基类。A 的第一个基类是 B，因此 Python 会开始在 B 中查找。

（3）因为类 B 没有定义方法 f，所以 Python 会继续查找 B 的基类。开始在 B 的第一个基类 E 中查找。

（4）类 E 仍然没有定义方法 f，且没有基类，因此对 E 就没什么可查的了。Python 会回到类 B 中，在其下一个基类 F 中查找。

类 F 中确实包含方法 f，并且因为是第一个按名称 f 找到的，所以就会被采用。而类 C 和 G 中名为 f 的方法将会被忽略。

当然，按照这种内部查找的逻辑，程序的可读性和可维护性都不会是最好的。对于更加复杂的类层次结构，会有其他的查找策略因素加入进来，以确保同一个类不会被检索两次，并支持对 super 的共同调用（cooperative call）。

不过实践中碰到的层次结构，可能没有以上这么复杂。如果能坚持采用更为标准的多重继承结构，如混合类（mixin）或扩展类（addin），就可以轻松保持可读性并避免命名冲突。

有些人坚持认为，多重继承是件坏事情。它的确会被误用，Python 并没有强行要求用它。创建过深的继承层次结构可能是一种最危险的事情之一，使用多重继承有时会有助于防止这种情况的发生。这个问题超出了本书的范围。这里用到的示例，只是演示了多重继承在 Python 中的工作过程，而不会解释其使用场景（如在混合类或扩展类中）。

研究题 15：HTML 类　本次研究要求创建一个表示 HTML 文档的类。为简单起见，假设每个元素只能包含文本和一个子元素。因此<html>元素仅包含一个<body>元素，<body>元素包含可选的文本和一个仅包含文本的<p>元素。

需要实现的关键功能是__str__()方法，它会依次调用其子元素的__str__()方法，以便能在<html>元素上调用 str()函数时返回整个文档。不妨假定文本都会位于子元素之前。

下面是使用该类输出的例子：

```
para = p(text="this is some body text")
doc_body = body(text="This is the body", subelement=para)
doc = html(subelement=doc_body)
print(doc)

<html>
<body>
This is the body
<p>
this is some body text
</p>
</body>
</html>
```

15.14 小结

- 定义一个类实际上是创建了一种新的数据类型。
- __init__用于在创建类的新实例时初始化数据，但不是构造函数。
- self 参数指向了类的当前实例，将作为第一个参数传入类方法。
- 不需要创建类的实例，就能直接调用静态方法，因此静态方法没有 self 参数。
- 类方法通过 cls 参数传递，cls 参数是类的引用，而不是 self。
- 所有的 Python 方法都是虚方法。也就是说，如果方法未被子类覆盖，也不是父类私有的，那么该方法就可以被所有子类访问。

- 只要不是用双下划线“__”开头，类变量就会从父类继承而来。双下划线开头的变量为私有变量，无法被子类访问，也可以用这种方式让方法成为私有的。
- 通过定义 `getter` 和 `setter` 方法，就可以拥有属性，其行为和普通的实例属性类似。
- Python 允许多重继承，常用于混合类。

第 16 章　正则表达式

本章主要内容

- 了解正则表达式
- 创建带有特殊字符的正则表达式
- 在正则表达式中使用原始字符串
- 从字符串中提取匹配到的文本
- 利用正则表达式替换文本

可能有人想知道，本书为什么要介绍正则表达式呢。正则表达式由一个 Python 模块实现，并且足够高级，甚至都不属于用 C 或 Java 等语言编写的标准库。但如果要用 Python，那么可能就是要进行文本解析，这时正则表达式的用处就太大了，根本不可能略过不提。如果用过 Perl、Tcl 语言或 Linux/UNIX 系统，可能对正则表达式已经比较熟悉。如果没有用过，那么本章将会做比较详细的介绍。

16.1　何为正则表达式

正则表达式（regular expression，regex）是一种从某种模式的文本中识别并提取数据的方法。如果正则表达式识别出一段文本或字符串，则被称为与该文本或字符串“匹配”。正则表达式由字符串定义，其中有些所谓的元字符（metacharacter）可以具备特殊含义，以便能让一个正则表达式与多个不同的字符串匹配。

通过实例来说明正则表达式的工作方式，会比解释理论更容易让人理解。下面是一个用到正则表达式的程序，将会计算文本文件中包含单词 `hello` 的行数。同一行中即便包含多个 `hello`，也只会计算一次：

```
import re
regexp = re.compile("hello")
count = 0
file = open("textfile", 'r')
```

```
for line in file.readlines():
    if regexp.search(line):
        count = count + 1
file.close()
print(count)
```

上述程序首先导入 Python 正则表达式模块 re。然后将文本串"hello"作为文字（textual）正则表达式，并用 re.compile 函数对其进行编译。这种编译并非绝对必要，但编译后的正则表达式可以显著提高程序的运行速度。因此在处理大量文本的程序中，几乎总是会用到编译。

由"hello"编译而成的正则表达式，可以用来干什么呢？可用于识别出另一个字符串中出现的"hello"。换句话说，可以用来确定另一个字符串中是否包含子串"hello"。识别工作将由 search 方法来完成，如果在参数字符串中找不到该正则表达式，则返回 None。Python 在布尔上下文中会把 None 解释为 false。如果在字符串中找到了该正则表达式，Python 将返回一个特殊的对象，可用来确定与这次匹配有关的多种信息，例如，在字符串中出现的位置。稍后将会介绍。

16.2　带特殊字符的正则表达式

上面的示例有一个小缺陷，只会对包含"hello"的行进行计数，却忽略了包含"Hello"的行，因为没有考虑大写的情况。

有一种方法可以解决这个问题，就是使用两个正则表达式，一个用于"hello"，另一个用于"Hello"，并且对每一行都要进行这两种检测。还有一种更好的方法，就是使用正则表达式的高级功能。请把程序中的第二行代码替换为：

```
regexp = re.compile("hello|Hello")
```

上述正则表达式用到了特殊字符“|”。特殊字符（special character）是正则表达式中不会被解释为自身的字符，而是具备特殊的含义。“|”表示“或”，因此上述正则表达式将会匹配"hello"或"Hello"。

另一种解决这个问题的方法就是使用以下表达式：

```
regexp = re.compile("(h|H)ello")
```

除用“|”之外，以上正则表达式还用了特殊字符“圆括号”来进行分组，表示“|”会在小写“h”或大写“H”中任选一个。结果正则表达式将会先匹配“h”或“H”，然后是“ello”。

还有一种匹配方案是：

```
regexp = re.compile("[hH]ello")
```

特殊字符“[”和“]”之间包含了一串字符，将会匹配这串字符中的任何一个字符。在“[”和“]”之间，可用一种特殊的简写来表示字符范围。[a-z]可匹配 a 和 z 之间的单个字符，[0-9A-Z]则会匹配任何数字或任何大写字符，等等。有时可能要在“[”和“]”之间包含连字符“-”本身，这时应该将其作为第一个字符，以免被认为是在定义范围。[-012]将只会匹配-、0、1 或 2，其他字符都不会匹配。

在 Python 的正则表达式中，可供使用的特殊字符相当多。详细描述特殊字符在 Python 正则表达式中的用法，已超出了本书的范畴。关于 Python 正则表达式中可用的特殊字符，包括完整清单及含义说明，都在标准库中正则表达式 re 模块的在线文档中。本章后续在用到时，也会对特殊字符进行介绍。

速测题：正则表达式中的特殊字符 匹配代表数字-5～5 的字符串该用什么正则表达式？十六进制数字该用什么正则表达式匹配？假定允许的十六进制数字为 1、2、3、4、5、6、7、8、9、0、A、a、B、b、C、c、D、d、E、e、F、f。

16.3 正则表达式和原始字符串

编译正则表达式的函数，以及检索正则表达式进行匹配的函数，在正则表达式的上下文中会把字符串中的某些字符序列理解为特定的含义。例如，\n 就会被理解为换行符。但如果用常规 Python 字符串作为正则表达式，那么正则表达式函数通常永远不会碰到这种特殊的字符序列，因为它们有很多在常规字符串中也具有特殊含义。例如，在常规 Python 字符串的上下文中，\n 同样表示换行符。在被正则表达式函数用到之前，Python 会自动把字符串序列\n 替换为换行符。因此，交由正则表达式函数编译的，是嵌入了换行符的字符串，里面不含字符串序列“\n”。

对\n 而言，其实没什么区别。因为正则表达式函数完全能够解释换行符并按要求进行处理，也就是在当前检索文本中匹配换行符。

下面看一下另一个特殊的字符序列\\，它在正则表达式里表示单个反斜杠。假设要在文本中查找字符串"\ten"的出现位置。因为知道必须得把反斜杠表示为双反斜杠，所以可能会写成以下格式：

```
regexp = re.compile("\\ten")
```

上面这句代码可以顺利通过编译，但却是有错误的。问题在于\\在 Python 字符串中也表示一个反斜杠。在调用 re.compile 之前，Python 会将该字符串解释为\ten，这也是传给 re.compile 的内容。在正则表达式的上下文中，\t 表示制表符，因此编译后的正则表达式会搜索制表符加上两个字符“en”。

要想修正使用常规 Python 字符串时出现的问题，需要使用 4 个反斜杠。Python 将前两个反斜杠解释为表示单个反斜杠的特殊字符序列，第二对反斜杠也一样，于是就在 Python 字符串中实际生成了两个反斜杠。然后该字符串将会传给 re.compile，两个真正的反斜杠被解释为表示单个反斜杠的正则表达式特殊字符序列。代码如下所示：

```
regexp = re.compile("\\\\ten")
```

这似乎有点令人困惑，所以 Python 提供了一种专门的字符串定义方式，可以不把常规的

Python 规则应用于特殊字符。用这种方式定义的字符串，称作原始（raw）字符串。

原始字符串一展身手

原始字符串看起来与普通字符串类似，只是在字符串的第一个引号之前带有一个前导 r 字符。以下就是一些原始字符串示例：

```
r"Hello"
r"""\tTo be\n\tor not to be"""
r'Goodbye'
r'''12345'''
```

如上所述，原始字符串可以用单引号、双引号，也可以用常规的三引号。前导 r 也可以用 R 来代替。无论写法如何，原始字符串表示法都可以视为向 Python 声明："不要处理该字符串中的特殊字符序列"。以上除第二个例子以外，其他所有的原始字符串都等效于普通字符串。第二个例子中的\t 和\n 序列不会被解释为制表符和换行符，而是保持为反斜杠开头的双字符序列。

原始字符串并不是一种新的字符串类型，只是一种新的字符串定义方式。只要交互运行几个例子，很容易就能看出发生的事情：

```
>>> r"Hello" == "Hello"
True
>>> r"\the" == "\\the"
True
>>> r"\the" == "\the"
False
>>> print(r"\the")
\the
>>> print("\the")
        he
```

用原始字符串表示正则表达式，就意味着不必担心常规字符串的特殊字符序列和正则表达式的特殊字符序列会相互干扰了。如果用了正则表达式特殊字符序列，上一个正则表达式的例子将会如下：

```
regexp = re.compile(r"\\ten")
```

以上可以如愿生效，经过编译的正则表达式将会查找单个反斜杠加字母"ten"。

只要是定义正则表达式，就请使用原始字符串，应该养成这一习惯，本章接下来都会这么用。

16.4　从字符串提取出匹配文本

正则表达式最常见的用途之一，就是对文本进行简单的模式解析。这是大家理应了解的任务，也是学习更多正则表达式特殊字符的好方法。

假设有个文本文件中包含了人员和电话号码的列表，文件每一行的格式如下：

```
surname, firstname middlename: phonenumber
```

先是姓氏，跟着一个逗号和空格，再是名字，跟着一个空格，再是中间名，跟着一个冒号和空格，再是电话号码。

但是情况没有这么简单，中间名可能会不存在，电话号码可能会缺少区号（可能是800-123-4567 或 123-4567）。当然可以编写代码从这种文本行中解析数据，但是这将是一种乏味且容易出错的工作。正则表达式则提供了一种更简单的解决方案。

首先得建立一个能与上述列表行匹配的正则表达式。下面几段会提到相当多的特殊字符。如果第一次读到时无法全部理解，请不要担心。只要能了解主旨就可以了。

简单起见，假设名字、姓氏和中间名都是由字母和连字符构成。可以用上一节中介绍过的特殊字符“[]”来定义匹配模式，限制姓名可使用的字符：

```
[-a-zA-Z]
```

上述模式将会匹配单个连字符、单个小写字母、单个大写字母。

如果要匹配“McDonald”之类的全名，需要重复上述匹配模式。元字符“+”会把在其前面的字符根据需要重复多次，与当前处理的字符串进行匹配。所以以下模式

```
[-a-zA-Z]+
```

将会匹配一个姓名，如 Kenneth、McDonald 或 Perkin-Elmer。它还会匹配某些不是姓名的字符串，如“—”或“-a-b-c-”，但对本例而言没有影响。

那么电话号码如何匹配呢？特殊字符序列`\d`将会匹配任意数字，在`[]`之外的连字符就是普通的连字符。以下是一个匹配电话号码的较好模式：

```
\d\d\d-\d\d\d-\d\d\d\d
```

3 个数字，跟着一个连字符，再是 3 个数字，跟着一个连字符，再是 4 个数字。这个模式只会匹配带区号的电话号码，但列表中可能存在没有区号的号码。因此最好的解决方案是把模式的区号部分包含在`()`中，形成分组，并在分组后面跟一个特殊字符`?`，表示其前面的部分是可选的：

```
(\d\d\d-)?\d\d\d-\d\d\d\d
```

上述模式将会匹配可能带有或不带有区号的电话号码。对于列表中的某些人可带可不带中间名（或缩写）的情况，也可以用同一技巧来解析。只要利用分组和特殊字符`?`让中间名成为可选项即可。

还可以用`{}`来表示模式的重复次数。对于上述电话号码示例，就可使用以下模式：

```
(\d{3}-)?\d{3}-\d{4}
```

这里有一个由 3 个数字组成的可选组，跟着一个连字符，再是 3 个数字，跟着一个连字符，然后是 4 个数字。

在正则表达式中，逗号、冒号和空格没有特殊含义，只代表字符本身。

把以上模式组合在一起，就会得到如下的模式：

```
[-a-zA-Z]+, [-a-zA-Z]+( [-a-zA-Z]+)?: (\d{3}-)?\d{3}-\d{4}
```

实际的模式可能会稍微再复杂一点，因为不能假定逗号后面只有一个空格，也不能假定在名字和中间名之后、在冒号之后都只有一个空格。不过以后再添加匹配规则，也是很容易的。

这里有一个问题，虽然以上模式能够检查数据行是否符合预期格式，但却无法提取任何数据。目前能做的就是写出下面这么一个程序：

```
import re
regexp = re.compile(r"[-a-zA-Z]+,"          <—— 姓氏和逗号
                    r" [-a-zA-Z]+"          <—— 名字
                    r"( [-a-zA-Z]+)?"       <—— 可选的中间名
                    r": (\d{3}-)?\d{3}-\d{4}"     <—— 冒号和电话号码
                   )
file = open("textfile", 'r')
for line in file.readlines():
    if regexp.search(line):
        print("Yeah, I found a line with a name and number. So what?")
file.close()
```

注意，Python 会将空白符分隔的多个字符串隐式拼接在一起，上面利用这一点对正则表达式模式进行了拆分。随着长度不断增加，这种技术将十分有助于保持正则表达式模式的可维护性和可理解性，还能解决代码行长可能会超出屏幕右边界的问题。

幸好正则表达式不仅可以用来查看模式是否存在，还可以从模式中提取数据。第一步是用特殊字符()，对要提取数据对应的子模式进行分组。然后用特殊字符序列?P <name>为每个子模式取一个唯一的名称，如下所示：

```
(?P<last>[-a-zA-Z]+), (?P<first>[-a-zA-Z]+)( (?P<middle>([-a-zA-Z]+)))?:
(?P<phone>(\d{3}-)?\d{3}-\d{4}
```

注意，以上代码应该在一行内输入完毕，不能有换行。受限于纸张的宽度，这里的代码无法在一行中展示。

这里有一个明显容易混淆的地方，?P<...>中的问号，与表示中间名和区号为可选项的特殊字符问号毫无关系。这多半是一种巧合，碰巧用到了同一个字符而已。

现在已经对模式中的各部分进行了命名，然后就可以用 group 方法提取各部分的匹配结果了。因为 search 函数返回匹配成功的结果时，不仅会返回真值，还会返回记录匹配内容的数据结构，所以提取就能得以实现。不妨编写一个简单的程序，从列表中提取姓名和电话号码并打印出来，代码如下所示：

```
import re
regexp = re.compile(r"(?P<last>[-a-zA-Z]+),"       <—— 姓氏和逗号
                    r" (?P<first>[-a-zA-Z]+)"      <—— 名字
                    r"( (?P<middle>([-a-zA-Z]+)))?"    <—— 可选的中间名
                    r": (?P<phone>(\(\d{3}-)?\d{3}-\d{4})"     <—— 冒号和电话号码
                   )
file = open("textfile", 'r')
```

```
for line in file.readlines():
    result = regexp.search(line)
    if result == None:
        print("Oops, I don't think this is a record")
    else:
        lastname = result.group('last')
        firstname = result.group('first')
        middlename = result.group('middle')
        if middlename == None:
            middlename = ""
        phonenumber = result.group('phone')
    print('Name:', firstname, middlename, lastname,' Number:', phonenumber)
file.close()
```

这里有几个值得关注的地方。

- 通过检查 search 方法的返回值来确定匹配是否成功。如果返回值为 None，则匹配失败。否则表示匹配成功，然后就可以从 search 返回的对象中提取数据了。
- group 方法用于提取与命名的子模式匹配的数据。传入参数为所需子模式的名称。
- 因为子模式 middle 是可选项，所以即使整体匹配成功，也不能指望其具有值。如果整体匹配成功，但中间名的匹配不成功，则用 group 访问子模式 middle 相关数据时将返回 None 值。
- 电话号码中有部分是可选项，其他部分则不是。如果匹配成功，则子模式 phone 一定会包含相关的文本，因此不必担心其值为 None。

动手题：提取匹配的文本 拨打国际电话通常需要带上“+”和国家/地区代码。假设国家/地区代码为两位数，如何修改上面的代码，提取电话号码中的“+”和国家/地区代码？同理，并非所有电话号码都带有国家/地区代码。该如何让代码能够处理 1~3 位数的国家/地区代码呢？

16.5 用正则表达式替换文本

除了能从文本中提取字符串，Python 的正则表达式模块还可以在文本中查找字符串并用其他字符串进行原地替换。只要用正则替换方法 sub 就可以完成这一任务。以下示例用一个"the"替换"the the"，想必这是拼写错误：

```
>>> import re
>>> string = "If the the problem is textual, use the the re module"
>>> pattern = r"the the"
>>> regexp = re.compile(pattern)
>>> regexp.sub("the", string)
'If the problem is textual, use the re module'
```

sub 方法将调用正则表达式（本例中为 regexp）来扫描其第二个参数（本例中为 string），将所有匹配的子串替换为第一个参数值（本例中为"the"）并生成一个新的字符串。

但如果要把匹配的子串替换为与匹配值有一定关系的新子串，那该怎么办呢？这就是 Python

体现优雅的地方了。sub 方法的第一个参数，也就是用于替换的子串（本例中的"the"），根本就不一定是字符串，还可以是一个函数。如果 sub 方法的第一个参数是个函数，Python 将会对当前匹配对象调用这个函数，然后执行函数计算并返回一个用于替换的字符串。

为了查看一下这种函数的运行情况，下面创建一个示例，函数的参数为包含整数值（无小数点或小数部分）的字符串，返回的字符串包含数值相同的浮点数（尾部带有一个小数点和零）：

```
>>> import re
>>> int_string = "1 2 3 4 5"
>>> def int_match_to_float(match_obj):
        return(match_obj.group('num') + ".0")

>>> pattern = r"(?P<num>[0-9]+)"
>>> regexp = re.compile(pattern)
>>> regexp.sub(int_match_to_float, int_string)
'1.0 2.0 3.0 4.0 5.0'
```

在上述场景中，模式会去查找由一位或多位数字组成的数值，即[0-9]+部分。同时模式还带有名称（?P <num>...部分），以便字符串替换函数可以引用该名称提取出匹配的子串。然后 sub 方法会从头开始扫描参数字符串"1 2 3 4 5"，查找与[0-9]+匹配的数据。当 sub 方法找到匹配的子串时，就会生成一个匹配对象，精确定义与模式匹配的子串。然后 sub 方法将调用 int_match_to_float 函数，用匹配对象作为唯一的参数。int_match_to_float 函数会用 group 方法从匹配对象中提取出匹配上的子串（通过引用分组名称 num），并把匹配子串与.0 拼接以生成新的字符串。sub 方法将返回这个新字符串，并将其作为子串合并到整个结果中。最后，sub 方法会再次扫描，从找到最后一个匹配子串的地方后面开始，继续上述查找，直至再也找不到匹配子串为止。

动手题：文本替换 在 16.4 节的习题中，已经对电话号码正则表达式进行了扩展，可以识别出国家/地区代码了。现在该如何用一个函数让不带国家/地区代码的号码带上“+1”呢？“+1”是美国和加拿大的国家/地区代码。

研究题 16：电话号码的规格化 在美国和加拿大，电话号码由 10 位数字组成，通常可拆分为 3 位区号、3 位交换码和 4 位站号。正如 16.4 节所述，前面还有可能带或不带国家/地区代码“+1”。但在实践中，可以有多种电话号码的格式化方式，如(NNN)NNN-NNNN、NNN-NNN-NNNN、NNN NNN-NNNN、NNN.NNN.NNNN 和 NNN NNN NNNN 等。此外，可能不带国家/地区代码，可能没有“+”，并且数字之间通常（并不总是）用空格或破折号分隔。

本次研究的任务是建立一个电话号码规格化程序，能够接受以上提到的任何格式并返回规格化后的电话号码“1-NNN-NNN-NNNN”。

以下是电话号码可能出现的所有格式：

+1 223-456-7890	1-223-456-7890	+1 223 456-7890
(223) 456-7890	1 223 456 7890	223.456.7890

另外，区号和交换码的第一个数字只能是 2～9，区号的第二个数字不能是 9。请利用这一信息对输入做校验，如果号码非法则返回 ValueError 异常消息“invalid phone number”。

16.6 小结

- 关于正则表达式特殊字符的完整清单和说明，参见 Python 文档。
- 除方法 search 和 sub 之外，正则表达式还有很多其他方法可用，包括：拆分字符串、从匹配对象中提取更多信息、在主参数字符串中查找子字符串的位置、精确控制对参数字符串进行正则搜索的迭代过程。
- 除\d 之外，可用于表示数字字符的特殊字符序列还有很多，都在文档中列出了。
- 正则表达式还有一些标志字符，可以用来控制某些比较高难度的因素，以便完成极其复杂的匹配。

第 17 章　数据类型即对象

本章主要内容

- 将类型视为对象
- 使用类型
- 创建用户自定义类
- 了解鸭子类型
- 使用特殊方法属性
- 由内置类型派生子类

到目前为止，大家已经学习了基本的 Python 类型，以及如何用类创建自己的数据类型。对于很多编程语言来说，几乎只要考虑数据类型就够了。但 Python 的类型是动态确定的，也就意味着数据类型是在运行时确定的，而不是在编译时。这正是 Python 易于使用的原因之一，也使得可以（有时是必须）用对象的类型（不只是对象本身）进行计算。

17.1 类型即对象

启动 Python 会话，测试以下代码：

```
>>> type(5)
<class 'int'>
>>> type(['hello', 'goodbye'])
<class 'list'>
```

以上示例首次演示了 Python 内置的 type 函数，可以被任何 Python 对象调用，返回该对象的类型。在以上示例中，大家可能都已知道了，type 函数显示 5 是 int（整数），而['hello', 'goodbye']是 list。

更有意义的是，调用 type 之后 Python 返回的是对象，<class'int'>和<class'list'>是返回对象的显示形式。调用 type(5)后返回的是哪种对象呢？用一个简单的方法就可以找到答案了，只要对结果再调用一次 type 即可：

```
>>> type_result = type(5)
>>> type(type_result)
<class 'type'>
```

type 返回的对象类型就是<class'type'>，可以称其为类型对象（type object）。类型对象是另一种 Python 对象，其唯一突出的特征就是名称有时会引起混淆。把类型对象说成是<class 'type'>类型，这个解释的明晰程度几乎与老 Abbott 和 Costello 的喜剧节目“Who's on First?”一样，仍是含混不清。

17.2 类型的使用

现在清楚了，Python 的数据类型可以被视为类型对象，那么可以进行哪些操作呢？因为两个 Python 对象之间可以相互比较，所以对类型也可以进行比较：

```
>>> type("Hello") == type("Goodbye")
True
>>> type("Hello") == type(5)
False
```

"Hello"和"Goodbye"的类型是相同的，它们都是字符串。而"Hello"和 5 的类型是不同的。别的先不说，至少可以用这种技术在函数和方法的定义中对类型进行检查。

17.3 类型和用户自定义类

对象的类型能让人感兴趣，最常见的理由就是可以识别出某个特定的对象是否为某个类的实例，特别是针对用户自定义类的实例。在确定了对象是某一类型后，代码就可以做出相应的处理。举个例子就可解释得更清楚一些了。首先定义几个空的类，以便建立起一种简单的继承层次结构：

```
>>> class A:
...     pass
...
>>> class B(A):
...     pass
...
```

下面创建类 B 的一个实例：

```
>>> b = B()
```

正如预期的那样，对 b 调用 type 函数，将会显示 b 为类 B 的实例，定义在当前的__main__命名空间内：

```
>>> type(b)
<class '__main__.B'>
```

通过访问实例的特殊属性__class__，也可以获取到完全一样的信息：

```
>>> b.__class__
<class '__main__.B'>
```

下面还要用该类提取更多信息，所以先把它保存起来：

```
>>> b_class = b.__class__
```

为了强调 Python 中的一切皆为对象，以下可以证明由 b 获取到的类就是定义在 B 名下的类：

```
>>> b_class == B
True
```

在本例中，其实不需要把 b 的类保存下来，因为它已经存在了。但这是为了清楚展示出类就是另一种 Python 对象，可以像任何其他 Python 对象一样保存或传递。

有了 b 的类，就可以通过__name___属性得到类的名称。

```
>>> b_class.__name__
'B'
```

通过访问__bases__属性，还可以找到类是从哪些类继承而来的，该属性包含了该类的全部基类的元组：

```
>>> b_class.__bases__
(<class '__main__.A'>,)
```

将__class__、__bases__和__name__属性都一起用上，就能够对任一实例的类继承结构进行完整的分析了。

不过 isinstance 和 issubclass 这两个内置函数，提供了一种更加友好的手段，可以获取到大部分常用信息。例如，要想确定传入函数或方法的类是否为预期类型，就应该采用 isinstance 函数：

```
>>> class C:
...     pass
...
>>> class D:
...     pass
...
>>> class E(D):
...     pass
...
>>> x = 12
>>> c = C()
>>> d = D()
>>> e = E()
>>> isinstance(x, E)
False
>>> isinstance(c, E)      ❶
False
>>> isinstance(e, E)
```

```
True
>>> isinstance(e, D)        ❷
True
>>> isinstance(d, E)        ❸
False
>>> y = 12
>>> isinstance(y, type(5))        ❹
True
```

issubclass 函数只能用于类：

```
>>> issubclass(C, D)
False
>>> issubclass(E, D)
True
>>> issubclass(D, D)        ❺
True
>>> issubclass(e.__class__, D)
True
```

对于类实例而言，isinstance 是针对类进行检测的❶。e 确实是类 D 的实例，因为 E 继承自 D❷。但是 d 不是类 E 的实例❸。对于其他类型，可以采用一个具体的示例值来进行检测❹。类将被视为自身的子类❺。

速测题：类型　假设在对 x 做添加操作之前，需要先确保 x 是一个列表对象。该用什么代码来实现呢？type()和 isinstance()的用法有什么区别？这种编程方式属于“三思而后行”（Look Before You Leap，LBYL）还是“先斩后奏”（Easier to Ask Forgiveness than Permission，EAFP）？除显式对类型进行检查之外，还能采取其他哪些可选方案？

17.4　鸭子类型

利用 type、isinstance 和 issubclass 函数，代码很容易就能正确确定对象或类的继承层次结构。虽然过程很简单，但 Python 还有一个特性，可以让对象用起来更加轻松：鸭子类型（duck typing）。正如“如果某个东西走起来像鸭子，叫起来也像鸭子，那它可能就是一只鸭子”，鸭子类型是指 Python 确定对象类型的方式，看对象是不是完成某项操作所需的类型，关注的重点是对象与外界的交互能力，而不是对象的类型。例如，某项操作需要用到的是迭代器，则所用的对象不一定得是某种迭代器的子类，甚至可以根本就不是迭代器类。真正重要的是，当作迭代器使用的对象能够按预期方式生成一系列的对象。

相比之下，在像 Java 这样的语言中，需要强制执行更加严格的继承规则。简而言之，鸭子类型意味着，在 Python 中不需要（或许也不应该）操心对函数或方法参数进行类型检查等。相反，应该依赖高可读性、文档完善的代码，再加上彻底的测试，以确保对象能够按需“像鸭子一样嘎嘎叫”。

鸭子类型可以增加优质代码的灵活性，再加上比较高级的面向对象特性，Python 就能够创建几乎涵盖任何场景的类和对象了。

17.5 何为特殊方法属性

特殊方法属性（special method attribute）是 Python 类的一种属性，对 Python 而言具备特殊的含义。虽然被定义为方法，但其实并不是打算直接当作方法使用的。通常特殊方法不会被直接调用，而是由 Python 自动调用，以便对属于该类的对象的某种请求做出响应。

特殊方法属性最简单的例子，也许就是`__str__`了。如果是在类中定义的，只要 Python 请求该类的实例的可读字符串形式，就会调用`__str__`方法属性，并将其返回值用作请求的字符串。为了实际查看一下该属性，不妨把表示红绿蓝（RGB）颜色的类定义为数值三联组，每个数值分别代表红、绿、蓝色的强度。除定义标准的`__init__`方法用于初始化类实例之外，再定义一个`__str__`方法，用于返回字符串形式的实例，也就是适于人类阅读的格式。类的定义应该如代码清单 17-1 所示。

代码清单 17-1 color_module.py 文件

```
class Color:
    def __init__(self, red, green, blue):
        self._red = red
        self._green = green
        self._blue = blue
    def __str__(self):
        return "Color: R={0:d}, G={1:d}, B={2:d}".format (self._red,
                                                          self._green, self._blue)
```

假如把上述类定义存入了 color_module.py 文件，就可以按常规方式导入并使用了：

```
>>> from color_module import Color
>>> c = Color(15, 35, 3)
```

如果用`print`把`c`打印出来，就可以看到特殊方法属性`__str__`的效果了：

```
>>> print(c)
Color: R=15, G=35, B=3
```

即便没有任何代码对特殊方法属性`__str__`发起显式的调用，Python 还是会用到它的。Python 知道`__str__`属性（假如存在的话）定义了将对象转换为用户可读字符串的方法。这正是特殊方法属性定义的特色，能以专用方式定义挂入 Python 的钩子（hook）函数。此外，特殊方法属性还可用于定义一种特殊的类，其对象的行为在语法和语义上都与列表或字典相同。例如，可用来定义用法与 Python 列表完全相同的对象，但采用平衡树而不是数组来存储数据。对程序员而言，这种对象用起来就和列表一样，但是性能上存在差异，如数据插入速度更快，迭代起来则较慢。这种差异或许正好有助于解决现实中的问题。

本章的剩余部分将会介绍一些篇幅较长的示例，都用到了特殊方法属性。本章不会把 Python

所有可用的特殊方法属性都介绍一遍，但确实对其概念进行了足够详细的展示。由此对未提及的其他特殊方法属性，也都能够轻松使用。在标准库文档的内置类型部分，给出了特殊方法属性的全部定义。

17.6 让对象像列表一样工作

以下示例用到了大型的文本文件，里面存放着人员记录信息。每行就是一条记录，其中包含了人名、年龄和居住地，字段之间用双冒号“::”分隔。文件数据行可能如下所示：

```
.
.
.
John Smith::37::Springfield, Massachusetts
Ellen Nelle::25::Springfield, Connecticut
Dale McGladdery::29::Springfield, Hawaii
.
.
.
```

假定现在需要收集文件中的人员年龄分布信息。处理文件数据行的方式有很多种，以下就是其中一种：

```
fileobject = open(filename, 'r')
lines = fileobject.readlines()
fileobject.close()
for line in lines:
    ...执行某些操作...
```

以上技术理论上是可行的，但会把整个文件一次性读入内存。如果文件太大，以至内存中容纳不下（这种文件很有可能会比较大），那么程序就无法使用了。

下面是另一种解决方案：

```
fileobject = open(filename, 'r')
for line in fileobject:
    ...执行某些操作...
fileobject.close()
```

以上代码每次只会读入一行，以此来解决内存不足的问题。这样运行没有问题，但如果想让文件打开更简单一些，并且只需获取每行的前两个字段（姓名和年龄），那就需要用到能把文本文件视为数据行列表，至少能用上 for 循环，但它又不能把整个文本文件一次性读进来。

17.7 特殊方法属性__getitem__

采用特殊方法属性__getitem__，就是一种解决方案。在所有用户自定义类中都能定义该方法，能够让该类的实例对列表访问语法和语义做出响应。假设 AClass 是定义了__getitem__

的 Python 类，obj 是该类的实例，那么 x = obj[n]和 for x in obj:就是有意义的，obj 就可以像列表那样使用。

以下代码就是答案，后面带了注释：

```
class LineReader:
    def __init__(self, filename):
        self.fileobject = open(filename, 'r')     <—— 以只读方式打开文件
    def __getitem__(self, index):
        line = self.fileobject.readline()      <—— 读取一行
        if line == "":                 <—— 如果读不到数据了
            self.fileobject.close()        <—— 关闭文件对象
            raise IndexError             <—— 引发 IndexError

        else:
            return line.split("::")[:2]      <—— 否则拆分当前行，返回前两个字段

for name, age in LineReader("filename"):
    #...执行某些操作...
```

乍一看，上述例子貌似比之前的解决方案更加糟糕，因为代码更多、很难理解。但是大部分代码都是在一个类中，可以放入自定义的模块中，例如，叫作 myutils 模块。然后程序就变成了：

```
import myutils
for name, age in myutils.LineReader("filename"):
    #...执行某些操作...
```

LineReader 类负责处理所有细节，包括打开文件、每次读取一行、关闭文件。在开始的开发阶段花了较多的工夫，以此为代价得到了一个读取工具，可以更轻松地处理每行一条记录的大型文本文件，而且不易出错。注意，Python 已经提供了很多强大的文件读取方案，但是本例的优点是很容易理解。理解了这种思路后，可以把同样的原理应用到很多场景中去。

17.7.1 工作原理

LineReader 是个类，__init__方法会以只读方式打开指定名称的文件，并把打开的文件对象用 fileobject 保存起来供后续访问。要理解__getitem__方法的使用，需要清楚以下 3 点。

- 所有定义了__getitem__实例方法的对象，都可以像列表那样返回多个元素。所有 object[i]形式的访问，都会由 Python 转换为 object.__getitem__(i)形式的方法调用，将作为普通的方法调用进行处理。最终会以__getitem__(object, i) 执行，采用的是类里定义的__getitem__方法。每次调用__getitem__时，第一个参数是要从中提取数据的对象，第二个参数是该项数据的索引。
- 因为 for 循环将访问列表中的每一项数据，每次访问一个数据项，所以 for arg in sequence:这种形式的循环，就是通过反复调用__getitem__来完成的，每次都会递

增索引值。for 循环首先会把 arg 置为 sequence.__getitem__(0)，然后是 sequence.__getitem__(1)，以此类推。

- for 循环将捕获 IndexError，处理方案就是退出循环。用 for 访问普通的列表或序列时，也是这样中止循环的。

LineReader 类只能在 for 循环内使用，for 循环始终会以匀速递增的索引值为参数发起调用，__getitem__(self, 0)、__getitem__(self, 1)、__getitem__(self, 2)，以此类推。上面的代码充分利用了这一点，依次返回每一行，只是 index 参数被忽略了。

有了这些知识，就很容易理解 LineReader 对象是如何在 for 循环中模拟序列了。循环的每次迭代，都会导致在对象上调用 Python 特殊方法属性__getitem__。结果就是对象从其保存的 fileobject 中读入下一行，并对该行进行检测。如果该行非空，则返回该行数据。空行则表示已到达文件末尾，对象将关闭 fileobject 并引发 IndexError 异常。for 循环体将会捕获 IndexError 异常，然后循环终止。

请记住，以上示例只是为了演示用的。通常，用 for line in fileobject:类型的循环就足以遍历文件中的数据行了。但本例确实表明，在 Python 中很容易就能创建一个像列表或其他类型一样工作的类。

速测题：__getitem__ 上述用到__getitem__的示例会受到很多限制，许多情况下都无法正常工作。以上程序运行失败或工作不正常的情况会有哪些？

17.7.2 实现完整的列表功能

在以上示例中，LineReader 类的对象只在一个地方表现得像是列表对象，也就是能正确响应对所读文件数据行的顺序访问请求。或许大家还想知道，该如何扩展功能，让 LineReader 或其他对象的行为更像列表。

首先，__getitem__方法应该能以某种方式处理其索引参数。因为 LineReader 类的重点完全放在了避免将大文件读入内存上，所以将整个文件放入内存并返回相应数据行是没有意义的。最佳方案可能会是每次__getitem__调用时检查索引是否大于前一次调用时的值，如果不是则引发错误。如果是对某 LineReader 实例第一次调用__getitem__，则索引值为 0。这种做法将确保 LineReader 实例仅能按照预期在 for 循环中使用。

更加一般地来说，Python 提供了几个与列表行为相关的特殊方法属性。当对象用在列表赋值的语法上下文时，如 obj[n] = val，可用__setitem__定义要完成的操作。其他还有几个特殊方法属性，提供了不太显眼的列表功能，如__add__属性，让对象能够响应“+”操作符，以便执行自定义版本的列表拼接操作。在能够完全模拟列表之前，类还需要定义其他几个特殊方法。不过通过定义适当的 Python 特殊方法属性，就可以实现完整的列表模拟功能。下一节将给出一个实现更加完整的列表模拟类的示例。

17.8 完整实现列表功能的对象

__getitem__是 Python 众多的特殊方法属性之一。这些特殊方法可以定义在类中，让该类的实例有能力展示特定的行为。为了了解特殊方法属性的更多应用，以便能有效地将新功能无缝集成到 Python 当中，下面看一个较为全面的示例。

在使用列表时，通常一个列表只会包含一种类型的元素，如字符串列表或数值列表。某些编程语言能够强制执行这一限制，如 C++。在大型程序中，能够将列表声明为仅允许包含特定类型的元素，这将有助于错误的跟踪。试图把类型错误的元素添加到指定了类型的列表中，将会引发错误信息。这样在程序开发的早期阶段就可能识别出问题，而不用等到其他时候了。

Python 没有内置指定了类型的列表，大多数 Python 程序员也不会惦记这种列表。但如果考虑要强行保证列表的类型一致性，那么采用特殊方法属性就能很容易创建出一个行为类似于指定类型列表的类。以下给出了这种类的开头部分，它大量用到了 Python 内置的 type 和 isinstance 函数来检查对象的类型：

```
class TypedList:
    def __init__(self, example_element, initial_list=[]):
        self.type = type(example_element)        <——❶
        if not isinstance(initial_list, list):
            raise TypeError("Second argument of TypedList must "
                            "be a list.")
        for element in initial_list:
                if not isinstance(element, self.type):
                    raise TypeError("Attempted to add an element of "
                                    "incorrect type to a typed list.")
        self.elements = initial_list[:]
```

参数 example_element 定义了该列表能够容纳的类型，只要给出一个元素类型的示例即可❶。

这里定义的 TypedList 类，能够用以下形式进行调用：

```
x = TypedList ('Hello', ["List", "of", "strings"])
```

第一个参数是'Hello'，它根本就不会加入结果数据中，只是用作一个示例，表示列表必须包含的元素的数据类型，本例中是字符串。第二个参数是一个可选的列表，可用于提供列表的初值。TypedList 类的__init__函数将会对创建 TypedList 实例时传入的所有列表元素进行检查，看看是否与第一个参数给出的示例属于相同的类型。只要有不匹配的类型，就会引发异常。

这一版本的 TypedList 类还不能当作列表来使用，因为它没有对设置或访问列表元素的标准方法进行响应。要解决这个问题，需要定义特殊方法属性__setitem__和__getitem__。只要执行 TypedListInstance[i] = value 这种语句，Python 就会自动调用__setitem__方法。只要计算表达式 TypedListInstance[i]并返回 TypedListInstance 的第 i 个槽位的数据，就会调用__getitem__方法。下面是下一版本的 TypedList 类。因为要对很多新元素进行类型检查，所以新抽象出了私有方法__check：

```
class TypedList:
    def __init__(self, example_element, initial_list=[]):
        self.type = type(example_element)
        if not isinstance(initial_list, list):
            raise TypeError("Second argument of TypedList must "
                            "be a list.")
        for element in initial_list:
            self.__check(element)
        self.elements = initial_list[:]
    def __check(self, element):
        if type(element) != self.type:
            raise TypeError("Attempted to add an element of "
                            "incorrect type to a typed list.")
    def __setitem__(self, i, element):
        self.__check(element)
        self.elements[i] = element
    def __getitem__(self, i):
        return self.elements[i]
```

现在类 TypedList 的实例与列表更相像了。例如，以下代码就能正常执行了：

```
>>> x = TypedList("", 5 * [""])
>>> x[2] = "Hello"
>>> x[3] = "There"
>>> print(x[2] + ' ' + x[3])
Hello There
>>> a, b, c, d, e = x
>>> a, b, c, d
('', '', 'Hello', 'There')
```

print 语句中对元素 x 的访问，将由__getitem__进行处理，访问请求将会传给保存在 TypedList 对象中的列表实例。对 x[2]和 x[3]的赋值，将由__setitem__进行处理，首先会检查赋给列表的元素是否具备相应的类型，然后在包含在 self.elements 中的列表上执行赋值。最后一行用__getitem__对 x 的前 5 个数据项进行拆包，然后分别打包到变量 a、b、c、d、e 中。对__getitem__和__setitem__的调用是由 Python 自动完成的。

要全部完成 TypedList 类，使 TypedList 对象在所有方面都表现得像列表对象一样，还需要更多的代码。首先应该定义特殊方法属性__setitem__和__getitem__，以便 TypedList 实例可以处理切片语法和单个数据项访问。其次应该定义__add__，以便可以执行列表添加（拼接）操作。第三应该定义__mul__，以便可以执行列表乘法。第四应该定义__len__，以便 len(TypedListInstance)调用能够正确计算出结果。第五应该定义__delitem__，以便 TypedList 类可以正确处理 del 语句。第六还应定义 append 方法，以便可以通过标准的列表风格的 append、insert、extend 方法将数据项加入 TypedList 实例。

动手题：列表特殊方法的实现 请尝试实现特殊方法__len__和__delitem__，以及方法 append。

17.9 由内置类型派生子类

以上示例是个不错的练习，有助于理解如何从头开始实现一个类似列表的类，不过工作量也是很大的。从实践角度来看，如果要按照下面演示的代码实现自己的类似列表的数据结构，或许可以换一种思路，不妨考虑一下由列表类型或 UserList 类型派生子类。

17.9.1 由列表类型派生子类

不用像以上示例那样从头开始为特定类型的列表创建类，而是可以从列表类型派生子类，只要把需要关心数据类型的所有方法覆盖即可。这种方案有一大优点，就是自定义类拥有全部列表操作的默认版本方法，因为类已经是列表了。主要是得时刻牢记，Python 中的所有类型都是类，如果要对内置类型的行为做出修改，可能要考虑由该类型派生子类：

```
class TypedListList(list):
    def __init__(self, example_element, initial_list=[]):
        self.type = type(example_element)
        if not isinstance(initial_list, list):
            raise TypeError("Second argument of TypedList must "
                            "be a list.")
        for element in initial_list:
            self.__check(element)
        super().__init__(initial_list)

    def __check(self, element):
        if type(element) != self.type:
            raise TypeError("Attempted to add an element of "
                            "incorrect type to a typed list.")

    def __setitem__(self, i, element):
        self.__check(element)
        super().__setitem__(i, element)

>>> x = TypedListList("", 5 * [""])
>>> x[2] = "Hello"
>>> x[3] = "There"
>>> print(x[2] + ' ' + x[3])
Hello There
>>> a, b, c, d, e = x
>>> a, b, c, d
('', '', 'Hello', 'There')
>>> x[:]
['', '', 'Hello', 'There', '']
>>> del x[2]
>>> x[:]
['', '', 'There', '']
>>> x.sort()
>>> x[:]
['', '', '', 'There']
```

注意，这时要做的就只是实现一个方法，用于检查要加入的数据项的类型。在调用 `list` 常规的`__setitem__`方法之前，对`__setitem__`稍作修改以执行检查。其他诸如 `sort` 和 `del` 之类的方法，无须再做编码即可工作。如果只需要对类的行为做一点点变动，重载内置类型可以节省相当多的时间，因为类的大部分内容都可以不加修改直接使用。

17.9.2　由 UserList 派生子类

如果需要一种列表的变体（如以上示例所示），则还有第三种选择，可以由 `UserList` 类派生子类，这是一个位于 `collections` 模块的列表包装类。`UserList` 是为早期版本的 Python 创建的，当时无法由列表类型派生子类。但 `UserList` 仍然很有用，特别是对当前情况而言，因为底层的列表可由 `data` 属性访问到：

```
from collections import UserList
class TypedUserList(UserList):
    def __init__(self, example_element, initial_list=[]):
        self.type = type(example_element)
        if not isinstance(initial_list, list):
            raise TypeError("Second argument of TypedList must "
                            "be a list.")
        for element in initial_list:
            self.__check(element)
        super().__init__(initial_list)

    def __check(self, element):
        if type(element) != self.type:
            raise TypeError("Attempted to add an element of "
                            "incorrect type to a typed list.")
    def __setitem__(self, i, element):
        self.__check(element)
        self.data[i] = element
    def __getitem__(self, i):
        return self.data[i]

>>> x = TypedUserList("", 5 * [""])
>>> x[2] = "Hello"
>>> x[3] = "There"
>>> print(x[2] + ' ' + x[3])
Hello There
>>> a, b, c, d, e = x
>>> a, b, c, d
('', '', 'Hello', 'There')
>>> x[:]
['', '', 'Hello', 'There', '']
>>> del x[2]
>>> x[:]
['', '', 'There', '']
>>> x.sort()
>>> x[:]
['', '', '', 'There']
```

这个例子与列表类型派生子类非常相似，只不过是在实现类的内部，数据列表可通过 `data` 属性内部获得。某些场合中，能够直接访问底层数据结构是很有用的。除 `UserList` 之外，还有 `UserDict` 和 `UserString` 两个包装类可供选用。

17.10 特殊方法属性的适用场景

通常，使用特殊方法属性最好是谨慎一点。用到这些代码的其他程序员会很好奇，为什么某个序列类型的对象能够对标准索引的语法做出正确响应，而另一个对象却不行。

本书的一般准则是，在以下两种情况下可以使用特殊方法属性。

- 如果自己的代码中有一个频繁用到的类，在某些方面表现得像是某个 Python 内置类型，那就可以定义对应的特殊方法属性。当对象的行为与序列多少有点类似时，就是这种情况发生最多的时候。
- 如果自定义类的行为与内置类的行为相同或几乎相同，则既可以选择对所有的特殊方法属性都进行定义，也可以从 Python 内置类型派生子类并发布类。用平衡树实现的列表可以算是后一种方案的示例，虽然访问速度较慢，但插入速度却比标准的列表类要快。

以上规则并不是一成不变的。例如，为类定义特殊方法属性`__str__`往往就很不错，这样就可以在调试代码中放入 `print(instance)`，以便能在屏幕上看到可读性很好的对象信息。

速测题：特殊方法属性及从已有类型派生子类 假设需要一个类似字典的类型，键只允许使用字符串，也许可像第 13 章所述的 `shelf` 对象那样工作。此类可以有几种创建方式？每种方式的优缺点是什么？

17.11 小结

- 必要时可以用代码进行类型检查，Python 为此提供了工具函数。但利用鸭子类型可以编写出更加灵活的代码，不需要去操心类型检查问题。
- 特殊方法属性和由内置类派生子类，均可用于在用户自建类中添加类似列表的行为。
- 正因为 Python 有了鸭子类型、特殊方法属性和派生子类，使得以各种方式构造和组合多个类成为可能。

第 18 章　包

本章主要内容

- 定义包
- 创建简单包
- 探索包的具体示例
- 使用 `__all__` 属性
- 合理利用包

模块可以让小块代码轻松得以重新利用。当项目不断壮大，就会出现多种问题，需要重载的代码在物理或逻辑上都会超出单个文件的合理大小。如果庞大的模块文件不是令人满意的方案，那么一大堆毫无关联的小模块也不见得能好多少。解决这个问题的方案是把有关联的模块组合到同一个包中。

18.1　何为包

模块是容纳代码的文件，一个模块定义了一组 Python 函数和其他对象，通常这些函数和对象都是关联的。模块的名称由文件名称而来。

如果理解了模块，包就容易理解了，因为包就是包含代码和子目录的目录。包里包含了一组通常相互关联的代码文件（模块）。包的名称由主目录名而来。

包是模块概念的自然扩展，旨在应付非常大型的项目。模块把相互关联的函数、类和变量进行了分组，同理，包则是把相互关联的模块进行了分组。

18.2　包的第一个示例

为了了解包在实践中的工作原理，下面考虑一种天生就十分庞大的项目设计，类似于 Mathematica、Maple、MATLAB 的通用数学计算包。例如，Maple 就是由数千个文件组成的，代码的组织结构对于保持项目的井然有序至关重要。不妨把整个项目命名为 mathproj。

这种项目的组织方式可以有很多种，有一种比较合理的设计是把项目分为两部分。ui 由 UI 部分组成，comp 则包含了计算部分。在 comp 中，进一步把计算部分拆分为 symbolic（实数和复数符号计算，如高中代数）和 numeric（实数和复数数值计算，如数值积分），这样可能会比较合理。而且比较合理的设计是，symbolic 和 numeric 部分都包含 constants.py 文件。

numeric 部分中的 constants.py 文件对 pi 进行了如下定义：

```
pi = 3.141592
```

而 symbolic 部分中的 constants.py 文件，则把 pi 定义为：

```
class PiClass:
     def __str__(self):
         return "PI"
pi = PiClass()
```

这就意味着同一个名称 pi 可能会在两个不同的 constants.py 文件中用到，当然也会被导入，如图 18-1 所示。

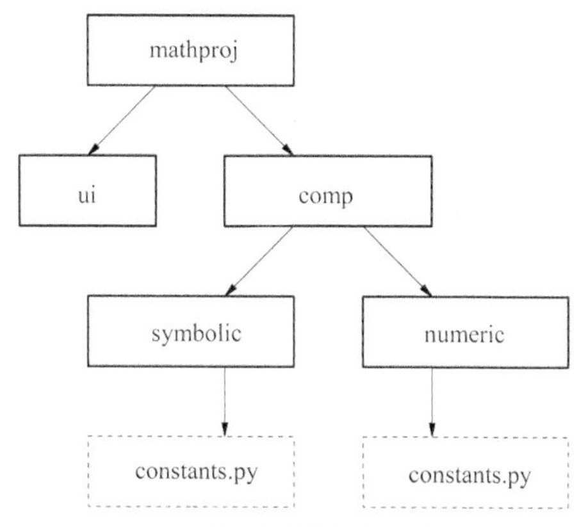

图 18-1　数学计算包的组织结构

在 symbolic 中的 constants.py 文件里，pi 定义为一个抽象的 Python 对象，它是 PiClass 类的唯一实例。随着项目的开发，可以在该类中实现各种操作，返回的都是符号而不是数值。

从上述设计结构到目录结构，存在很自然的映射关系。项目的顶级目录名为 mathproj，下面包含子目录 ui 哨 comp，comp 之下又包含了子目录 symbolic 哨 numeric。symbolic 哨 numeric 中都各自包含了 constants.py 文件。

有了以上的目录结构，假定根目录 mathproj 已放入 Python 搜索路径中，则 mathproj 包内外的 Python 代码就都可以访问 pi 盏龟了吴侯 mathproj.symbolic.constants.pi 和 mathproj.numeric.constants.pi。换句话说，Python 包内对象的名称，反映的就是包含该对象的文件所在的目录路径名。

有关包的内容就这么多。包是把大型 Python 代码集组织成有条理的各个整体的方案，允许代码分布在不同的文件和目录中，施行一种基于包文件目录结构的模块/子模块命名体系。可惜包在实际运用时并没有这么简单，很多细节问题的干扰让包的使用比理论上更为复杂一些。本章剩余部分将主要介绍包在实践中的各种情况。

18.3 包的实际例子

本章的剩余部分，将用一个能够运行的例子来演示包机制的内部工作原理（如图 18-2 所示）。文件名和路径将显示为普通文本，以便明确标识当前提及的是文件/目录，还是由该文件/目录定义的模块/包。代码清单 18-1 到代码清单 18-6 中，给出了这个包示例中将会用到的文件。

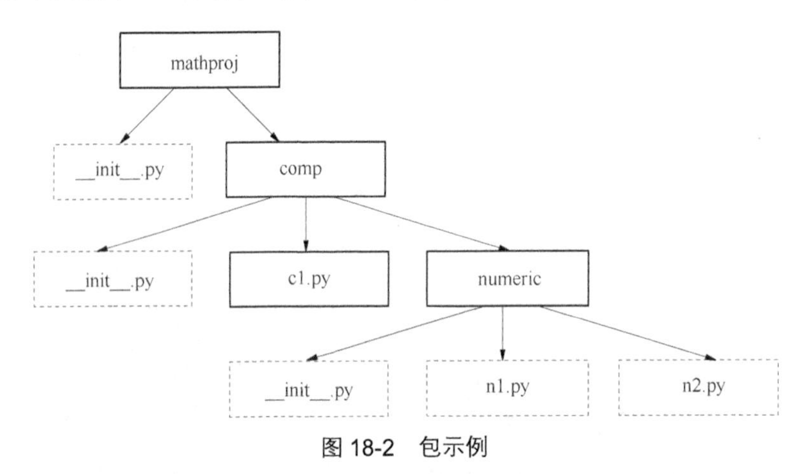

图 18-2 包示例

代码清单 18-1 mathproj/__init__.py 文件

```
print("Hello from mathproj init")
__all__ = ['comp']
version = 1.03
```

代码清单 18-2 mathproj/comp/__init__.py 文件

```
__all__ = ['c1']
print("Hello from mathproj.comp init")
```

代码清单 18-3 mathproj/comp/c1.py 文件

```
x = 1.00
```

代码清单 18-4 mathproj/comp/numeric/__init__.py 文件

```
print("Hello from numeric init")
```

代码清单 18-5 mathproj/comp/numeric/n1.py 文件

```
from mathproj import version
from mathproj.comp import c1
from mathproj.comp.numeric.n2 import h
def g():
    print("version is", version)
    print(h())
```

代码清单 18-6 mathproj/comp/numeric/n2.py 文件

```
def h():
    return "Called function h in module n2"
```

对本章这个示例而言，现在假定 mathproj 目录中已经创建了上述这些文件，并且 mathproj 目录已位于 Python 搜索路径中。只要在执行这些示例时，保证 Python 的当前工作目录中包含了 mathproj 目录，也就足矣。

注意 对本书大多数例子而言，没有必要为每个例子新开一个 Python shell。通常可以在之前运行过示例的 Python shell 中执行别的示例，仍然可以看到运行结果。但是，本章中的示例却并非如此。因为要让本示例能够正常运行，Python 命名空间必须是干净的，不能被之前的 import 语句修改过。如果确实要运行以下示例，请确保在各自的 shell 中单独运行各个示例。在 IDLE 中需要退出并重新启动程序，而不能只是关闭再重新打开其 shell 窗口。

18.3.1 包内的__init__.py 文件

大家大概已经注意到了，包中的所有目录都会包含一个名为__init__.py 的文件，mathproj、mathproj/comp 和 mathproj/comp/numeric 里都有。__init__.py 文件有两个用途。

- Python 要求，只有包含__init__.py 文件的目录才会被识别为包。这可防止意外导入包含其他 Python 代码的目录。
- 当第一次加载包或子包时，Python 会自动执行__init__.py 文件。有了这种自动执行的机制，就能够完成任何必要的包初始化工作。

上述第一点，通常更要紧一些。很多包都不需要在其__init__.py 文件中写入任何内容，只要保证有个空的__init__.py 文件就行了。

18.3.2 mathproj 包的基本用法

在详细介绍包之前，先来看看如何访问 mathproj 包中的内容。新开一个 Python shell，然后执行以下语句：

```
>> import mathproj
Hello from mathproj init
```

如果一切顺利，应该会看到一个新的命令提示符，不会有错误信息。同时，mathproj/__init__.py文件中的代码会把消息“Hello from mathproj init”显示在屏幕上。下面马上还会对__init__.py 文件做详细介绍，现在只要明白第一次加载包时会自动执行该文件。

mathproj/__ init__.py 文件将把变量 version 赋值为 1.03。变量 version 在 mathproj 包命名空间的作用域内，创建完毕后就可以通过 mathproj 访问，甚至在 mathproj/__ init__.py文件之外也能看到它：

```
>>> mathproj.version
1.03
```

在使用过程中，包看起来与模块很类似，都可以通过属性访问到其内部定义的对象。这并不奇怪，因为包就是模块的汇总。

18.3.3 子包和子模块的加载

下面开始介绍 mathproj 包中定义的各个文件是如何相互交互的。不妨来调用一下 mathproj/comp/numeric/n1.py 文件中定义的函数 g。显然第一个问题就是，该模块是否已经加载完毕了。包 mathproj 已经加载过了，但它的子包呢？键入以下语句，即可查看 Python 是否已认到了该模块：

```
>>> mathproj.comp.numeric.n1
Traceback (most recent call last):
  File "<stdin>", line 1, in <module>
AttributeError: module 'mathproj' has no attribute 'comp'
```

也就是说，只加载包的顶级模块是不够的，这并不会加载其全部子模块。这是符合 Python 理念的，即不应该在背地里执行操作。清晰比简洁更重要。

这种限制克服起来很容易。只要导入所需模块即可，然后就能执行该模块中的函数 g 了：

```
>>> import mathproj.comp.numeric.n1
Hello from mathproj.comp init
Hello from numeric init
>>> mathproj.comp.numeric.n1.g()
version is 1.03
Called function h in module n2
```

不过请注意，加载 mathproj.comp.numeric.n1 会有一个副作用，就是把 Hello 开头的行打印出来。这两行是被__init__.py 文件中的 print 语句打印出来的，__init__.py 文件分别位于目录 mathproj/comp 和 mathproj/comp/numeric 中。换句话说，在 Python 能够导入 mathproj.comp.numeric.n1 之前，必须先导入 mathproj.comp 再导入 mathproj.comp. numeric。每当包首次导入时，都会执行其关联的__init__.py 文件，于是就生成了这两条 Hello 行。如果要确认在导入 mathproj.comp.numeric.n1 的过程中，

会把mathproj.comp和mathproj.comp.numeric都一并导入,可以检查mathproj.comp和mathproj.comp.numeric当前是否已被Python会话识别了:

```
>>> mathproj.comp
<module 'mathproj.comp' from 'mathproj/comp/__init__.py'>
>>> mathproj.comp.numeric
<module 'mathproj.comp.numeric'  from 'mathproj/comp/numeric/__init__.py'>
```

18.3.4 包内的 import 语句

包内的文件不会自动获得对包内其他文件的访问权限,无法访问同一包内其他文件中定义的对象。与外部模块一样,必须用 import 语句显式访问包内其他文件中的对象。如果要了解这种 import 在实践中的使用情况,请回顾一下 n1 子包。n1.py 中包含了以下代码:

```
from mathproj import version
from mathproj.comp import c1
from mathproj.comp.numeric.n2 import h
def g():
    print("version is", version)
    print(h())
```

g 用到了两个 version,一个来自顶级 mathproj 包,另一个来自 n2 模块的函数 h。因此,g 所在的模块必须把 version 和 h 都导入才能访问到它们。version 的导入可以像 mathproj 包外的 import 语句一样,写成 from mathproj import version。在本例中,通过 from mathproj.comp.numeric.n2 import h 语句显式导入了 h。这种技术可用于导入任何文件,显式导入包文件始终都是允许的。但因为 n2.py 与 n1.py 位于同一个目录中,所以还可以使用相对导入方式,只要在子模块名前加一个句点即可。也就是可以把 n1.py 的第三行写成以下格式,一样可以奏效:

```
from .n2 import h
```

可以增加多个句点,以便在包的层次结构中多级上移,并且可以添加模块名称。可以不写成

```
from mathproj import version
from mathproj.comp import c1
from mathproj.comp.numeric.n2 import h
```

而可以把导入 n1.py 写成

```
from ... import version
from .. import c1
from . n2 import h
```

相对导入输入起来比较方便快捷,但请注意它们与模块的__name__属性相关。因此,任何执行主模块和__name__属性为__main__的模块,都不能采用相对导入方式。

18.4 __all__属性

回顾一下 mathproj 中定义的各个__init__.py 文件，其中有些文件里定义了一个名为__all__的属性。该属性与 from ... import *这类语句的执行有关，需要在此说明一下。

一般来说，如果外部代码执行了 mathproj import *语句，就应该从 mathproj 导入全部的非私有对象名称。实际上这比较难以实现。主要问题是，有些操作系统对文件名的定义规则比较含糊。由于包中的对象可能是由文件或目录定义的，这就导致子包导入后其确切名称也含糊不定。例如，写的是 from mathproj import *，那么 comp 会被导入为 comp、Comp 还是 COMP 呢？如果想要只依赖操作系统给出的名称，那么结果可能是不可预测的。

上述问题没有很好的解决方案，这是由于操作系统设计欠佳造成的先天不足。作为最佳修正方案，Python 引入了__all__属性。如果__init__.py 文件中包含__all__，__all__应该给出一个字符串列表，定义对该包执行 from ... import *时应该导入的名称。如果未提供__all__，则 from ... import *不会对该包执行任何操作。因为文本文件中的大小写始终是有意义的，所以在其名下要导入对象的名称不会是含糊不定的。如果操作系统认为 comp 与 COMP 是一样的，那就是操作系统的问题。

请再次启动 Python，键入以下语句：

```
>>> from mathproj import *
Hello from mathproj init
Hello from mathproj.comp init
```

mathproj/__init__.py 文件中的__all__属性只包含一项数据 comp，因此 import 语句就只会导入 comp。要想查看当前 Python 会话是否识别了 comp，这相当简单：

```
>>> comp
<module 'mathproj.comp' from 'mathproj/comp/__init__.py'>
```

但是注意，用 from ... import *语句不会发生递归导入名称。comp 包的__all__属性包含 c1，但是 from mathproj import *语句并不会把 c1 也神奇地加载进来：

```
>>> c1
Traceback (most recent call last):
  File "<stdin>", line 1, in <module>
NameError: name 'c1' is not defined
```

如果要从 mathproj.comp 插入对象名，必须再显式导入一次：

```
>>> from mathproj.comp import c1
>>> c1
<module 'mathproj.comp.c1' from 'mathproj/comp/c1.py'>
```

18.5 包的合理使用

大多数包的结构，都不应该像以上例子暗示的那么复杂。有了 Python 包机制，包设计时的复杂程度和嵌套层次就能有很大的自由度了。显然能够构建非常复杂的包，但是否应该那么复杂却并不那么明显。

以下是几条适用于大多数情况的建议。

- 包不应采用嵌套很深的目录结构。除非代码量极其庞大，否则没有必要这样做。大多数包只需要一个顶级目录即可。两层目录结构就应该能有效处理绝大部分情况。正如 Tim Peters 在“Python 之禅”中所述，“平直胜于嵌套”，参见附录 A。
- 只要不在`__all__`属性中列出，就可以用`__all__`属性对`from ... import *`隐藏这些对象名称。尽管如此，但这可能并不算是一种好方案，因为这会导致不同导入方式的结果不一致。如果需要隐藏对象名称，请用前导双下划线让它们成为私有对象。

速测题：包 假设要编写一个包，用 URL 作为参数，检索 URL 所指页面的所有图片，将图片调整为标准大小并保存起来。暂且不论包中函数的编码细节，该如何将这些功能组织到一个包中呢？

研究题 18：创建包 在第 14 章中，已经把错误处理代码添加到第 11 章创建的文本清理和词频计数模块中了。请将该代码重构为一个包，其中包含一个清理函数模块、一个处理函数模块和一个自定义异常模块。然后再编写一个会用到全部 3 个模块的简单主函数。

18.6 小结

- 有了包机制，就能够创建横跨多个文件和目录的代码库。
- 相比单个模块，利用包可以更好地组织大型的代码集。
- 除非真有庞大而复杂的库，否则包里嵌套的目录大于一或两层时就得当心了。

第 19 章　Python 库的使用

本章主要内容

- 管理各种数据类型——字符串、数值等
- 操纵文件和存储
- 访问操作系统服务
- 使用互联网协议和格式
- 开发和调试工具
- 访问 PyPI（又称“奶酪商店”）
- 通过 pip 和 venv 安装 Python 库和虚拟环境

Python 一直在宣称，“功能齐备”（batteries included）理念是其主要优势之一。这意味着 Python 的常规安装已经自带了功能丰富的标准库，无须安装其他库就足以应对大量场景。本章对标准库的一些内容给出了宏观的概述，并为寻找和安装外部模块提供了一些建议。

19.1　“功能齐备”的标准库

在 Python 中，所谓的库是由多个组件组成的，包括无须 `import` 语句即可使用的数值和列表之类的内置数据类型和常量，以及一些内置函数和异常。库中最大的部分是大量的模块。只要安装了 Python，就可以用库来操作各类数据和文件、与操作系统交互、为众多互联网协议编写服务端和客户端、开发和调试代码。

下面将挑重点概述一下。虽然大多数主要模块都已经提到过了，但最新最全的信息还是建议花时间自行查看一下库参考手册，位于 Python 文档中。特别是在去寻找外部库之前，请务必浏览一遍 Python 已有的库。也许会有令人惊讶的发现。

19.1.1　各种数据类型的管理

标准库中天然就包含了对 Python 内置类型的支持，本节中将会介绍。此外，标准库中还有处理多种数据类型的 3 大类模块，即字符串服务、数据类型和数值模块。

字符串服务包括了处理字节和字符串的模块，表 19-1 中已列出。这些模块主要处理 3 类操作，即字符串及文本、字节序列、Unicode 操作。

表 19-1 字符串服务模块

模　块	说明和应用场景
string	与数字或空白符这种字符串常量进行比较；格式化字符串（参见第 6 章）
re	用正则表达式查找和替换文本（参见第 16 章）
struct	将字节数据理解为打包的二进制数据，以及从文件读写结构化数据
difflib	用于评估差异的助手类，可查找字符串或序列之间的差异，可创建补丁和差异文件
textwrap	打包和填充文本，以及通过分割行或添加空格来设置文本格式

数据类型大类则涵盖了各种各样的数据类型模块，特别是时间、日期和集合，如表 19-2 所示。

表 19-2 数据类型模块

模　块	说明和应用场景
datetime、calendar	日期、时间和日历操作
collections	容器数据类型
enum	允许创建枚举器类，将符号名称绑定到常量值上
array	高效的数值型数组
sched	事件调度器
queue	同步队列类
copy	浅复制和深复制操作
pprint	对数据进行美观打印
typing	支持像对象类型提示那样的代码注释，特别是针对函数的参数和返回值

正如其名，数值和数学模块用于处理数字和数学运算，其中最常见的模块在表 19-3 中列出。如果需要创建自己的数值类型，并处理很多数学运算操作，有这些模块足矣。

表 19-3 数值和数学模块

模　块	说明和应用场景
numbers	数值对象的抽象基类
math、cmath	实数和复数用到的数学函数

续表

模　　块	说明和应用场景
decimal	十进制定点和浮点运算
statistics	进行数学统计计算的函数
fractions	有理数
random	生成伪随机数，随机选取、打乱序列成员
itertools	为高效循环创建迭代器的函数
functools	针对可调用对象的高阶函数和操作
operator	函数形式的标准运算符

19.1.2 文件和存储操作

标准库中的另一大类是文件、存储和数据持久化操作模块，在表 19-4 中汇总列出。此大类包括文件访问模块、数据持久化和压缩模块和特殊文件格式处理模块。

表 19-4 文件和存储模块

模　　块	说明和应用场景
os.path	执行常见的路径名操作
pathlib	以面向对象的方式处理路径名
fileinput	从多个输入流迭代遍历数据行
filecmp	比较文件和目录
tempfile	生成临时文件和目录
glob、fnmatch	采用 UNIX 风格的路径名和文件名模式处理
linecache	实现对文本文件的随机访问
shutil	执行高级文件操作
pickle、shelve	提供 Python 对象序列化和持久化能力
sqlite3	操作 SQLite 数据库的 DB-API 2.0 接口
zlib、gzip、bz2、zipfile、tarfile	操作归档文件及进行压缩
csv	读写 CSV 文件
configparser	使用配置文件解析器，读写 Windows 风格的.ini 配置文件

19.1.3 操作系统服务的访问

这是另一大类标准库，包含了与操作系统打交道的模块。如表 19-5 所示，此大类包括了很多工具库，例如，处理命令行参数、重定向文件及打印输出和输入、写入日志文件、运行多个线程或进程、加载供 Python 使用的非 Python（通常为 C）库。

表 19-5 操作系统模块

模　块	说　明
`os`	各种操作系统接口函数
`io`	用于处理流的核心工具
`time`	时间的访问和转换
`optparse`	强大的命令行参数解析工具
`logging`	Python 的日志记录工具
`getpass`	可移植的密码输入工具
`curses`	文本终端界面下用于控制字符区域的显示
`platform`	访问底层平台的标识信息
`ctypes`	让 Python 能调用外部函数库
`select`	等待 I/O 完成
`threading`	线程的高层接口
`multiprocessing`	基于进程的线程接口
`subprocess`	子进程的管理

19.1.4 互联网协议及其数据格式的使用

互联网协议及其数据格式这一大类，涉及的任务是对很多互联网数据交换标准格式进行编/解码，从 MIME 及其他编码，到 JSON 及 XML。这里还包含为常见服务（尤其是 HTTP）编写服务端和客户端的模块，以及为自定义服务编写通用套接字服务端。表 19-6 列出了其中最常用的模块。

表 19-6 为互联网协议和数据格式提供支持的模块

模　块	说　明
`socket`、`ssl`	底层网络接口及套接字对象的 SSL 封装
`email`	电子邮件和 MIME 处理包

续表

模　块	说　明
json	JSON 编/解码
mailbox	以各种格式处理邮箱
mimetypes	将文件名映射为 MIME 类型
base64、binhex、binascii、quopri、uu	用各种编码格式对文件或流进行编/解码
html.parser、html.entities	解析 HTML 和 XHTML
xml.parsers.expat、xml.dom、xml.sax、xml.etree.ElementTree	各种 XML 解析器和工具
cgi、cgitb	CGI（Common Gateway Interface）支持
wsgiref	WSGI 工具和参考实现
urllib.request、urllib.parse	打开及解析 URL
ftplib、poplib、imaplib、nntplib、smtplib、telnetlib	各种互联网协议的客户端
socketserver	网络服务端的框架
http.server	HTTP 服务端
xmlrpc.client、xmlrpc.server	XML-RPC 客户端和服务端

19.1.5 开发调试工具及运行时服务

Python 提供了几个运行时模块，可帮助大家在运行时对 Python 代码进行调试、测试、修改和其他交互操作。如表 19-7 所示，该大类包括两个测试工具、多个性能分析器、与错误的跟踪信息（Traceback）进行交互的模块、解释器的垃圾回收器等，还包括可对其他模块的导入进行调整的模块。

表 19-7　开发、调试及运行时模块

模　块	说　明
pydoc	文档生成器和在线帮助系统
doctest	测试交互式 Python 例程
unittest	单元测试框架
test.support	用于测试的工具函数
pdb	Python 调试器
profile、cProfile	Python 性能分析器

续表

模　块	说　明
timeit	对代码片段进行运行计时
trace	跟踪 Python 语句的执行过程
sys	系统特有的参数和函数
atexit	程序退出过程的处理
__future__	定义未来语句，这是指将要加入 Python 的新特性
gc	垃圾回收器接口
inspect	查看活跃对象的信息
imp	访问导入机制内部
zipimport	从 zip 存档文件中导入模块
modulefinder	查找脚本用到的所有模块

19.2 标准库之外的库

Python 的“功能齐备”理念和足量的标准库，意味着只要打开 Python 就能完成很多工作。但是有时不可避免地会需要用到一些 Python 未能自带的功能。如果需要执行标准库中没有的操作，以下几节将会讨论一些可供选择的方案。

19.3 添加其他 Python 库

查找 Python 包或模块的过程十分简单，类似在搜索引擎中输入要寻找的功能（如 mp3 标签和 Python），然后结果还会排序。幸运的话，可能会找到按照操作系统打包的模块，或是 Windows 可执行程序，或是 macOS 安装程序，或是 Linux 版的软件包。

因为安装程序或包管理器会正确处理将模块加入系统的全部细节，所以以上技术是向已安装好的 Python 环境添加库的最简单方式之一。比较更复杂的库也可能采用这种安装方案，例如，构建条件（build requirement）和依赖关系（dependency）都很复杂的科学计算库。

除科学计算库之外，一般而言这种预置包并不是 Python 软件的规范设计。这种包往往有点陈旧，安装位置和安装方式也不够灵活。

19.4 通过 pip 和 venv 安装 Python 库

如果所需第三方模块没有按照平台预先打包，那就必须选用其源代码发行版。这就存在几个问题。

- 为了安装模块，必须先找到并下载下来。
- 即便只想正确安装一个 Python 模块，也可能会在处理 Python 路径和系统权限时遇到一定的麻烦。因此标准化的安装系统很有用处。

针对这两个问题，Python 提供了 pip 作为目前的解决方案。pip 会在 Python Package Index 中（不久会有更多源）查找模块，然后下载模块及其全部依赖项，并负责安装。pip 的基本语法非常简单。例如，要在命令行安装现在很流行的 requests 库，仅需执行以下语句即可：

```
$ python3.6 -m pip install requests
```

要将库升级到最新版本，只需要加上--upgrade 参数即可：

```
$ python3.6 -m pip install --upgrade requests
```

如果需要指定包的某个版本，可以在包名后面加上版本号，如下所示：

```
$ python3.6 -m pip install requests==2.11.1
$ python3.6 -m pip install requests>=2.9
```

19.4.1　带--user 标志的安装

很多时候，不能或不想在 Python 的主系统实例中安装 Python 包。也许要用的是一个前沿版本的库，但其他某些应用程序（或系统本身）仍然要用旧的版本。或者可能没有权限修改系统默认的 Python 环境。在这些情况下，有一种解决方案是安装库时带上--user 标志，该标志会把库安装在用户的主目录中，其他任何用户都无法访问该目录。以下语句只会为本地用户安装 requests 库：

```
$ python3.6 -m pip install --user requests
```

如上所述，如果当前系统没有足够的管理员权限来安装软件，或者要安装不同版本的模块，那么本方案就特别有用。如果需求超出了这里讨论的基本安装方法，那么最好是从 Python 文档的“Installing Python Modules”（安装 Python 模块）开始学习。

19.4.2　虚拟环境

如果要避免把库安装到系统 Python 中去，那还有一个更好的方案可供选用，这被称为虚拟环境（virtual environment，virtualenv）。虚拟环境是一个独立的目录结构，已经安装好了 Python 及其附属包。因为整个 Python 环境都处于虚拟环境中，所以在其中安装的库和模块均不会与主系统或其他虚拟环境中的库和模块发生冲突，从而允许不同的应用程序使用不同版本的 Python 及其包。

创建和使用虚拟环境有两个步骤。首先是创建虚拟环境：

```
$ python3.6 -m venv test-env
```

此步骤在名为 test-env 的目录中创建环境，其中将会安装好 Python 和 pip。等环境创建完毕后，下一步就是将其激活。在 Windows 系统中，请执行以下操作：

```
> test-env\Scripts\activate.bat
```

在 UNIX 或 macOS 系统中，请用 source 命令执行激活脚本：

```
$ source test-env/bin/activate
```

当环境激活完毕后，就可以像上面介绍过的那样用 pip 管理包了。但在虚拟环境中，pip 是一条单独的命令：

```
$ pip install requests
```

此外，用于创建虚拟环境的 Python 版本就是该环境的默认版本，因此只能用 python 命令，而不能用 python3 或 python3.6。

对管理项目及其依赖项而言，虚拟环境非常有用，并且也是非常标准的做法，尤其是适用于同时开发多个项目的人员。更多信息请查看 Python 在线文档中 Python 教程的"虚拟环境和包"部分。

19.5 PyPI（即"奶酪商店"）

虽然 distutils 包可以完成包的管理，但有一个问题：必须找到正确的包，这可能是一件苦差事。在找到包之后，最好得有一个合理可靠的下载源。

为了满足这种需求，多年来已有很多 Python 包存储库可用了。目前，Python 代码的官方库（但绝不是唯一）是 Python 网站上的 Python Package Index 或 PyPI。以前 PyPI 也被称为"奶酪商店"（The Cheese Shop），名称来源于 Monty Python 的同名短剧。从主页上的链接即可访问 PyPI，也可以直接访问 PyPI 官方网站。PyPI 中包含了 6000 多个适用于各个 Python 版本的包，按照添加日期和名称排列，并且可按类别搜索和细分。

在撰写本书时，新版本的 PyPI 已经就绪，目前叫作"Warehouse"。该版本仍在测试中，但有望能提供更顺畅、更友好的搜索体验。

如果在标准库找不到所需的函数，下一站应该就是 PyPI。

19.6 小结

- Python 有一个功能丰富的标准库，涵盖的应用场景比很多其他语言都要通用。在查找外部模块之前，应该先仔细查看一下标准库中的内容。
- 如果确实需要用到外部模块，那么最简单的方案就是采用适合当前操作系统的预置包。

但有时这种包会比较陈旧，而且往往难以找到。

- 由源代码进行包安装的标准方式是用 `pip`，防止多个项目发生冲突的最佳方法是使用 `venv` 模块创建虚拟环境。
- 通常，搜索外部模块的第一个合理的地方就是 Python Package Index（PyPI）。

第四部分

数据处理

在在本部分中，将会介绍一些 Python 实践项目，特别是用 Python 进行数据处理。数据处理是 Python 的优势之一。先从基础的文件处理开始，然后会介绍普通文本文件的读写、更多 JSON 和 Excel 之类的结构化格式的处理、数据库的使用、用 Python 进行数据探索。

相比本书其他章节，以下各章更面向项目，旨在让大家有机会获得用 Python 处理数据的实践经验。本部分的所有章和项目，都可以按需以任何顺序或组合进行阅读。

第 20 章　简单的文件问题

本章主要内容

- 移动和重命名文件
- 压缩和加密文件
- 有选择地删除文件

本章介绍一些基本的文件操作，当需要管理不断增长的文件时，可以用到这些操作。这些文件可能是日志文件，也可能来自常规的数据源，但不管其来源如何，都不能简单地将其立即丢弃。如何保存、管理并最终按计划清理这些文件，而不用人工去干预呢？

20.1　问题：没完没了的数据文件流

很多系统都会持续产生一系列数据文件。这些文件可能是电子商务服务器或常规进程生成的日志文件，可能是服务器每晚生成的产品信息源，可能是自动生成的在线广告项数据源，可能是股票交易的历史数据，或者其他千百个数据源。这些数据源往往是未经压缩的普通文本文件，其中包含的原始数据将是其他进程的输入数据或副产品。然而，尽管很不起眼，但它们包含的数据具有一定的潜在价值，因此数据文件不能在日终丢弃，这意味着它们的数量每天都会增长。随着时间的推移，文件会越积越多，直至人工处理变得不再可行，直至占用的存储容量变得不可接受。

20.2　场景：无穷无尽的产品源数据

这里有一个典型的场景，就是每日生成的产品数据源。这些数据可能来自供应商，也可能是在线销售的输出结果，但基本要素是相同的。

不妨考虑一下来自供应商的产品数据源示例。数据文件每天生成一次，供应的每样商品数据占据一行。每行数据有多个字段，包括供应商库存单位（SKU）编号、商品的简要说明，包括商品的价格、高度、宽度、长度，还包括商品的状态（有货或有订单），根据业务不同可能还会包括其他一些字段。

除这个基本数据文件之外，可能还会收到其他数据，可能是关联产品的数据，可能是更详尽的商品属性，也可能是别的什么信息。这样最终每天都会收到几个文件，每天的文件名相同且存于同一个目录下等待处理。

现在假设，每天都会收到 3 个相互关联的文件：item_info.txt、item_attributes.txt、related_items.txt。这 3 个文件每天都会有，并且得进行处理。如果仅仅是要处理文件，那应该不用太担心，只要用每天的文件替换前一天的，然后进行处理就行了。但如果数据不能丢弃，那又该怎么办呢？原始数据可能需要保留下来，以便在处理结果不准确时能够参考以前的文件，或者是需要跟踪数据随时间的变化情况。无论出于什么原因，只要有保留文件的需求，就意味着得做出一定的处理。

在有可能实现的处理方案中，最简单的做法就是把文件标上接收日期，并移入归档文件夹中。这样每一组新文件都能够被接收、处理、重命名并移走，因此处理过程可以重复进行，数据也不会丢失。

在重复几次处理之后，目录结构可能会变成如下所示：

```
working/          ◁—— 主工作目录，存放当前等待处理的各文件
    item_info.txt
    item_attributes.txt
    related_items.txt
    archive/    ◁—— 将已处理文件进行归档的子目录
        item_info_2017-09-15.txt
        item_attributes_2017-09-15.txt
        related_items_2017-09-15.txt
        item_info_2016-07-16.txt
        item_attributes_2017-09-16.txt
        related_items_2017-09-16.txt
        item_info_2017-09-17.txt
        item_attributes_2017-09-17.txt
        related_items_2017-09-17.txt
        ...
```

请思考一下实现处理所需的步骤。首先得将文件重新命名，把当前日期添加到文件名中。为此需要获取文件名，然后再获得不带扩展名的主体文件名。得到文件名的主体部分（stem）后，需要添加一个基于当前日期生成的字符串，再把扩展名加回到最后去，然后执行文件名修改并将其移入归档目录。

速测题：思考可选方案　花点时间想想，完成以上任务可以有哪些方案可供选择？标准库中有哪些模块可以完成这项工作？甚至可以先暂停往下阅读，立即写出代码来实现。然后可以将这次的解决方案与后续章节开发的方案进行对比。

获取文件名的方式有很多。如果能确保文件名始终完全相同，而且文件数量不多，那就可以在代码中写死。但更保险的方法是，采用 pathlib 模块和 path 对象的 glob 方法，如下所示：

```
>>> import pathlib
```

```
>>> cur_path = pathlib.Path(".")
>>> FILE_PATTERN = "*.txt"
>>> path_list = cur_path.glob(FILE_PATTERN)
>>> print(list(path_list))
[PosixPath('item_attributes.txt'), PosixPath('related_items.txt'),
    PosixPath('item_info.txt')]
```

现在可以遍历与 `FILE_PATTERN` 匹配的路径，并实施所需的文件更名操作。请记住，每个文件名中都要加入日期，并将重命名后的文件移入存档目录。采用 `pathlib` 时，完整的操作可能是如代码清单 20-1 所示。

代码清单 20-1　files_01.py 文件

```
import datetime
import pathlib

FILE_PATTERN = "*.txt"    ◁——设置文件匹配模式和归档目录
ARCHIVE = "archive"    ◁——为了这行代码能够运行，“archive”目录必须存在

if __name__ == '__main__':

    date_string = datetime.date.today().strftime("%Y-%m-%d")    ◁——用 datetime 库中的 date 对象，基于今日日期生成字符串

    cur_path = pathlib.Path(".")
    paths = cur_path.glob(FILE_PATTERN)

    for path in paths:
        new_filename = "{}_{}{}".format(path.stem, date_string, path.suffix)
        new_path = cur_path.joinpath(ARCHIVE, new_filename)    ◁——由当前路径、归档目录、新文件名创建一个新的 path 对象
        path.rename(new_path)    ◁——一步完成文件重命名（移动）操作
```

值得注意的是，`path` 对象使得上述操作变得更加简单了，因为不需要特殊的解析就能将文件名主体和后缀分隔开了。上述操作也可能比预期的更为简单，因为 `rename` 方法实际上可以实现文件的移动，只要采用包含新位置的路径即可。

上述脚本非常简单，只用了很少的代码就可以高效完成任务了。下一节将会考虑如何处理更为复杂的需求。

速测题：潜在的问题　上述解决方案太过简单，因此可能会有很多情况无法妥善处理。那么以上示例代码可能会产生哪些隐患或问题？这些问题可以怎么解决呢？

不妨考虑一下文件所用的命名规则，目前是基于年、月和文件名这个顺序的。这个规则有什么优点？可能会有什么缺点？能设置参数把日期字符串放在文件名的其他地方，如开头或末尾吗？

20.3　引入更多目录结构

上一节介绍的文件存储方案能够生效，但确实存在一些缺点。首先，随着文件的累积，管理

起来可能会比较麻烦。因为过了一年之后，在同一个目录中就会有 365 组相互关联的文件，只有通过查看文件名才能找到关联的文件。当然，假如文件来得更加频繁，或者一组文件中有更多的关联文件，那么麻烦会更大。

为了缓解上述问题，不妨改变一下文件的归档方式。不再把文件名改成包含接收日期，而是可以为每组文件创建一个单独的子目录，并在数据接收完成后给子目录命名。目录结构可能如下所示：

```
working/          <—— 主工作目录，存放当前等待处理的各文件
    item_info.txt
    item_attributes.txt
    related_items.txt
    archive/          <—— 将已处理文件进行归档的主子目录
        2016-09-15/                          <—┐
            item_info.txt                      │
            item_attributes.txt                │
            related_items.txt                  │
        2016-09-16/                          <—┤ 存放每组文件的子目
            item_info.txt                      │ 录，以接收日期命名
            item_attributes.txt                │
            related_items.txt                  │
        2016-09-17/                          <—┘
            item_info.txt
            item_attributes.txt
            related_items.txt
```

该方案的优点是，每组文件都会聚在一起。无论收到多少组文件，也无论一组有多少文件，都可以轻松找到某一组的全部文件。

动手题：多级目录的实现 以上一节开发的代码作为起点，该如何修改代码，将每组文件归档到以接收日期命名的子目录中？请花点儿时间实现代码并进行测试。

事实证明，按子目录归档文件的工作量，并没有比第一个解决方案增加很多。唯一增加的步骤，就是在重命名文件之前先得创建子目录。代码清单 20-2 给出的是实现这一步的一种做法。

代码清单 20-2 files_02.py 文件

```
import datetime
import pathlib

FILE_PATTERN = "*.txt"
ARCHIVE = "archive"

if __name__ == '__main__':

    date_string = datetime.date.today().strftime("%Y-%m-%d")

    cur_path = pathlib.Path(".")

    new_path = cur_path.joinpath(ARCHIVE, date_string)
```

```
new_path.mkdir()                               ◁— 注意，该目录仅需创建一
                                                   次，就在文件移入之前
paths = cur_path.glob(FILE_PATTERN)

for path in paths:
    path.rename(new_path.joinpath(path.name))
```

上述方案将关联文件进行了分组，这能让按组管理变得稍微容易一些。

速测题：替代方案 如果不使用pathlib，如何创建完成相同操作的脚本？将会用到哪些库和函数？

20.4 节省存储空间：压缩和整理

到目前为止，我们主要关注的是如何管理接收到的文件组。但随着时间的推移，数据文件会日益累积，直到有一天所需的存储空间大小也成为需要关注的难题。如果发生这种情况，有几种解决方案可供选择。一种选择是获取更大的磁盘。特别当使用的是基于云的平台时，采用这种策略可能既简单又经济。但请记住，增加存储设备并不能真正解决问题，而只是缓兵之计而已。

20.4.1 文件压缩

如果文件占用的空间已经成为问题，那么下一个方案可以考虑对其进行压缩。压缩一个或一组文件的方式有很多种，但通常都很类似。本节将考虑将每天的数据文件归档为一个 zip 文件。如果主要是文本文件，并且文件相当大，那么通过压缩归档节省下来的存储空间可能会相当可观。

以下代码将扩展名为.zip 的日期字符串用作每个 zip 文件名。在代码清单 20-2 中，在归档目录中创建了一个新目录，然后将文件移入其中，因此目录结构将如下所示：

```
working/        ◁— 主工作目录，当前各文件在此完成处理，然后在压缩归档后将被移除
    archive/
        2016-09-15.zip    每个 zip 文件，包含当天的 item_info.txt、
        2016-09-16.zip    attribute_info.text 和 related_items.txt
        2016-09-17.zip
```

为了用上 zip 文件，上面的某些步骤显然需要进行修改。

动手题：归档为 zip 文件的伪代码 花点儿时间编写一段伪代码，实现上述在 zip 文件中存储数据文件的解决方案。将会用到哪些模块和函数（方法）呢？请尝试按照该方案编写代码，并确认能够正常工作。

新代码中加入的一个关键点是 zipfile 库的导入，以及用 zipfile 库在归档目录中新建 zip 文件对象的代码。然后就可以利用 zip 文件对象，将数据文件写入新建的 zip 文件中了。最后，因为实际不会再移走文件了，所以要在工作目录中移除原有的文件。解决方案可以如代码清单 20-3 所示。

代码清单 20-3 files_03.py 文件

```
import datetime
import pathlib
import zipfile        <—— 导入 zipfile 库

FILE_PATTERN = "*.txt"
ARCHIVE = "archive"

if __name__ == '__main__':

    date_string = datetime.date.today().strftime("%Y-%m-%d")

    cur_path = pathlib.Path(".")
    paths = cur_path.glob(FILE_PATTERN)

    zip_file_path = cur_path.joinpath(ARCHIVE, date_string + ".zip")   <—— 创建位于归档目录中的zip 文件的路径
    zip_file = zipfile.ZipFile(str(zip_file_path), "w")   <—— 以写入方式打开新建的 zip 文件，得用str()将路径转换为字符串

    for path in paths:
        zip_file.write(str(path))   <—— 将当前文件写入 zip 文件
        path.unlink()   <—— 从工作目录中移除当前文件
```

20.4.2 文件清理

将数据文件压缩到 zipfile 归档文件中，可以节省大量空间，这或许完全可以满足需求了。但如果文件的数量有很多，或者文件大小压缩不了多少（如 JPEG 图像文件），那么存储空间还是有可能会发生短缺。还有一种可能，数据的变化不会很大，因此无须长期保留每组数据的归档副本。也就是说，把过去一周或一个月的每日数据都保留下来，可能还有点用，但是将每组数据保留再长的时间，在存储上就不大划算。对于几个月之前的数据，可以每周只保留一组文件，甚至每月保留一组文件，这或许是可以接受的。

在文件存在一定时间之后就将其移除，这一过程有时可称作清理（groom）。假设每天接收一组数据文件并存档为 zip 文件已经有好几个月了，然后要求对超过一个月的文件每周只保留一个文件。

最简单的清理代码可以是移除所有没用的文件。这样对超过一个月的文件，每周一个文件以外的文件都会被删除。在设计代码时，弄清楚以下两个问题的答案将很有帮助。

- 因为需要每周保存一个文件，所以简单地选取周几需要保存是否会容易很多？
- 这种清理应该多久进行一次，每天、每周还是每月一次？如果决定每天进行清理，那么将清理与归档代码结合起来，可能会很有意义。反之，如果只需要每周或每月清理一次，那么清理与归档操作就应该是单独的代码。

对本例而言，为了保持条理的清晰，可以编写单独的清理代码，可以以任意的时间间隔运行，也可以移除所有无用的文件。此外，假定对超过一个月的文件只要保留周二收到的即可。代码清单 20-4 给出的是清理代码的一个示例。

代码清单 20-4 files_04.py 文件

```
from datetime import datetime, timedelta
import pathlib
import zipfile

FILE_PATTERN = "*.zip"
ARCHIVE = "archive"
ARCHIVE_WEEKDAY = 1
if __name__ == '__main__':
    cur_path = pathlib.Path(".")
    zip_file_path = cur_path.joinpath(ARCHIVE)

    paths = zip_file_path.glob(FILE_PATTERN)
    current_date = datetime.today()

    for path in paths:
        name = path.stem
        path_date = datetime.strptime(name, "%Y-%m-%d")
        path_timedelta = current_date - path_date
        if path_timedelta > timedelta(days=30) and path_date.weekday() !=
 ARCHIVE_WEEKDAY:
            path.unlink()
```

path.stem 将返回不带扩展名的文件名

获取今天的 datetime 对象

strptime 根据给出的格式串把字符串解析为 datetime 对象

日期相减将生成 timedelta 对象

timedelta(days=30)会创建一个 30 天的 timedelta 对象 weekday()返回代表星期几的整数，周一为 0

上述代码展示了如何组合运用 Python 的 `datetime` 和 `pathlib` 库，只用了几行代码就实现了按日期清理文件。由于归档文件名是根据接收日期生成的，因此可用 `glob` 方法获取这些文件路径，提取文件名主体部分，并用 `strptime` 将其解析为 `datetime` 对象。然后可以用 `datetime` 的 `timedelta` 对象和 `weekday()`方法找到文件存在时间和星期几，然后把不需要的文件移除链接（unlink）。

速测题：考虑不同的参数 请花点儿时间考虑一下文件清理的不同方案。如何修改代码清单 20-4 中的代码，以便每月只保留一个文件？又该如何修改代码，使得上个月之前的文件都被清理为每周保存一个文件？注意，这与文件存在 30 天以上的要求是不一样的！

20.5 小结

- `pathlib` 模块能大大简化文件操作，如查找根目录和扩展名、移动和重命名、通配符匹配等。
- 随着文件数量和复杂度的增加，自动归档的解决方案将会至关重要。Python 为创建归档代码提供了几种简单的途径。
- 通过对数据文件进行压缩和清理，可以显著节省存储空间。

第 21 章　数据文件的处理

本章主要内容

- 使用 ETL（抽取-转换-加载）
- 读取文本数据文件（普通文本和 CSV）
- 读取电子表格文件
- 规格化、清洗和排序数据
- 写数据文件

大部分可用数据都是存放于文本文件中的。这些数据可以是非结构化文本（如一篇推文或文学作品），也可以是比较结构化的数据，其每一行都是一条记录，多个字段之间由特殊字符分隔，如逗号、制表符或管道符号“|”。文本文件有可能会很大，一个数据集可能会分布在几十甚至几百个文件中，其中的数据可能并不完整或充斥大量脏数据（dirty data）。虽然存在这么多变数，但还是会有读取和使用文本文件数据的需求，这几乎是难以避免的。本章将会给出用 Python 实现的文本数据处理方案。

21.1　ETL 简介

只要有数据文件存在，就需要从文件中获取、解析数据并转换为有用的格式，然后执行某些操作。实际上，该过程有一个标准术语，就是“抽取-转换-加载”（extract-transform-load，ETL）。抽取是指按需读取数据源并解析数据源的处理过程。转换则是清洗和规格化（normalize）数据，还有组合、分解或重组其内部记录。加载是指将转换后的数据存入新位置，可以是另一个文件，也可以是数据库。本章将会介绍 Python 中的 ETL 基础知识，从基于文本的数据文件开始，并将转换后的数据存储在其他文件中。第 22 章将介绍较为结构化的数据文件，第 23 章将介绍数据库存储。

21.2 文本文件的读取

ETL 的第一部分是“抽取”，这涉及文件的打开和内容读取操作。这一过程看起来很简单，但即便是这么一个简单的过程也会碰到困难，如文件大小问题。如果文件太大而无法放入内存进行操作，那就需要精心构建代码，每次只处理一小段文件，有可能是每次操作一行数据。

21.2.1 文本编码：ASCII、Unicode 等

另一个可能的陷阱就是字符的编码。本章处理的是文本文件，事实上现实世界中大部分交换的数据都在文本文件中。但是，不同的应用程序之间，不同人之间，当然还有不同国家之间，文本的准确含义都可能不一样。

有时候，文本表示 ASCII 编码的字符，ASCII 码包含 128 个字符，其中只有 95 个是可打印的。关于 ASCII 编码的好消息是，它是大多数数据交换操作的最小公分母。坏消息是，世界上存在众多的字母表和书写系统，ASCII 编码没有着手对其复杂性进行处理。如果用 ASCII 编码读取文件，几乎一定会惹出麻烦，碰到无法理解的字符值就会引发错误。可能是德语 ü，也可能是葡萄牙语 ç，或者除英语外的几乎其他所有语言。

出现错误的原因，就是因为 ASCII 是基于 7 位的。而典型文件中的字节都是 8 位，允许 256 种可能的数值，而不是 7 位的 128 种可能。通常这些多出来的值是用来存放额外的字符，包括额外的标点（如打印机上的短划线和长划线）、额外的符号（如商标、版权和角度符号）、带重音符号的字母等。在读取文本文件时，如果遇到字符是属于 ASCII 范围外的 128 个值，那它的编码是无法确定的，这个问题会永远存在。例如，字符值是 214，那它是除号、Ö 还是别的什么字符呢？如果缺少创建该文件的代码，根本就无从知晓。

UNICODE 和 UTF-8

有一种方案可以减少上述混乱，那就是 Unicode。名为 UTF-8 的 Unicode 编码，不但无须修改即可接受基础的 ASCII 字符，而且还允许接受近乎无限的其他字符和符号集，只要符合 Unicode 标准即可。正因为其灵活性，在写本章时，UTF-8 已在超过 85%的网页中使用。这就意味着，读取文本文件时最好假设其采用的是 UTF-8 编码。如果文件仅包含 ASCII 字符，依旧可正确读取，如果还有其他字符是以 UTF-8 编码的，也能够正常读取。Python 3 的字符串类型，默认就设计为可处理 Unicode 的，这真是个好消息。

即便是采用了 Unicode 编码，有时候文本中还是会包含无法成功编码的字符值。幸运的是，Python 的 `open` 函数可以接受一个可选参数 `errors`，该参数决定了函数在读写文件时该如何处理编码错误。默认选项是`'strict'`，这样在遇到编码错误时将会引发错误。还有其他几个比较有用的选项，例如，`'ignore'`会使得引发错误的字符被跳过，`'replace'`会使出错字符被替换为标记字符（通常是？），`'backslashreplace'`会用反斜杠转义序列替换字符，而

'surrogateescape'在读取时会把异常字符转换为专用的Unicode码点（code point），并在写入时将其转换回原来的字节序列。到底需要采取多么严格的处理方式或编码方案，取决于特定的使用场景了。

以下是一个简短的文件示例，其中包含一个无效的UTF-8字符，不妨来看下不同的选项分别是如何对其进行处理的。首先，用字节和二进制模式写入文件：

```
>>> open('test.txt', 'wb').write(bytes([65, 66, 67, 255, 192,193]))
```

上述代码会生成一个文件，里面包含了“ABC”和3个非ASCII字符。根据所用的编码不同，这些非ASCII字符可能会表达成不同的字符。如果用vim查看该文件，将会看到如下内容：

```
ABCÿÀÁ
~
```

现在文本文件有了，不妨尝试用默认的错误处理选项'strict'来读一下文件：

```
>>> x = open('test.txt').read()
Traceback (most recent call last):
  File "<stdin>", line 1, in <module>
  File "/usr/local/lib/python3.6/codecs.py", line 321, in decode
    (result, consumed) = self._buffer_decode(data, self.errors, final)
UnicodeDecodeError: 'utf-8' codec can't decode byte 0xff in position 3:
      invalid start byte
```

第四个字节的值为255，它在这个位置不是合法的UTF-8字符，因此'strict'的错误处理参数将会引发异常。下面看看其他错误处理选项会如何处理这个文件，请记住最后3个字符将会引发错误：

```
>>> open('test.txt', errors='ignore').read()
'ABC'
>>> open('test.txt', errors='replace').read()
'ABC���'
>>> open('test.txt', errors='surrogateescape').read()
'ABC\udcff\udcc0\udcc1'
>>> open('test.txt', errors='backslashreplace').read()
'ABC\\xff\\xc0\\xc1'
>>>
```

如果想让有问题的字符不要出现，可以使用'ignore'选项。'replace'选项只会把无效字符的位置标记出来，其他选项则会尝试以各种方式将无效字符不加解释地保留下来。

21.2.2 非结构化文本

非结构化文本文件是最容易读取的数据类型，但从中抽取信息也是最难的。不同的非结构化文本处理方式，可能会存在很大差异，具体取决于文本的特性和要用到的内容。因此对文本处理的全面讨论，已超出了本书的范围。不过可以用一个简短的例子演示一些基础性的问题，并为结构化文本数据文件的讨论奠定基础。

最简单的一个问题，是要确定文件中基本逻辑单位的格式。如果面对的是成千上万条推文、《白鲸记》(*Moby Dick*)全文或一本新闻报道集，就需要能把它们分解成多个自成一体(cohesive)的单位。就拿推文来说，每条推文可能会占据一行，于是读取和处理文件的每行数据就相当简单了。

至于《白鲸记》乃至新闻报道，问题可能就比较棘手了。许多时候，也许不会把每篇小说或新闻整体视为一个数据项。但如果确实需要如此，就得确定所需的数据单位，然后提出对应的文件拆分策略。或许需要按段落来处理文本，那么就得确定文件中段落的分隔方式，并相应地创建代码。如果段落与文本文件行相一致，那工作就简单了。不过一般文本文件中的行都要短于段落，因此就需要增加一些工作量。

下面来看看一些实例：

```
Call me Ishmael.  Some years ago--never mind how long precisely--
having little or no money in my purse, and nothing particular
to interest me on shore, I thought I would sail about a little
and see the watery part of the world.  It is a way I have
of driving off the spleen and regulating the circulation.
Whenever I find myself growing grim about the mouth;
whenever it is a damp, drizzly November in my soul; whenever I
find myself involuntarily pausing before coffin warehouses,
and bringing up the rear of every funeral I meet;
and especially whenever my hypos get such an upper hand of me,
that it requires a strong moral principle to prevent me from
deliberately stepping into the street, and methodically knocking
people's hats off--then, I account it high time to get to sea
as soon as I can.  This is my substitute for pistol and ball.
With a philosophical flourish Cato throws himself upon his sword;
I quietly take to the ship.  There is nothing surprising in this.
If they but knew it, almost all men in their degree, some time
or other, cherish very nearly the same feelings towards
the ocean with me.

There now is your insular city of the Manhattoes, belted round by wharves
as Indian isles by coral reefs--commerce surrounds it with her surf.
Right and left, the streets take you waterward.  Its extreme downtown
is the battery, where that noble mole is washed by waves, and cooled
by breezes, which a few hours previous were out of sight of land.
Look at the crowds of water-gazers there.
```

上述示例文本正是《白鲸记》的开头部分，在版面上多多少少都会有文本行被断开，并且每个段落是用一个空行标识出来的。如果要把每个段落作为一个处理单位，则需要根据空行对文本进行拆分。幸运的是，用字符串 `split()`方法就能轻松完成任务了。字符串中的每个换行符都可以用“\n”表示。每个段落的最后一行都以一个换行符结束，如果下一行是空行，显然紧接着就是表示空行的第二个换行符：

```
>>> moby_text = open("moby_01.txt").read()              <—— 将全部文件内容读入一个字符串
>>> moby_paragraphs = moby_text.split("\n\n")            <—— 按照两个连续换行符进行拆分
>>> print(moby_paragraphs[1])
```

```
There now is your insular city of the Manhattoes, belted round by wharves
as Indian isles by coral reefs--commerce surrounds it with her surf.
Right and left, the streets take you waterward.  Its extreme downtown
is the battery, where that noble mole is washed by waves, and cooled
by breezes, which a few hours previous were out of sight of land.
Look at the crowds of water-gazers there.
```

将文本拆分为段落，是处理非结构化文本时非常简单的第一步。在处理之前，可能还需要对文本进行其他的规格化（normalize）操作。假设要统计文本文件中每个单词的出现次数。只要根据空格对文件进行拆分，就能得到文件中的单词列表。然而想要准确地统计单词的出现次数，就会比较困难，因为“This”“this”“this.”和“this,”被拆成了不同的单词。要让代码能够正常工作，解决办法就是对文本进行规格化，删除所有的标点符号，在进行处理之前让所有单词的状况都变得一致。就以上示例文本而言，生成规格化单词列表的代码可能会如下所示：

```
>>> moby_text = open("moby_01.txt").read()        ◁—— 将全部文件内容读入一个字符串
>>> moby_paragraphs = moby_text.split("\n\n")
>>> moby = moby_paragraphs[1].lower()        ◁—— 全部变成小写
>>> moby = moby.replace(".", "")        ◁—— 删除句点
>>> moby = moby.replace(",", "")        ◁—— 删除逗号
>>> moby_words = moby.split()
>>> print(moby_words)
['there', 'now', 'is', 'your', 'insular', 'city', 'of', 'the', 'manhattoes,',
     'belted', 'round', 'by', 'wharves', 'as', 'indian', 'isles', 'by',
     'coral', 'reefs--commerce', 'surrounds', 'it', 'with', 'her', 'surf',
     'right', 'and', 'left,', 'the', 'streets', 'take', 'you', 'waterward',
     'its', 'extreme', 'downtown', 'is', 'the', 'battery,', 'where', 'that',
     'noble', 'mole', 'is', 'washed', 'by', 'waves,', 'and', 'cooled', 'by',
     'breezes,', 'which', 'a', 'few', 'hours', 'previous', 'were', 'out',
     'of', 'sight', 'of', 'land', 'look', 'at', 'the', 'crowds', 'of',
     'water-gazers', 'there']
```

速测题：规格化　仔细查看一下以上生成的单词列表。有没有发现目前的规格化操作存在什么问题？如果面对更大段的文本，可能会遇到什么其他问题？这些问题该如何处理？

21.2.3　带分隔符的普通文本文件

虽然非结构化文本文件很容易读取，但缺点是缺乏结构性。如果文件具有一定的组织结构，以便能提取出单个数据值，那往往就有用多了。最简单的方案是将文件拆分成多行，每行包含一条数据。可能是一个需要处理的文件名列表，可能是一个需要打印的人名列表（如用于打印在姓名标牌上），或者可能是远程监测设备生成的一系列温度读数。这些情况下的数据解析十分简单，仅需读取每行数据并在必要时转换为正确的类型。然后文件就可以备用了。

然而多数情况下，事情并没有这么简单。通常需要将关联的信息进行分组，然后要用代码将关联信息一起读取出来。常见做法是把关联的几条信息放在同一行，并由特殊字符分隔开。这样在逐行读取文件时，可以利用特殊字符将文件拆分为各个字段，并将字段值放入变量以供后续处理。

以下文件是带分隔符格式的简单示例，包含的是温度数据：

```
State|Month Day, Year Code|Avg Daily Max Air Temperature (F)|Record Count for
     Daily Max Air Temp (F)
Illinois|1979/01/01|17.48|994
Illinois|1979/01/02|4.64|994
Illinois|1979/01/03|11.05|994
Illinois|1979/01/04|9.51|994
Illinois|1979/05/15|68.42|994
Illinois|1979/05/16|70.29|994
Illinois|1979/05/17|75.34|994
Illinois|1979/05/18|79.13|994
Illinois|1979/05/19|74.94|994
```

这里的数据是以管道字符分隔的，也就是行内的每个字段都用管道字符“|”分隔。这里给出了4个字段：观测状态、观测日期、平均最高温度、发送报告的观测站数量。其他常用的分隔符还有制表符和逗号。逗号可能是最常见的分隔符，但分隔符可以是任何不会出现在数据中的字符，后面还会详细讨论这个话题。逗号分隔符太常见了，以至于这种格式常被称为 CSV（comma-separated values）格式。CSV类型的文件往往带有.csv扩展名，以标明其格式。

无论采用什么字符作为分隔符，只要事先知道，就可以编写 Python 代码，把每一行拆分为多个字段并返回为一个列表。对于以上示例，可以用字符串 `split()` 方法将每行拆分为多个数据值组成的列表：

```
>>> line = "Illinois|1979/01/01|17.48|994"
>>> print(line.split("|"))
['Illinois', '1979/01/01', '17.48', '994']
```

注意，上述技术非常简单，但所有数据值都会保存为字符串，这可能对后续的处理造成不便。

动手题：读取文件 请编写代码读取一个文本文件，假定文件名为 temp_data_pipes_00a.txt，格式如上例所示，将文件的每一行拆分为多个数据值组成的列表，并将该列表作为一条记录添加到一个列表中。

在实现上述代码时遇到了哪些问题？如何将最后3个字段转换为正确的日期、实数和整数类型呢？

21.2.4 csv 模块

如果需要对带分隔符的数据文件进行更多处理，就应该熟悉 `csv` 模块及其选项。要问 Python 标准库中最喜欢什么模块，我不止一次提到了 `csv` 模块。并非因为 `csv` 模块很迷人（其实没有），而是因为它已为我节省了很多的精力，并且在职业生涯中，我依靠 `csv` 模块成功避免了很多自身的 bug，这超过了其他任何模块。

`csv` 模块是 Python“功能齐备”理念的完美案例。要想读取带分隔符的文件，虽然完全有可能磕磕绊绊地自行写出代码，甚至很多情况下也不算特别困难，但采用 Python 模块会更加容易和可靠。`csv` 模块已经过了测试和优化，而且已具备了很多特性。如果不得已需要自己编写，这些特性也许写起来也不太麻烦，但如果能拿来就用，就真的非常方便和省时了。

请先观察一下上述数据，再来决定如何用 csv 模块读取这些数据。解析数据的代码必须完成两件事：读取每一行并去除尾部的换行符；然后根据管道字符拆分每行并将数据列表添加到行列表中。解决方案可能会如下所示：

```
>>> results = []
>>> for line in open("temp_data_pipes_00a.txt"):
...     fields = line.strip().split("|")
...     results.append(fields)
...
>>> results
[['State', 'Month Day, Year Code', 'Avg Daily Max Air Temperature (F)',
     'Record Count for Daily Max Air Temp (F)'], ['Illinois', '1979/01/01',
     '17.48', '994'], ['Illinois', '1979/01/02', '4.64', '994'], ['Illinois',
     '1979/01/03', '11.05', '994'], ['Illinois', '1979/01/04', '9.51',
     '994'], ['Illinois', '1979/05/15', '68.42', '994'], ['Illinois', '1979/
     05/16', '70.29', '994'], ['Illinois', '1979/05/17', '75.34', '994'],
     ['Illinois', '1979/05/18', '79.13', '994'], ['Illinois', '1979/05/19',
     '74.94', '994']]
```

如果用 csv 模块来完成同样的工作，代码可能会如下所示：

```
>>> import csv
>>> results = [fields for fields in
     csv.reader(open("temp_data_pipes_00a.txt", newline=''), delimiter="|")]
>>> results
[['State', 'Month Day, Year Code', 'Avg Daily Max Air Temperature (F)',
     'Record Count for Daily Max Air Temp (F)'], ['Illinois', '1979/01/01',
     '17.48', '994'], ['Illinois', '1979/01/02', '4.64', '994'], ['Illinois',
     '1979/01/03', '11.05', '994'], ['Illinois', '1979/01/04', '9.51',
     '994'], ['Illinois', '1979/05/15', '68.42', '994'], ['Illinois', '1979/
     05/16', '70.29', '994'], ['Illinois', '1979/05/17', '75.34', '994'],
     ['Illinois', '1979/05/18', '79.13', '994'], ['Illinois', '1979/05/19',
     '74.94', '994']]
```

就这个简单的例子而言，相比自己磕磕绊绊写出的代码，采用 csv 模块获得的收益看起来并不算多。尽管如此，代码还是缩短了两行，也更清晰了一些，而且再也无须费心剔除换行符了。当需要处理更具挑战性的案例时，真正的优势就会体现出来了。

以上示例中的数据是真实的，但其实已经经过了简化和清洗。从数据源得到的真实数据会更加复杂，真实的数据中包含了更多的字段，某些字段被包在引号中而其他字段则没有，而且第一个字段为空。原文件是以制表符分隔的，但为了便于说明，此处将以逗号分隔：

```
"Notes","State","State Code","Month Day, Year","Month Day, Year Code",Avg
     Daily Max Air Temperature (F),Record Count for Daily Max Air Temp
     (F),Min Temp for Daily Max Air Temp (F),Max Temp for Daily Max Air Temp
     (F),Avg Daily Max Heat Index (F),Record Count for Daily Max Heat Index
     (F),Min for Daily Max Heat Index (F),Max for Daily Max Heat Index
     (F),Daily Max Heat Index (F) % Coverage

,"Illinois","17","Jan 01, 1979","1979/01/
```

```
    01",17.48,994,6.00,30.50,Missing,0,Missing,Missing,0.00%
,"Illinois","17","Jan 02, 1979","1979/01/02",4.64,994,-
    6.40,15.80,Missing,0,Missing,Missing,0.00%
,"Illinois","17","Jan 03, 1979","1979/01/03",11.05,994,-
    0.70,24.70,Missing,0,Missing,Missing,0.00%
,"Illinois","17","Jan 04, 1979","1979/01/
    04",9.51,994,0.20,27.60,Missing,0,Missing,Missing,0.00%
,"Illinois","17","May 15, 1979","1979/05/
    15",68.42,994,61.00,75.10,Missing,0,Missing,Missing,0.00%
,"Illinois","17","May 16, 1979","1979/05/
    16",70.29,994,63.40,73.50,Missing,0,Missing,Missing,0.00%
,"Illinois","17","May 17, 1979","1979/05/
    17",75.34,994,64.00,80.50,82.60,2,82.40,82.80,0.20%
,"Illinois","17","May 18, 1979","1979/05/
    18",79.13,994,75.50,82.10,81.42,349,80.20,83.40,35.11%
,"Illinois","17","May 19, 1979","1979/05/
    19",74.94,994,66.90,83.10,82.87,78,81.60,85.20,7.85%
```

注意，某些字段里也含有逗号。这时的规则是给字段加上引号，表明其中的逗号不应被解析为分隔符。如上所示，比较常见的做法是只对某些字段加引号，特别针对那些可能会包含分隔符的字段。当然，这里也会碰到一些不太可能包含分隔符的字段，也被加上了引号。

在这种情况下，自己开发的代码可能会变得比较复杂臃肿。现在再也无法根据分隔符拆分每一行了，需要保证只识别不在引号字符串内的分隔符。此外，还得删除字符串外面的引号，引号可能随时出现或者根本就不出现。有了 csv 模块，就完全不需要修改代码了。实际上，因为逗号是默认的分隔符，所以甚至不需要指定它：

```
>>> results2 = [fields for fields in csv.reader(open("temp_data_01.csv",
    newline=''))]
>>> results2
 [['Notes', 'State', 'State Code', 'Month Day, Year', 'Month Day, Year Code',
     'Avg Daily Max Air Temperature (F)', 'Record Count for Daily Max Air
     Temp (F)', 'Min Temp for Daily Max Air Temp (F)', 'Max Temp for Daily
     Max Air Temp (F)', 'Avg Daily Min Air Temperature (F)', 'Record Count
     for Daily Min Air Temp (F)', 'Min Temp for Daily Min Air Temp (F)', 'Max
     Temp for Daily Min Air Temp (F)', 'Avg Daily Max Heat Index (F)',
     'Record Count for Daily Max Heat Index (F)', 'Min for Daily Max Heat
     Index (F)', 'Max for Daily Max Heat Index (F)', 'Daily Max Heat Index
      (F) % Coverage'], ['', 'Illinois', '17', 'Jan 01, 1979', '1979/01/01',
     '17.48', '994', '6.00', '30.50', '2.89', '994', '-13.60', '15.80',
     'Missing', '0', 'Missing', 'Missing', '0.00%'], ['', 'Illinois', '17',
     'Jan 02, 1979', '1979/01/02', '4.64', '994', '-6.40', '15.80', '-9.03',
     '994', '-23.60', '6.60', 'Missing', '0', 'Missing', 'Missing', '0.00%'],
      ['', 'Illinois', '17', 'Jan 03, 1979', '1979/01/03', '11.05', '994', '-
     0.70', '24.70', '-2.17', '994', '-18.30', '12.90', 'Missing', '0',
     'Missing', 'Missing', '0.00%'], ['', 'Illinois', '17', 'Jan 04, 1979',
     '1979/01/04', '9.51', '994', '0.20', '27.60', '-0.43', '994', '-16.30',
     '16.30', 'Missing', '0', 'Missing', 'Missing', '0.00%'], ['',
     'Illinois', '17', 'May 15, 1979', '1979/05/15', '68.42', '994', '61.00',
     '75.10', '51.30', '994', '43.30', '57.00', 'Missing', '0', 'Missing',
     'Missing', '0.00%'], ['', 'Illinois', '17', 'May 16, 1979', '1979/05/
     16', '70.29', '994', '63.40', '73.50', '48.09', '994', '41.10', '53.00',
```

```
'Missing', '0', 'Missing', 'Missing', '0.00%'], ['', 'Illinois', '17',
'May 17, 1979', '1979/05/17', '75.34', '994', '64.00', '80.50', '50.84',
'994', '44.30', '55.70', '82.60', '2', '82.40', '82.80', '0.20%'], ['',
'Illinois', '17', 'May 18, 1979', '1979/05/18', '79.13', '994', '75.50',
'82.10', '55.68', '994', '50.00', '61.10', '81.42', '349', '80.20',
'83.40', '35.11%'], ['', 'Illinois', '17', 'May 19, 1979', '1979/05/19',
'74.94', '994', '66.90', '83.10', '58.59', '994', '50.90', '63.20',
'82.87', '78', '81.60', '85.20', '7.85%']]
```

注意，这里多余的引号都已删除，并且带逗号的字段值都予以完整保留，而且没有任何多余的　字符。

速测题：引号的处理　如果没有 csv 库，请考虑一下该如何解决带引号字段和内嵌分隔符的问题。引号和内嵌分隔符，哪个问题更容易处理？

21.2.5　读取 csv 文件并存为字典的列表

在以上示例中，每行数据是作为字段的列表返回的。这种结果在很多情况下都能胜任，但有时候把每行作为字典返回会更方便，这里可用字段名称作为字典的键。对于这种场景，csv 库提供了 DictReader 对象，可以将字段列表作为参数，也可以从数据文件的第一行读取字段名称。如果要用 DictReader 打开数据文件，代码将如下所示：

```
>>> results = [fields for fields in csv.DictReader(open("temp_data_01.csv",
     newline=''))]
>>> results[0]
OrderedDict([('Notes', ''), ('State', 'Illinois'), ('State Code', '17'),
     ('Month Day, Year', 'Jan 01, 1979'), ('Month Day, Year Code', '1979/01/
     01'), ('Avg Daily Max Air Temperature (F)', '17.48'), ('Record Count for
     Daily Max Air Temp (F)', '994'), ('Min Temp for Daily Max Air Temp (F)',
     '6.00'), ('Max Temp for Daily Max Air Temp (F)', '30.50'), ('Avg Daily
     Min Air Temperature (F)', '2.89'), ('Record Count for Daily Min Air Temp
     (F)', '994'), ('Min Temp for Daily Min Air Temp (F)', '-13.60'), ('Max
     Temp for Daily Min Air Temp (F)', '15.80'), ('Avg Daily Max Heat Index
     (F)', 'Missing'), ('Record Count for Daily Max Heat Index (F)', '0'),
     ('Min for Daily Max Heat Index (F)', 'Missing'), ('Max for Daily Max
     Heat Index (F)', 'Missing'), ('Daily Max Heat Index (F) % Coverage',
     '0.00%')])
```

注意，csv.DictReader 返回的是 OrderedDicts 对象，因此各个字段仍然会保持原有的顺序。尽管各字段看起来稍有区别，但行为还是像字典一样。

```
>>> results[0]['State']
'Illinois'
```

如果数据特别复杂，并且需要对指定字段进行操作，那么 DictReader 更易于确保读取正确的字段，某种程度上还能让代码更易于理解。相反，如果数据集非常大，那请务必牢记，同样数量的数据 DictReader 可能会花费两倍的读取时间。

21.3 Excel 文件

本章要讨论的另一种常见文件格式就是 Excel 文件，这是 Microsoft Excel 用来存储电子表格的文件格式。本书之所以要把 Excel 文件也纳入，就是因为对它们的处理方式到头来与带分隔符的文件非常相似。由于 Excel 可以读写 CSV 文件，因此从 Excel 电子表格文件中提取数据的最快捷、最简单的方法，其实往往是在 Excel 中打开并另存为 CSV 文件。但是，利用 Excel 提取并不总是有意义，特别是如果有大量文件需要处理的情况。即使理论上可以让 CSV 格式文件的打开和保存过程自动执行，但这种情况下直接处理 Excel 文件或许速度会更快些。

对电子表格文件的深入讨论，已经超出了本书的范围。它带有很多特性，例如，同一文件包含多张表格（sheet）、宏、多种单元格式等。本节只会简单介绍一个单表文件示例，要从中提取数据。

事实是，Python 的标准库中没有包含读写 Excel 文件的模块，需要安装外部模块才能读取 Excel 格式。幸运的是，能够完成这项工作的模块有好几个。本例用到了一个名为 OpenPyXL 的模块，该模块可从 Python 包仓库中获取。在命令行执行以下命令即可进行安装：

```
$pip install openpyxl
```

下面展示的就是上一节中的数据，只不过是存于电子表格中了：

	A	B	C	D	E	F	G	H	I	J	K	L	M	N
1	Notes	State	State Code	Month Day, Year	Month Day, Year Code	Avg Daily M	Record Co	Min Temp	Max Temp	Avg Daily M	Record Co	Min for Da	Max for Da	Daily Max Heat Inc
2		Illinois	17	Jan 01, 1979	1979/01/01	17.48	994	6	30.5	Missing	0	Missing	Missing	0.00%
3		Illinois	17	Jan 02, 1979	1979/01/02	4.64	994	-6.4	15.8	Missing	0	Missing	Missing	0.00%
4		Illinois	17	Jan 03, 1979	1979/01/03	11.05	994	-0.7	24.7	Missing	0	Missing	Missing	0.00%
5		Illinois	17	Jan 04, 1979	1979/01/04	9.51	994	0.2	27.6	Missing	0	Missing	Missing	0.00%
6		Illinois	17	May 15, 1979	1979/05/15	68.42	994	61	75.1	Missing	0	Missing	Missing	0.00%
7		Illinois	17	May 16, 1979	1979/05/16	70.29	994	63.4	73.5	Missing	0	Missing	Missing	0.00%
8		Illinois	17	May 17, 1979	1979/05/17	75.34	994	64	80.5	82.6	2	82.4	82.8	0.20%
9		Illinois	17	May 18, 1979	1979/05/18	79.13	994	75.5	82.1	81.42	349	80.2	83.4	35.11%
10		Illinois	17	May 19, 1979	1979/05/19	74.94	994	66.9	83.1	82.87	78	81.6	85.2	7.85%
11														
12														

读取文件相当简单，但还是比 CSV 文件要烦琐一些。首先要载入工作簿，然后要找到指定的表格，然后就可以遍历每一行，开始提取各个单元格中的数据。以下是读取电子表格的示例代码：

```
>>> from openpyxl import load_workbook
>>> wb = load_workbook('temp_data_01.xlsx')
>>> results = []
>>> ws = wb.worksheets[0]
>>> for row in ws.iter_rows():
...     results.append([cell.value for cell in row])
...
>>> print(results)
[['Notes', 'State', 'State Code', 'Month Day, Year', 'Month Day, Year Code',
     'Avg Daily Max Air Temperature (F)', 'Record Count for Daily Max Air
     Temp (F)', 'Min Temp for Daily Max Air Temp (F)', 'Max Temp for Daily
     Max Air Temp (F)', 'Avg Daily Max Heat Index (F)', 'Record Count for
     Daily Max Heat Index (F)', 'Min for Daily Max Heat Index (F)', 'Max for
     Daily Max Heat Index (F)', 'Daily Max Heat Index (F) % Coverage'],
     [None, 'Illinois', 17, 'Jan 01, 1979', '1979/01/01', 17.48, 994, 6,
```

```
30.5, 'Missing', 0, 'Missing', 'Missing', '0.00%'], [None, 'Illinois',
17, 'Jan 02, 1979', '1979/01/02', 4.64, 994, -6.4, 15.8, 'Missing', 0,
'Missing', 'Missing', '0.00%'], [None, 'Illinois', 17, 'Jan 03, 1979',
'1979/01/03', 11.05, 994, -0.7, 24.7, 'Missing', 0, 'Missing',
'Missing', '0.00%'], [None, 'Illinois', 17, 'Jan 04, 1979', '1979/01/
04', 9.51, 994, 0.2, 27.6, 'Missing', 0, 'Missing', 'Missing', '0.00%'],
[None, 'Illinois', 17, 'May 15, 1979', '1979/05/15', 68.42, 994, 61,
75.1, 'Missing', 0, 'Missing', 'Missing', '0.00%'], [None, 'Illinois',
17, 'May 16, 1979', '1979/05/16', 70.29, 994, 63.4, 73.5, 'Missing', 0,
'Missing', 'Missing', '0.00%'], [None, 'Illinois', 17, 'May 17, 1979',
'1979/05/17', 75.34, 994, 64, 80.5, 82.6, 2, 82.4, 82.8, '0.20%'],
[None, 'Illinois', 17, 'May 18, 1979', '1979/05/18', 79.13, 994, 75.5,
82.1, 81.42, 349, 80.2, 83.4, '35.11%'], [None, 'Illinois', 17, 'May 19,
1979', '1979/05/19', 74.94, 994, 66.9, 83.1, 82.87, 78, 81.6, 85.2,
'7.85%']]
```

以上代码获得的结果，与简单得多的 csv 文件处理代码相同。电子表格本身就是复杂得多的对象，因此读取电子表格的代码就更加复杂，这并不奇怪。对于电子表格中的数据存储方式，也应该要了解清楚。如果电子表格包含的格式具有某种重要含义，如果标签（label）需要忽略或单独处理，如果需要处理公式和引用，那就得深入研究这些部分的处理方式，并且需要编写更加复杂的代码。

电子表格往往还会存在其他问题。在撰写本书时，电子表格通常被限制在约一百万行的规模。尽管上限听起来很大，但处理更大数据集的需求将会越来越频繁。此外，电子表格有时会自动进行一些烦人的格式处理。在我工作过的一家公司里，部件号包括一个数字和至少一个字母，后面跟着一些数字和字母的组合。很有可能看到 1E20之类的部件编号。大多数电子表格都会自动把 1E20 解释成科学记数法，并将其保存为 1.00E+20（1×10^{20}），而对 1F20则会保留为字符串。由于各种原因，要防止这类情况的发生是相当困难的。尤其是面对大型数据集时，问题被发现时可能已经经过很多道处理工序了，甚至已全部完工了。因此，建议尽量采用 CSV 或带分隔符的文件。通常用户可以把电子表格保存为 CSV 格式，因此通常没有必要容忍电子表格带来的额外复杂性和格式处理的麻烦。

21.4 数据清洗

在处理基于文本的数据文件时，有一个问题经常会碰到，那就是脏数据。“脏”的意思是，在数据中有各种各样的意外信息，例如，null 值、对当前编码而言的非法值、额外的空白字符等。数据还可能是无序的，或者顺序是难于处理的。处理这些情况的过程，就叫“数据清洗”。

21.4.1 清洗

举个很简单的数据清洗例子，例如，要对从电子表格或其他财务程序导出的文件进行处理，而对应货币的数据列可能包含百分比和货币符号，如%、$、£和? 之类，还用句点或逗号进行了额外的数据分组。从其他来源生成的数据，可能还会有其他的意外情况，如果没有提前发现，它们就会让处理过程变得十分棘手。让我们再来回顾一下之前的温度数据吧。第一行数据如下所示：

```
[None, 'Illinois', 17, 'Jan 01, 1979', '1979/01/01', 17.48, 994, 6, 30.5,
    2.89, 994, -13.6, 15.8, 'Missing', 0, 'Missing', 'Missing', '0.00%']
```

某些数据列明显就是文本，如'State'（字段 2）和'Notes'（字段 1），对它们不会做太多的处理。还有两个不同格式的日期字段，大家很有可能想利用这两个日期进行计算，可能是按月或日对数据排序及分组，也可能是计算两行数据的时间差。

其余的字段貌似是各种类型的数字，温度是小数，记录数是整数。不过请注意，热指数温度（heat index temperature，即美国的体感温度）有一点变化，当'Max Temp for Daily Max Air Temp (F)'字段的值低于 80 时，不会报告热指数字段的值，而是标为'Missing'，记录数也为 0。另请注意，'Daily Max Heat Index (F) % Coverage'字段表示有热指数的记录数占温度记录总数的百分比。如果要对这些字段中的值进行数学计算，这两点都会造成问题，因为'Missing'和以%结尾的数字都会被解析为字符串，而不是数字。

类似上述的数据清洗操作，可以在处理过程中分不同步骤完成。通常情况下，我倾向于在读取文件数据时进行数据清洗，因此很有可能是在处理每一行时将'Missing'替换为 None 值或空字符串。也可以保留'Missing'字符串不动，然后编写代码时不对'Missing'值执行数学运算。

动手题：数据清洗　对数学计算时可能出现带有'Missing'值的字段，该如何进行处理呢？能写一段代码计算其中一列数据的平均值吗？

最终应该对计算平均值的列做出什么处理，以便能生成平均覆盖率（coverage）呢？在你看来，这个问题的解决方案是否完全可与'Missing'数据项的处理关联起来？

21.4.2　排序

如前所述，在进行处理前对文本文件的数据进行排序，往往是很有用处的。对数据进行排序后，能更容易发现和处理重复值，还有助于将相关行聚在一起，以便能更快更容易地进行处理。我曾经有一次收到了一个 2000 万行的文件，包含了很多属性和值，需要把数量未知的行与主 SKU 列表的数据项进行匹配。只要按照数据项 ID 对行进行排序，就可以大大加快收集每个数据项属性的速度。排序方案取决于数据文件相对可用内存的大小，以及排序的复杂度。如果文件的全部行都能宽裕地放入可用内存中，那么最简单的方案就是将所有行读入列表并采用列表的排序方法：

```
>>> lines = open("datafile").readlines()
>>> lines.sort()
```

还可采用 sorted()函数，如 sorted_lines = sorted(lines)。该函数会保留原列表中各行的顺序，通常这没有必要。采用 sorted()函数的缺点是，它会新建一份列表的副本。这个过程会稍稍增加一点处理时间，而且会消耗两倍的内存，内存问题可能更让人担心一些。

如果数据集超过了内存大小并且排序条件非常简单，例如，只要按照一个易于抓取的字段进行排序，那么先用 UNIX 的 `sort` 命令这类外部实用程序对数据进行预处理，或许会更为简单一些：

```
$ sort data > data.srt
```

不管采用哪种方案，排序都能够按逆序进行，并且可以由数据建立键，而不用从每行开头开始搜索。这时就得研究所用排序工具的文档了。举一个 Python 中的简单例子，不区分大小写对文本行进行排序。为此要给 `sort` 方法提供一个键函数，该键函数将会在进行数据比较之前把数据项转为小写：

```
>>> lines.sort(key=str.lower)
```

以下示例用到了 `lambda` 函数，以便忽略每个字符串的前 5 个字符：

```
>>> lines.sort(key=lambda x: x[5:])
```

用键函数来决定 Python 中的排序行为，确实非常方便。但请务必小心，在排序过程中会大量调用键函数，因此，键函数太复杂就可能意味着实际性能的降低，特别是对大型数据集而言。

21.4.3 数据清洗时的问题和陷阱

似乎数据源和使用场景有多少，脏数据的种类就有多少。数据总是会有很多古怪之处，一切结果皆有可能让数据处理无法准确完成，甚至可能让数据根本就无法载入。因此，这里不可能列出所有可能遇到的问题以及处理这些问题的方法，但可以给出一些通用的提示。

- 小心空白（whitespace）字符和空（null）字符。空白字符的问题在于人眼无法看到，却不意味着不会引起麻烦。数据行开头和结尾的多余空白字符，每个字段前后的多余空白符，是制表符而不是空格（反之亦然），这些问题都会让数据载入和处理过程变得更加麻烦，而且并不总是那么明显。类似地，包含空字符（ASCII 0）的文本文件在检查时看起来可能没问题，但在进行载入和处理时就会发生中断。
- 小心标点符号。标点符号也可能是个问题。多余的逗号或句点可能会破坏 CSV 文件的格式，也可能搅乱数值字段的处理过程。未经转义或未配对的引号，也可能会把事情搞乱。
- 分解步骤并分步调试。如果每一步都是独立的，那么调试起来就会更加容易，这意味着每步操作都要独占一行，会比较烦琐，也会用到更多的变量。但这么做是值得的。这可以让已引发的异常更容易理解。并且无论是用 print 语句、日志记录，还是用 Python 调试器，都能让调试变得更加容易。在每步执行完后都把数据保存下来，并将文件大小减小到只包含引发错误的数据行，也可能会有所帮助。

21.5 数据文件的写入

ETL 过程的最后一部分，有可能会涉及将转换后的数据保存到数据库中（第 22 章中将会介绍），但通常会牵涉到将数据写入文件。这些文件可能会被其他应用程序用作输入，并进行分析。通常该有某个文件说明，里面列出了应该包含哪些数据字段、字段名称、字段格式、字段约束条件等。

21.5.1 CSV 和其他带分隔符的文件

最简单的做法，或许就是将数据写入 CSV 文件。因为已经完成了数据的载入、解析、清洗和转换过程，所以数据本身不太可能会碰到什么未解决问题。利用 Python 标准库中的 csv 模块，同样可以让工作更加轻松。

用 csv 模块写入分隔符文件的过程，几乎就是读取过程的逆操作。同样需要指定要用到的分隔符，csv 模块也同样会处理分隔符位于字段内的所有情况：

```
>>> temperature_data = [['State', 'Month Day, Year Code', 'Avg Daily Max Air
     Temperature (F)', 'Record Count for Daily Max Air Temp (F)'],
     ['Illinois', '1979/01/01', '17.48', '994'], ['Illinois', '1979/01/02',
     '4.64', '994'], ['Illinois', '1979/01/03', '11.05', '994'], ['Illinois',
     '1979/01/04', '9.51', '994'], ['Illinois', '1979/05/15', '68.42',
     '994'], ['Illinois', '1979/05/16', '70.29', '994'], ['Illinois', '1979/
     05/17', '75.34', '994'], ['Illinois', '1979/05/18', '79.13', '994'],
     ['Illinois', '1979/05/19', '74.94', '994']]
>>> csv.writer(open("temp_data_03.csv", "w",
     newline='')).writerows(temperature_data)
```

以上代码将会生成如下文件：

```
State,"Month Day, Year Code",Avg Daily Max Air Temperature (F),Record Count
    for Daily Max Air Temp (F)
Illinois,1979/01/01,17.48,994
Illinois,1979/01/02,4.64,994
Illinois,1979/01/03,11.05,994
Illinois,1979/01/04,9.51,994
Illinois,1979/05/15,68.42,994
Illinois,1979/05/16,70.29,994
Illinois,1979/05/17,75.34,994
Illinois,1979/05/18,79.13,994
Illinois,1979/05/19,74.94,994
```

正如读取 CSV 文件一样，如果采用了 DictWriter，就可以写入字典而不是列表了。如果确实用到了 DictWriter，要注意以下几点：必须在创建 DictWriter 时以列表的形式指定各个字段的名称，还可以用 DictWriter 的 writeheader 方法在文件开头写入标题行。因此，下面假定数据与上面的相同，不过是以字典格式存在的：

```
{'State': 'Illinois', 'Month Day, Year Code': '1979/01/01', 'Avg Daily Max
    Air Temperature (F)': '17.48', 'Record Count for Daily Max Air Temp
```

```
(F)': '994'}
```

这时利用 csv 模块的 DictWriter 对象，就可以把所有字典数据记录逐行写入 CSV 文件的对应字段中。

```
>>> fields = ['State', 'Month Day, Year Code', 'Avg Daily Max Air Temperature
    (F)', 'Record Count for Daily Max Air Temp (F)']
>>> dict_writer = csv.DictWriter(open("temp_data_04.csv", "w"),
    fieldnames=fields)
>>> dict_writer.writeheader()
>>> dict_writer.writerows(data)
>>> del dict_writer
```

21.5.2 Excel 文件的写入

电子表格文件的写入，与读取过程类似，这是意料之中的事。首先需要创建工作簿（workbook）或电子表格（spreadsheet）文件，然后要创建一张或多张表（sheet），最后把数据写入合适的单元格中。当然可以由 CSV 数据文件新建电子表格文件，如下所示：

```
>>> from openpyxl import Workbook
>>> data_rows = [fields for fields in csv.reader(open("temp_data_01.csv"))]
>>> wb = Workbook()
>>> ws = wb.active
>>> ws.title = "temperature data"
>>> for row in data_rows:
...     ws.append(row)
...
>>> wb.save("temp_data_02.xlsx")
```

在把单元格写入电子表格文件时，还能给单元格添加格式。有关添加格式的更多信息，参见 xlswriter 文档。

21.5.3 数据文件打包

如果存在多个相互关联的数据文件，或者文件的尺寸很大，那么把它们打包到压缩过的归档文件中，可能就很有意义了。尽管目前在用的归档格式有很多，但 zip 文件仍为流行格式，并且几乎所有平台的用户都能用到。关于如何创建数据文件的 zip 文件包，参见第 20 章。

研究题 21：天气观测 本章给出的天气观测数据文件是 1979 年至 2011 年伊利诺伊州的数据，先按月再按区县排列。请编写代码处理该文件，将芝加哥（库克县）的数据抽取到一个 CSV 或电子表格文件中。抽取过程中，要将'Missing'字符串替换为空字符串，将百分数转换为小数。还可以考虑哪些字段是重复的，由此可以省略或存储于其他地方。只要结果文件能够被电子表格程序正常加载，就证明代码是正确的。在本书的源代码中可以下载解决方案。

21.6 小结

- ETL 是获取数据的过程，从一种格式读取，再转换成另一种可由自己使用的格式，转换过程中要保证数据的一致性。ETL 是大多数数据处理过程的基本步骤。
- 字符编码可能会成为文本文件的问题，但 Python 可以在加载文件时处理一些编码问题。
- 分隔符文件或 CSV 文件是很常见的，最佳处理方案就是使用 `csv` 模块。
- 电子表格文件可能会比 CSV 复杂得多，但很大程度上可以采用相同方式进行处理。
- 货币符号、标点符号和空字符是最常见的数据清洗问题，请务必小心应对。
- 预先对数据文件进行排序，可以加快其他处理步骤的速度。

第 22 章　网络数据

本章主要内容

- 通过 FTP/SFTP、SSH/SCP 和 HTTPS 协议获取文件
- 通过 API 获取数据
- 结构化数据文件格式：JSON 和 XML
- 抓取数据

上面已经介绍过了如何处理基于文本的数据文件。本章将会用 Python 实现数据文件在网络上的传递。正如第 21 章所述，有些情况下可能是文本或电子表格文件。但其他情况下可能会是比较结构化的格式，由 REST 或 SOAP 应用程序编程接口（API）提供的。有时候，获取数据可能意味着从网站上抓取数据。所有这些情况本章都会介绍，还会给出一些常见的案例。

22.1　获取文件

在对数据文件执行任何操作之前，首先得获取文件。有时获取过程非常简单，例如手动下载某个 zip 存档文件，或者文件已从其他地方推送到计算机中。但往往获取文件的过程会牵涉到更多的工作。可能需要从远程服务器检索大量文件，也可能需要定期检索文件。或者检索的过程非常复杂，足以让人工操作变得痛苦不堪。在这些情况下，都会愿意用 Python 来自动获取数据文件。

首先需要澄清的是，用 Python 脚本既不是检索文件的唯一途径，也不是最好的途径。下面给出了更多解释，这是我在决定是否采用 Python 脚本检索文件时考虑的因素。不过假如用 Python 确实对用户的特定场景很有意义，本节将演示一些可供选用的常见模式。

是否采用 Python

虽然用 Python 检索文件完全能够正常工作，但并不总是最佳选择。在做出决定时，可能需要考虑两件事。

- **还有更加简单的选择吗？**根据不同的操作系统和个人经验，大家可能会发现，简单的 shell 脚本和命令行工具配置起来会更简便易用。如果没有工具可用或者用不惯它们，或者维护它们的人用不惯，可能就会愿意考虑 Python 脚本。
- **检索文件的过程是否很复杂或与处理过程紧密相关？**虽然这种情况从来不是我们希望的，但确实可能发生。我现在的规则就是，如果需要编写多行 shell 脚本，或者用 shell 脚本执行某些操作时必须苦思冥想该如何完成，那么可能就该是换用 Python 的时候了。

22.1.1　用 Python 从 FTP 服务器获取文件

文件传输协议（FTP）已经存在很长时间了，如果不需要考虑太多的安全性，那么 FTP 仍然是共享文件的一种简便方案。如果要用 Python 访问 FTP 服务器，可以采用标准库中的 `ftplib` 模块。需要遵循的步骤非常简单，先创建 FTP 对象，连接到服务器，然后使用用户名和密码登录，或者用“`anonymous`”用户名和空密码登录也是相当常见的做法。

如果要对天气数据继续操作，可以连到美国国家海洋和大气管理局（National Oceanic and Atmospheric Administration，NOAA）的 FTP 服务器，如下所示：

```
>>> import ftplib
>>> ftp = ftplib.FTP('tgftp.nws.noaa.gov')
>>> ftp.login()
'230 Login successful.'
```

连上之后，就可以用 `ftp` 对象列出并更改目录了：

```
>>> ftp.cwd('data')
'250 Directory successfully changed.'
>>> ftp.nlst()
['climate', 'fnmoc', 'forecasts', 'hurricane_products', 'ls_SS_services',
     'marine', 'nsd_bbsss.txt', 'nsd_cccc.txt', 'observations', 'products',
     'public_statement', 'raw', 'records', 'summaries', 'tampa',
     'watches_warnings', 'zonecatalog.curr', 'zonecatalog.curr.tar']
```

然后就可以获取文件了，例如，芝加哥奥黑尔国际机场的最新航空例行天气报告（METAR）文件：

```
>>> x = ftp.retrbinary('RETR observations/metar/decoded/KORD.TXT',
     open('KORD.TXT', 'wb').write)
'226 Transfer complete.'
```

这里将远程服务器文件路径和本地数据处理方法传给了 `ftp.retrbinary` 方法，这里文件对象的 `write` 方法是用二进制写入模式和同一个文件名打开的。如果打开 KORD.TXT 查看，就会看到其中的下载数据了：

```
CHICAGO O'HARE INTERNATIONAL, IL, United States (KORD) 41-59N 087-55W 200M
Jan 01, 2017 - 09:51 PM EST / 2017.01.02 0251 UTC
Wind: from the E (090 degrees) at 6 MPH (5 KT):0
Visibility: 10 mile(s):0
```

```
Sky conditions: mostly cloudy
Temperature: 33.1 F (0.6 C)
Windchill: 28 F (-2 C):1
Dew Point: 21.9 F (-5.6 C)
Relative Humidity: 63%
Pressure (altimeter): 30.14 in. Hg (1020 hPa)
Pressure tendency: 0.01 inches (0.2 hPa) lower than three hours ago
ob: KORD 020251Z 09005KT 10SM SCT150 BKN250 01/M06 A3014 RMK AO2 SLP214
     T00061056 58002
cycle: 3
```

用 `ftplib` 还可以通过 FTP_TLS 而不是 FTP 协议，以 TLS 加密方式连入服务器：

```
ftp = ftplib.FTPTLS('tgftp.nws.noaa.gov')
```

22.1.2 通过 SFTP 协议获取文件

如果数据要求更高的安全性，例如，在公司环境下通过网络传输业务数据，那么比较常见的做法是采用 SFTP 协议。SFTP 是一种全功能的协议，允许通过安全 shell（Secure Shell，SSH）连接进行文件访问、传输和管理。尽管 SFTP 的意思是“SSH 文件传输协议”（SSH File Transfer Protocol），FTP 的意思是文件传输协议（File Transfer Protocol），但两者其实毫无关系。SFTP 并不是在 SSH 上重新实现了 FTP，而是专用于 SSH 的全新设计。

因为 SSH 已经成为访问远程服务器的事实标准，并且服务器端很容易就能启用对 SFTP 的支持（往往默认是开启的），所以采用基于 SSH 的传输颇具吸引力，

Python 没有在标准库中包含 SFTP/SCP 客户端模块，不过社区开发的库 `paramiko` 就可实现 SFTP 操作和 SSH 连接的管理。如果要使用 `paramiko`，最简单的方式就是通过 `pip` 安装。假如本章之前提到的 NOAA 站点使用了 SFTP（其实并未使用 SFTP，因此以下代码无法运行！），上述代码的 SFTP 等效实现将如下所示：

```
>>> import paramiko
>>> t = paramiko.Transport((hostname, port))
>>> t.connect(username, password)
>>> sftp = paramiko.SFTPClient.from_transport(t)
```

值得注意的是，尽管 `paramiko` 支持在远程服务器上运行命令并接收其输出，但就像直接 `ssh` 会话一样，它不包含 `scp` 功能。`scp` 是个不容错过的好功能，如果只想通过 `ssh` 连接转移一两个文件，用命令行工具 `scp` 完成往往会更加轻松简单。

22.1.3 通过 HTTP/HTTPS 协议获取文件

本章介绍的最后一种检索数据文件的方式，就是通过 HTTP 或 HTTPS 连接获取文件。这可能是一种最简单的获取方式了，实际上就是从 Web 服务器检索数据，并且对访问 Web 服务器的支持是非常普遍的。这时同样可能不必用到 Python。通过 HTTP/HTTPS 连接检索文件的命令行工具有很多，并且可能需要的大多数功能也都具备。其中最常用的两个工具就是 wget 和 curl。

不过，如果有理由要在 Python 代码中检索数据，那过程其实没那么困难。到目前为止，要在 Python 代码中访问 HTTP/HTTPS 服务器，最简单可靠的方法就是 requests 库。通过 pip install requests 仍然是安装 requests 最容易的方式。

requests 安装完成后，文件的获取就很简单了，先导入 requests，再用正确的 HTTP 操作（通常是 GET）连接到服务器并返回数据。

以下例程将会获取 1948 年以来希思罗机场的每月温度数据，也就是一个通过 Web 服务器提供的文本文件。大家完全可以将 URL 放入浏览器，加载页面，然后把文件保存下来。如果页面很大，或者有很多页面需要获取，那么用以下代码将会容易一些：

```
>>> import requests
>>> response = requests.get("http://www.epubit.com:8083/quickpythonbook?heathrowdata.txt")
```

页面响应对象 response 将带有相当多的信息，包括 Web 服务器返回的报头信息（Header），如果文件获取过程不正常，这些信息可以帮助调试。不过 response 对象中最让人感兴趣的部分，往往是返回的数据。为了检索这些数据，需要访问 response 对象的 text 属性，其中存放了字符串形式的响应主体部分。或者还可以访问其 content 属性，其中存放了字节形式的响应主体部分：

```
>>> print(response.text)
Heathrow (London Airport)
Location 507800E 176700N, Lat 51.479 Lon -0.449, 25m amsl
Estimated data is marked with a * after the value.
Missing data (more than 2 days missing in month) is marked by  ---.
Sunshine data taken from an automatic Kipp & Zonen sensor marked with a #,
     otherwise sunshine data taken from a Campbell Stokes recorder.
   yyyy  mm   tmax    tmin     af     rain     sun
              degC    degC    days      mm    hours
   1948   1    8.9     3.3    ---     85.0     ---
   1948   2    7.9     2.2    ---     26.0     ---
   1948   3   14.2     3.8    ---     14.0     ---
   1948   4   15.4     5.1    ---     35.0     ---
   1948   5   18.1     6.9    ---     57.0     ---
```

通常应该把响应文本写入文件，以供后续处理。但根据需要，可以先做一些清洗操作，甚至直接进行数据处理。

动手题：文件的检索 如果要处理上述示例数据文件，并要把每行拆分成单独的字段，该如何实现呢？还要进行什么其他处理吗？请尝试编写代码来检索该文件，并计算年平均降雨量。或者再增加些挑战，计算每年的平均最高温度和最低温度。

22.2 通过 API 获取数据

通过 API 提供数据已经相当地普遍了，这也顺应了将应用程序与服务进行解耦的趋势，而服务就是通过网络 API 进行通信的。API 的工作方式可以有多种，但通常会在常规 HTTP/HTTPS

协议上采用标准的 HTTP 操作，如 GET、POST、PUT 和 DELETE。以这种方式获取数据与 22.1.3 节所述的文件检索过程非常类似，但是数据不在静态文件中。应用程序不直接提供包含数据的静态文件，而是根据请求动态地从某些其他数据源查询、组装并提供数据。

虽然 API 的各种建立方式有很大差别，但最常见的一种就是 REST 风格的（REpresentational State Transfer）接口，运行在与 Web 相同的 HTTP/HTTPS 协议之上。API 的工作方式千变万化，但常用的是通过 GET 请求来获取数据，这也正是 Web 浏览器用来请求网页的方式。当通过 GET 请求获取数据时，用于选取数据的参数通常会附到查询字符串的 URL 之后。

如果要从好奇号火星车上获取火星当前的天气，请用 http://marsweather.ingenology.com/v1/latest/?format=json 作 URL。?format=json 是查询字符串参数，指定数据要以 JSON 格式返回，JSON 格式将会在 22.3.1 节中讨论。如果需要获取指定火星日的火星天气，或者指定自任务开始的火星日数，如第 155 火星日，URL 请用 http://marsweather.ingenology.com/v1/archive/?sol=155&format=json。如果想获取某地球日期区间的火星天气，如整个 2012 年 10 月，请使用 http://marsweather.ingenology.com/v1/archive/?terrestrial_date_start=2012-10-01&terrestrial_date_end= 2012-10-31。注意，查询字符串中的各数据项应由“&”符号分隔。

如果要用到的 URL 已知，就可以用 requests 库通过 API 获取数据，然后既可以实时进行处理，也可以保存到文件中供后续处理。最简单的做法就是检索文件。

```
>>> import requests
>>> response = requests.get("http://marsweather.ingenology.com/v1/latest/?format=json")
>>> response.text
'{"report": {"terrestrial_date": "2017-01-08", "sol": 1573, "ls": 295.0,
     "min_temp": -74.0, "min_temp_fahrenheit": -101.2, "max_temp": -2.0,
     "max_temp_fahrenheit": 28.4, "pressure": 872.0, "pressure_string":
     "Higher", "abs_humidity": null, "wind_speed": null, "wind_direction": "-
     -", "atmo_opacity": "Sunny", "season": "Month 10", "sunrise": "2017-01-
     08T12:29:00Z", "sunset": "2017-01-09T00:45:00Z"}}'
>>> response = requests.get("http://marsweather.ingenology.com/v1/archive/?sol=155
    &format=json")
>>> response.text
'{"count": 1, "next": null, "previous": null, "results":
     [{"terrestrial_date": "2013-01-18", "sol": 155, "ls": 243.7, "min_temp":
     -64.45, "min_temp_fahrenheit": -84.01, "max_temp": 2.15,
     "max_temp_fahrenheit": 35.87, "pressure": 9.175, "pressure_string":
     "Higher", "abs_humidity": null, "wind_speed": 2.0, "wind_direction":
     null, "atmo_opacity": null, "season": "Month 9", "sunrise": null,
     "sunset": null}]}'
```

记住，在查询参数中应该对空格和大多数标点符号进行转义，因为 URL 中不允许存在这些符号。许多浏览器都会自动对 URL 进行转义。

最后再举一个例子，假定需要抓取 2017 年 1 月 10 日 12 点和下午 1 点之间芝加哥的犯罪数据。采用 API 的方式，指定日期范围的查询字符串参数为“$where=date between <start

`datetime>`”和“`<end datetime>`”，这里的开始和结束时间采用外带引号的 ISO 格式。由此，获取芝加哥 1 小时犯罪数据的 URL 将会是 https://data.cityofchicago.org/resource/6zsd86xi.json?$where=date between '2015-01-10T12:00:00' and '2015-01-10T13:00:00'。

上述例子中有很多字符是 URL 不可接受的，如引号和空格符。在发送之前，`requests` 库会对 URL 进行正确的转义处理（quote）。因此这也充分体现了 `requests` 库的目标，能够为用户简化操作。`request` 对象实际发送出去的 URL 将会是 https://data.cityofchicago.org/resource/6zsd-86xi.json?$where=date%20between%20%222015-01-10T12:00:00%22%20and%20%222015-01-10T14:00:00%22。

注意，甚至都无须过多操心，所有的单引号都转义成了“%22”，所有的空格都成了“%20”。

动手题：访问 API 编写代码从上述芝加哥市的网站上获取一些数据。查看一下返回结果中的字段，看看能否根据日期范围和一个别的字段实现有选择地获取数据记录。

22.3 结构化数据格式

虽然有时能够提供普通的文本格式，但 API 提供的数据更常见的还是结构化文件格式。最常见的两种文件格式就是 JSON 和 XML。这两种格式都基于普通文本，但内容做了结构化处理，因此灵活性更高，能够存放更加复杂的信息。

22.3.1 JSON 数据

JSON 代表 JavaScript Object Notation 的意思，历史可以追溯到 1999 年。JSON 只包含两种结构：一种是称为结构（structure）的键/值对，与 Python 的字典很类似；另一种是数值的有序列表，名为数组（array），非常类似于 Python 的列表。

键只能是双引号包裹的字符串，值可以是双引号包裹的字符串、数字、true、false、null、数组或对象。这些元素促使 JSON 成了一种轻量级的解决方案，采用便于网络传递的方式表示大多数数据，同时人类也相当容易读懂。JSON 已得到普遍应用，以至于大多数编程语言都具备了将 JSON 转换为原生数据类型的功能。而 Python 提供的功能就是 `json` 模块，已成为 2.6 版标准库的一部分。该模块最初的外部维护版本，目前仍可作为 `simplejson` 使用。但在 Python 3 中，标准库的版本会常用得多。

在 22.2 节中，由火星车和芝加哥市的 API 检索到的数据，采用的就是 JSON 格式。如果要通过网络发送 JSON，需要将 JSON 对象序列化，也就是转换为字节序列。因此，虽然由火星车和芝加哥市的 API 检索到的批量数据看起来像是 JSON，但实际上只是 JSON 对象的字节字符串表示。要将该字节字符串转换为真正的 JSON 对象，并将其转换为 Python 字典，需要用到 JSON 对象的 `loads()` 函数。例如，要获取火星天气报告，就可像之前一样操作，但这次会将数据转换为 Python 字典：

```
>>> import json
>>> import requests
>>> response = requests.get("http://marsweather.ingenology.com/v1/latest/
    ?format=json")
>>> weather = json.loads(response.text)
>>> weather
{'report': {'terrestrial_date': '2017-01-10', 'sol': 1575, 'ls': 296.0,
    'min_temp': -58.0, 'min_temp_fahrenheit': -72.4, 'max_temp': 0.0,
    'max_temp_fahrenheit': None, 'pressure': 860.0, 'pressure_string':
    'Higher', 'abs_humidity': None, 'wind_speed': None, 'wind_direction': '-
    -', 'atmo_opacity': 'Sunny', 'season': 'Month 10', 'sunrise': '2017-01-
    10T12:30:00Z', 'sunset': '2017-01-11T00:46:00Z'}}
>>> weather['report']['sol']
1575
```

注意，调用 `json.loads()`，是为了得到 JSON 对象的字符串表示形式，并将其转换或加载到 Python 字典中。同样，`json.load()`函数也能从任何类似文件的对象中读取数据，只要支持 `read` 方法即可。

去看看之前字典的显示形式，内容是难以理解的。经过改善的格式化过程也叫美观输出（pretty printing），可让数据结构理解起来容易许多。下面用 Python 的 `prettyprint` 模块查看一下示例字典中的内容：

```
>>> from pprint import pprint as pp
>>> pp(weather)
{'report': {'abs_humidity': None,
            'atmo_opacity': 'Sunny',
            'ls': 296.0,
            'max_temp': 0.0,
            'max_temp_fahrenheit': None,
            'min_temp': -58.0,
            'min_temp_fahrenheit': -72.4,
            'pressure': 860.0,
            'pressure_string': 'Higher',
            'season': 'Month 10',
            'sol': 1575,
            'sunrise': '2017-01-10T12:30:00Z',
            'sunset': '2017-01-11T00:46:00Z',
            'terrestrial_date': '2017-01-10',
            'wind_direction': '--',
            'wind_speed': None}}
```

两种加载函数都可以加以配置，以便对原始 JSON 到 Python 对象的解析和解码过程进行控制。表 22-1 中列出了默认的转换配置。

表 22-1　JSON 转成 Python 对象的默认解码关系

JSON	Python
object	dict
array	list
string	str
number (int)	int
number (real)	float
true	True
false	False
null	None

通过 requests 库获取 JSON

本节中用到了 requests 库来检索 JSON 格式的数据，然后用 json.loads()方法将其解析为 Python 对象。这种技术完全没有问题，但是因为 requests 库经常是只派这种用场，所以就提供了一个快捷方式，response 对象其实带有一个 json()方法，可以直接完成转换。因此在此例中，可以不用

```
>>> weather = json.loads(response.text)
```

而是采用

```
>>> weather = response.json()
```

结果是一样的，但是代码更简单易读，更具 Python 风格。

如果要将 JSON 写入文件，或者序列化为字符串，则 load()和 loads()的逆函数是 dump()和 dumps()。json.dump()带有一个参数，即拥有 write()方法的文件对象，并返回一个字符串。在这两种情况下，JSON 格式的字符串的编码都可以高度自定义，但默认值仍然基于表 22-1。因此，如果要将火星天气报告写入 JSON 文件，可以如下操作：

```
>>> outfile = open("mars_data_01.json", "w")
>>> json.dump(weather, outfile)
>>> outfile.close()
>>> json.dumps(weather)
'{"report": {"terrestrial_date": "2017-01-11", "sol": 1576, "ls": 296.0,
    "min_temp": -72.0, "min_temp_fahrenheit": -97.6, "max_temp": -1.0,
    "max_temp_fahrenheit": 30.2, "pressure": 869.0, "pressure_string":
    "Higher", "abs_humidity": null, "wind_speed": null, "wind_direction": "-
    -", "atmo_opacity": "Sunny", "season": "Month 10", "sunrise": "2017-01-
    11T12:31:00Z", "sunset": "2017-01-12T00:46:00Z"}}'
```

正如所见，整个对象已编码成了一个字符串。同样，就像采用 pprint 模块一样，这时如果要以可读性更好的方式对字符串进行格式化，可能就很方便了。通过带有 indent 参数的 dump 或 dumps 函数，就很容易实现：

```
>>> print(json.dumps(weather, indent=2))
{
  "report": {
    "terrestrial_date": "2017-01-10",
    "sol": 1575,
    "ls": 296.0,
    "min_temp": -58.0,
    "min_temp_fahrenheit": -72.4,
    "max_temp": 0.0,
    "max_temp_fahrenheit": null,
    "pressure": 860.0,
    "pressure_string": "Higher",
    "abs_humidity": null,
    "wind_speed": null,
    "wind_direction": "--",
    "atmo_opacity": "Sunny",
    "season": "Month 10",
    "sunrise": "2017-01-10T12:30:00Z",
    "sunset": "2017-01-11T00:46:00Z"
  }
}
```

不过有一点应该清楚，如果重复调用 `json.dump()`将一系列对象写入文件，那么结果将是一系列合法的 JSON 格式对象，但整个文件的内容却不是合法的 JSON 格式对象。如果试图通过一次调用 `json.load()`就想读取和解析整个文件，就会失败。要想把多个对象编码成一个 JSON 对象，需要将这些对象全部放入一个列表中，或者最好是一个对象中，然后将该对象编码成 JSON 文件。

如果需要把两天或以上的火星天气数据保存为 JSON 格式，则必须选择一种操作方案。可以对每个对象都调用一次 `json.dump()`，这会生成包含多个 JSON 格式对象的文件。假定 `weather_list` 是天气报告对象的列表，则代码可能如下所示：

```
>>> outfile = open("mars_data.json", "w")
>>> for report in weather_list:
...     json.dump(weather, outfile)
>>> outfile.close()
```

这样在读取时，就需要把每行都加载为单独的 JSON 格式对象：

```
>>> for line in open("mars_data.json"):
...     weather_list.append(json.loads(line))
```

或者也可以把列表放入一个 JSON 对象中。因为 JSON 的顶层数组可能存在漏洞，所以推荐方案是把数组放入一个字典中：

```
>>> outfile = open("mars_data.json", "w")
>>> weather_obj = {"reports": weather_list, "count": 2}
>>> json.dump(weather, outfile)
>>> outfile.close()
```

通过这种方案，一步就可以从文件加载 JSON 格式的对象了：

```
>>> with open("mars_data.json") as infile:
>>> weather_obj = json.load(infile)
```

如果 JSON 文件的大小可控，那么第二种方法会比较好。但对于非常大的文件来说，可能就不太理想了，因为错误处理可能会有点困难，还有可能将内存消耗殆尽。

动手题：保存 JSON 格式的犯罪数据 请修改 22.2 节中编写的代码，获取芝加哥市的犯罪数据，并将获取的数据从 JSON 格式字符串转换为 Python 对象，然后看看是否能将犯罪事件保存为一系列单独 JSON 对象组成的文件，以及由一个 JSON 对象组成的另一个文件，然后再看看加载这两个文件需要采用什么代码。

22.3.2 XML 数据

可扩展标记语言（eXtensible Markup Language，XML）是从 20 世纪末开始出现的。XML 采用了类似 HTML 的尖括号标签（tag）写法，元素相互嵌套形成了树状结构。XML 本来是打算供机器和人类阅读的，但往往太过冗长和复杂，以至于人类难以理解。尽管如此，因为 XML 已是一种既定标准，所以查找 XML 格式的数据是相当常见的需求。尽管 XML 格式是机器可读（machine-readable）的，但大家很可能想转为更加便于处理的格式。

下面看一些 XML 数据的示例，这里是芝加哥天气数据的 XML 版本：

```
<dwml xmlns:xsd="http://www.w3.org/2001/XMLSchema" xmlns:xsi="http://
     www.w3.org/2001/XMLSchema-instance" version="1.0"
     xsi:noNamespaceSchemaLocation="http://www.nws.noaa.gov/forecasts/xml/
     DWMLgen/schema/DWML.xsd">
  <head>
    <product srsName="WGS 1984" concise-name="glance" operationalmode="official">
      <title>
        NOAA's National Weather Service Forecast at a Glance
      </title>
      <field>meteorological</field>
      <category>forecast</category>
      <creation-date refresh-frequency="PT1H">2017-01-08T02:52:41Z</creationdate>
    </product>
    <source>
      <more-information>http://www.nws.noaa.gov/forecasts/xml/</moreinformation>
      <production-center>
        Meteorological Development Laboratory
        <sub-center>Product Generation Branch</sub-center>
      </production-center>
      <disclaimer>http://www.nws.noaa.gov/disclaimer.html</disclaimer>
      <credit>http://www.weather.gov/</credit>
      <credit-logo>http://www.weather.gov/images/xml_logo.gif</credit-logo>
      <feedback>http://www.weather.gov/feedback.php</feedback>
    </source>
  </head>
  <data>
    <location>
      <location-key>point1</location-key>
```

```
      <point latitude="41.78" longitude="-88.65"/>
    </location>
    ...
  </data>
</dwml>
```

以上示例只是 XML 文档的第一部分，这里省略了大部分数据。即便如此，它还是展示了一些在 XML 数据中经常会发现的问题。特别是 XML 协议冗长的特性，某些情况下标签占用的空间比内部包含的数据还要多。该示例还展示了 XML 中常见的嵌套或树状结构，以及在实际数据前面经常会用到的庞大的元数据首部。如果把数据文件格式从简单到复杂排列一下，CSV 或分隔符文件可被视为最简单的一头，而 XML 算是最复杂的另一头。

该文件还演示了 XML 的另一个特性，也稍稍增加了数据提取的难度。XML 支持用属性来存储数据和标签内的文本值。因此，查看一下例子末尾的 `point` 元素，会看到它没有包含文本值。该元素在`<point>`标签内，只有纬度和经度值：

```
<point latitude="41.78" longitude="-88.65"/>
```

以上代码当然是合法的 XML，适用于存储数据，但也可以把相同数据存储为以下格式：

```
<point>
   <latitude>41.78</ latitude >
   <longitude>-88.65</longitude>
</point>
```

如果没有仔细检查数据，也没有认真研究 XML 规范文档，那真的会不知道该用什么方案来处理给定的数据。

正是因为这种复杂性，要从 XML 中提取简单数据，将会面临很大难度。处理 XML 的方式有几种选择。Python 标准库自带了解析和处理 XML 数据的模块，但用于简单数据提取都不是特别方便。

对于简单数据的提取，我能找到的使用最方便的实用程序，是一个名为 `xmltodict` 的库，它会解析 XML 数据并返回与树状结构对应的字典。实际上，`xmltodict` 背后用到了标准库中的 XML 解析器模块 `expat`，将 XML 文档解析为对象树，并用对象树创建字典。因此，`xmltodict` 可以处理 XML 解析器能够处理的任何内容，并且还能读取字典并在必要时将其“组装”（unparse）为 XML，这使得 `xmltodict` 成为非常好用的工具。经过几年的使用，我发现这个解决方案可以满足所有的 XML 处理需求。如果要获取 `xmltodict`，仍然可以用 `pip install xmltodict`。

要将 XML 转换为字典，可以导入 `xmltodict` 并对 XML 格式的字符串使用 `parse` 方法：

```
>>> import xmltodict
>>> data = xmltodict.parse(open("observations_01.xml").read())
```

为了紧凑，这里将文件内容直接传给 `parse` 方法。解析完成之后的数据对象，是一个有序字典，其中包含的数据就如同从 JSON 加载的一样：

```
{
    "dwml": {
```

```
        "@xmlns:xsd": "http://www.w3.org/2001/XMLSchema",
        "@xmlns:xsi": "http://www.w3.org/2001/XMLSchema-instance",
        "@version": "1.0",
        "@xsi:noNamespaceSchemaLocation": "http://www.nws.noaa.gov/forecasts/ xml/
    DWMLgen/schema/DWML.xsd",
        "head": {
            "product": {
                "@srsName": "WGS 1984",
                "@concise-name": "glance",
                "@operational-mode": "official",
                "title": "NOAA's National Weather Service Forecast at a Glance",
                "field": "meteorological",
                "category": "forecast",
                "creation-date": {
                    "@refresh-frequency": "PT1H",
                    "#text": "2017-01-08T02:52:41Z"
                }
            },
            "source": {
                "more-information": "http://www.nws.noaa.gov/forecasts/xml/",
                "production-center": {
                    "sub-center": "Product Generation Branch",
                    "#text": "Meteorological Development Laboratory"
                },
                "disclaimer": "http://www.nws.noaa.gov/disclaimer.html",
                "credit": "http://www.weather.gov/",
                "credit-logo": "http://www.weather.gov/images/xml_logo.gif",
                "feedback": "http://www.weather.gov/feedback.php"
            }
        },
        "data": {
            "location": {
                "location-key": "point1",
                "point": {
                    "@latitude": "41.78",
                    "@longitude": "-88.65"
                }
            }
        }
    }
}
```

注意，所有属性已从标签中提取出来，带上了@前缀用以标明它们原来是父标签的属性。如果 XML 节点同时包含文本值和嵌套元素，注意文本值的键是"#text"，如"production-center"之下的"sub-center"元素。

之前提到过，解析的结果是一个有序字典，官方说法是 OrderedDict。所以如果把它打印出来，代码应如下所示：

```
OrderedDict([('dwml', OrderedDict([('@xmlns:xsd', 'http://www.w3.org/2001/
    XMLSchema'), ('@xmlns:xsi', 'http://www.w3.org/2001/XMLSchema-
    instance'), ('@version', '1.0'), ('@xsi:noNamespaceSchemaLocation',
    'http://www.nws.noaa.gov/forecasts/xml/DWMLgen/schema/DWML.xsd'),
```

```
('head', OrderedDict([('product', OrderedDict([('@srsName', 'WGS 1984'),
('@concise-name', 'glance'), ('@operational-mode', 'official'),
('title', "NOAA's National Weather Service Forecast at a Glance"),
('field', 'meteorological'), ('category', 'forecast'), ('creation-date',
OrderedDict([('@refresh-frequency', 'PT1H'), ('#text', '2017-01-
08T02:52:41Z')]))])), ('source', OrderedDict([('more-information',
'http://www.nws.noaa.gov/forecasts/xml/'), ('production-center',
OrderedDict([('sub-center', 'Product Generation Branch'), ('#text',
'Meteorological Development Laboratory')])), ('disclaimer', 'http://
www.nws.noaa.gov/disclaimer.html'), ('credit', 'http://www.weather.gov/
'), ('credit-logo', 'http://www.weather.gov/images/xml_logo.gif'),
('feedback', 'http://www.weather.gov/feedback.php')]))])), ('data',
OrderedDict([('location', OrderedDict([('location-key', 'point1'),
('point', OrderedDict([('@latitude', '41.78'), ('@longitude', '-
88.65')]))])), ('#text', '…')]))]))])
```

虽然 OrderedDict 的显示形式着实有些古怪，即元组构成的多个列表，但它的行为与普通的字典完全相同，只不过能保证维持元素的顺序不变，当前情况下这是有用的。

如果元素有重复，那就会成为一个列表。在之前给出的完整文件中，还有一部分会出现以下元素（这里省略了一些元素）：

```
<time-layout >
    <start-valid-time period-name="Monday">2017-01-09T07:00:00-06:00</start-
     valid-time>
    <end-valid-time>2017-01-09T19:00:00-06:00</end-valid-time>
    <start-valid-time period-name="Tuesday">2017-01-10T07:00:00-06:00</start-
     valid-time>
    <end-valid-time>2017-01-10T19:00:00-06:00</end-valid-time>
    <start-valid-time period-name="Wednesday">2017-01-11T07:00:00-06:00</
     start-valid-time>
    <end-valid-time>2017-01-11T19:00:00-06:00</end-valid-time>
</time-layout>
```

注意两个元素"start-valid-time"和"end-valid-time"，它们交替重复出现了，这两个出现重复的元素将会分别转换为字典中的列表，并保持每组元素的适当顺序不变：

```
            "time-layout":
                {
                    "start-valid-time": [
                        {
                            "@period-name": "Monday",
                            "#text": "2017-01-09T07:00:00-06:00"
                        },
                        {
                            "@period-name": "Tuesday",
                            "#text": "2017-01-10T07:00:00-06:00"
                        },
                        {
                            "@period-name": "Wednesday",
                            "#text": "2017-01-11T07:00:00-06:00"
                        }
                    ],
                    "end-valid-time": [
```

```
                    "2017-01-09T19:00:00-06:00",
                    "2017-01-10T19:00:00-06:00",
                    "2017-01-11T19:00:00-06:00"
                ]
            },
```

字典和列表，乃至嵌套的字典和列表，在 Python 中处理起来都相当容易，因此采用 xmltodict 是处理大多数 XML 的有效途径。其实在过去的几年里，我已经在多种 XML 文档的生产环境中用过了，从来没有出现过问题。

动手题：获取并解析 XML 编写代码以从 http://mng.bz/103V 获取 XML 格式的芝加哥天气预报信息。然后利用 xmltodict 将 XML 解析为 Python 字典，并且提取出最高温度的次日预报。提示一下，为了能将时段分布和数据值对应起来，需要对比第一个 time-layout 部分的 layout-key 值和 parameters 元素中 temperature 元素的 time-layout 属性。

22.4 抓取 Web 数据

有些情况下，数据位于某个网站中，由于某些原因在其他地方都得不到。这时通过爬取（crawling）或抓取（scraping）过程，从网页本身采集数据可能就很有意义了。

在详细介绍抓取操作之前，请允许做一个免责声明。抓取或爬取非自有或无控制权的网站，最好情况也不过是合法的灰色地带，需要考虑很多尚无定论和意见相互对立的难题，涉及网站使用条款、站点访问方式和被抓取数据的用途等方面。除非对要抓取的网站拥有控制权，否则对“抓取这个网站是否合法？”的答案往往是“看情况”。

如果决定要抓取生产环境下的网站，还需要时刻注意加到网站上的负载情况。虽然已建成的大流量站点或许能够处理抛过去的任何操作，但是小型的、不太活跃的站点可能会被一系列连续请求带入停顿状态。至少得多加小心，别让抓取操作变成无意间的拒绝服务攻击。

不过，我曾碰到过这种情况，某些数据通过我们自己的网站抓取确实比通过公司渠道要容易一些。虽然抓取网络数据有其用武之地，但因其太过复杂，本书无法给出完整的介绍。本节将会提供一个非常简单的示例，对基本方法给出大致概念，然后再给出建议以求适应更加复杂的情况。

网站的抓取包括两部分操作：网页的获取和数据的提取。网页的获取可以通过 requests 模块来完成，而且相当简单。

下面考虑一个很简单的网页代码，只有几句正文，没有 CSS 或 JavaScript，如代码清单 22-1 所示。

代码清单 22-1 test.html 文件

```
<!DOCTYPE HTML PUBLIC "-//IETF//DTD HTML//EN">
<html> <head>
<title>Title</title>
</head>

<body>
```

```
<h1>Heading 1</h1>

This is plan text, and is boring
<span class="special">this is special</span>

Here is a <a href="http://bitbucket.dev.null">link</a>

<hr>
<address>Ann Address, Somewhere, AState 00000
</address>
</body> </html>
```

假设只对上述页面中的几类数据感兴趣，即带有"special"类名的元素内容，以及网页链接。可以通过搜索字符串 class="special"和"<a href"来对文件进行处理，然后编写代码从中取出数据。但即便是使用正则表达式，这个处理过程也会乏味、易错、难以维护。如果采用懂得如何解析 HTML 的库（如 Beautiful Soup），那事情将会容易许多。如果想试试以下代码，尝试一下 HTML 页面的解析过程，可以用 pip install bs4 进行库的安装。

Beautiful Soup 安装完毕后，解析 HTML 页面就很简单了。对于上述示例页面，假设已经检索到了网页（可能是用了 requests 库），然后只需解析 HTML 即可。

第一步是加载文本并创建 Beautiful Soup 解析器：

```
>>> import bs4
>>> html = open("test.html").read()
>>> bs = bs4.BeautifulSoup(html, "html.parser")
```

以上就是把 HTML 解析为解析器对象 bs 的全部代码。Beautiful Soup 解析器对象拥有很多很酷的技巧，如果确实要处理 HTML，那么真的值得花点时间进行一些实验，感受一下它的能力。本例只需关心两件事：根据 HTML 标记提取内容，根据 CSS 类获取数据。

首先要找到网页链接。网页链接的 HTML 标记是<a>，Beautiful Soup 默认将所有标记转换为小写。因此要查找所有链接标记，可以用"a"作为参数调用 bs 对象本身：

```
>>> a_list = bs("a")
>>> print(a_list)
[<a href="http://bitbucket.dev.null">link</a>]
```

现在得到了一个包含所有 HTML 链接标签的列表，本例只有一个网页链接。如果只是获得了这个列表，那还不算太糟。但事实上，列表中返回的元素都还是解析器对象，可以用来完成剩下的获取链接和文本操作：

```
>>> a_item = a_list[0]
>>> a_item.text
'link'
>>> a_item["href"]
'http://bitbucket.dev.null'
```

另一个要找的是带有 CSS 类"special"的部分，可以用解析器的 select 方法进行提取。如下所示：

```
>>> special_list = bs.select(".special")
>>> print(special_list)
[<span class="special">this is special</span>]
>>> special_item = special_list[0]
>>> special_item.text
'this is special'
>>> special_item["class"]
['special']
```

因为由标签或 `select` 方法返回的数据项就是解析器对象本身，所以可以嵌套起来使用，这样就可以从 HTML 甚至 XML 中提取任何内容了。

动手题：HTML 解析 假定已存在文件 forecast.html（可在本书提供的代码中找到），请使用 Beautiful Soup 编写一个脚本，提取数据并将其保存为 CSV 文件。forecast.html 如代码清单 22-2 所示。

代码清单 22-2 forecast.html 文件

```
<html>
  <body>
    <div class="row row-forecast">
        <div class="grid col-25 forecast-label"><b>Tonight</b></div>
        <div class="grid col-75 forecast-text">A slight chance of showers and
     thunderstorms before 10pm. Mostly cloudy, with a low around 66. West
     southwest wind around 9 mph. Chance of precipitation is 20%. New
     rainfall amounts between a tenth and quarter of an inch possible.</div>
    </div>
    <div class="row row-forecast">
        <div class="grid col-25 forecast-label"><b>Friday</b></div>
        <div class="grid col-75 forecast-text">Partly sunny. High near 77,
     with temperatures falling to around 75 in the afternoon. Northwest wind
     7 to 12 mph, with gusts as high as 18 mph.</div>
    </div>
    <div class="row row-forecast">
        <div class="grid col-25 forecast-label"><b>Friday Night</b></div>
        <div class="grid col-75 forecast-text">Mostly cloudy, with a low
     around 63. North wind 7 to 10 mph.</div>
    </div>
    <div class="row row-forecast">
        <div class="grid col-25 forecast-label"><b>Saturday</b></div>
        <div class="grid col-75 forecast-text">Mostly sunny, with a high near
     73. North wind around 10 mph.</div>
    </div>
    <div class="row row-forecast">
        <div class="grid col-25 forecast-label"><b>Saturday Night</b></div>
        <div class="grid col-75 forecast-text">Partly cloudy, with a low
     around 63. North wind 5 to 10 mph.</div>
    </div>
    <div class="row row-forecast">
        <div class="grid col-25 forecast-label"><b>Sunday</b></div>
        <div class="grid col-75 forecast-text">Mostly sunny, with a high near
     73.</div>
```

```
    </div>
    <div class="row row-forecast">
        <div class="grid col-25 forecast-label"><b>Sunday Night</b></div>
        <div class="grid col-75 forecast-text">Mostly cloudy, with a low
     around 64.</div>
    </div>
    <div class="row row-forecast">
        <div class="grid col-25 forecast-label"><b>Monday</b></div>
        <div class="grid col-75 forecast-text">Mostly sunny, with a high near
     74.</div>
    </div>
    <div class="row row-forecast">
        <div class="grid col-25 forecast-label"><b>Monday Night</b></div>
        <div class="grid col-75 forecast-text">Mostly clear, with a low
     around 65.</div>
    </div>
    <div class="row row-forecast">
        <div class="grid col-25 forecast-label"><b>Tuesday</b></div>
        <div class="grid col-75 forecast-text">Sunny, with a high near 75.</
     div>
    </div>
    <div class="row row-forecast">
        <div class="grid col-25 forecast-label"><b>Tuesday Night</b></div>
        <div class="grid col-75 forecast-text">Mostly clear, with a low
     around 65.</div>
    </div>
    <div class="row row-forecast">
        <div class="grid col-25 forecast-label"><b>Wednesday</b></div>
        <div class="grid col-75 forecast-text">Sunny, with a high near 77.</
     div>
    </div>
    <div class="row row-forecast">
        <div class="grid col-25 forecast-label"><b>Wednesday Night</b></div>
        <div class="grid col-75 forecast-text">Mostly clear, with a low
     around 67.</div>
    </div>
    <div class="row row-forecast">
        <div class="grid col-25 forecast-label"><b>Thursday</b></div>
        <div class="grid col-75 forecast-text">A chance of rain showers after
     1pm. Mostly sunny, with a high near 81. Chance of precipitation is
     30%.</div>
    </div>
  </body>
</html>
```

研究题 22：跟踪好奇号的天气 利用 22.2 节中描述的 API，收集好奇号在火星上停留一个月内的天气历史数据。提示一下，可以将`?sol=`*`sol_number`*添加到归档数据查询字符串的末尾，以指定火星天数（sol），例如：

```
http://marsweather.ingenology.com/v1/archive/?sol=155
```

请转换数据格式，以便能加载到电子表格中并进行绘图。若想获取该项目的一个版本，参见本书的源代码。

22.5 小结

- 采用 Python 脚本也许不是获取文件的最佳选择。请一定要考虑多种方案。
- 采用 `requests` 模块，是通过 HTTP/HTTPS 和 Python 获取文件的最佳选择。
- 由 API 获取文件的做法，与获取静态文件非常相似。
- API 请求的参数通常需要转码，并作为查询字符串添加到请求 URL 之后。
- 由 API 提供的数据，相当常见的是 JSON 格式的字符串，还会用到 XML 格式。
- 对自己没有控制权的网站进行数据抓取，可能是非法或不道德的，还要考虑避免让服务器超载。

第 23 章　数据的保存

本章主要内容

- 在关系数据库中保存数据
- 使用 Python DB-API
- 通过对象关系映射器（ORM）访问数据库
- 了解 NoSQL 数据库及与关系数据库的区别

数据已经到手并清洗完成后，可能需要保存起来了。数据不仅要能够保存，还要能在以后尽可能方便地读取。这种存储并检索大量数据的需求，通常会用到某种数据库。几十年以来，PostgreSQL、MySQL 和 SQL Server 等关系数据库已经成为数据存储的公认选择，它们仍然是很多应用场景的绝佳选择。近年来，包括 MongoDB 和 Redis 在内的 NoSQL 数据库已经受到青睐，对于多种应用场景也都很有用。对数据库的详细讨论得用几本书才行，因此本章只会介绍几个场景，演示一下如何用 Python 访问 SQL 和 NoSQL 数据库。

23.1　关系数据库

长期以来，关系数据库一直是存储和操纵数据的标准。这种技术十分成熟，无处不在。Python 可以连接多种关系数据库，但本书没有时间也不准备一一介绍每种数据库的细节。因为 Python 处理所有数据库的方式都大致相同，所以这里将通过其中一种数据库 sqlite3 来演示基本原理，然后讨论在选择和使用关系数据库做数据存储时的一些差别和注意事项。

Python 的数据库 API

如前所述，Python 对 SQL 数据库访问的处理方式非常类似，可以横跨好几种数据库产品。这是因为在 PEP-249 中，规定了连接到 SQL 数据库的一些通用做法。一般将这种访问方式称为数据库 API 或 DB-API，创建它的目的是为了促使获得“能跨越多种数据库的更具普遍移植性的代码，和更宽泛的数据库连接能力”。多亏有了 DB-API，就算采用 PostgreSQL、MySQL 或其他几种数据库，用法也会与本章的 SQLite 示例相当类似。

23.2 SQLite：sqlite3 数据库的用法

Python 为各种数据库提供了很多模块，不过下面的例子只会介绍 sqlite3。虽然不适合大型、高流量的应用程序，但 sqlite3 具备两个优点。

- 因为 sqlite3 是标准库的一部分，所以任何需要数据库的地方都可使用，不必操心还要添加依赖项。
- sqlite3 把所有记录都存储在本地文件中，因此不需要客户端和服务器端，这正是 PostgreSQL、MySQL 和其他大型数据库需要的。

以上特性使得 sqlite3 成为小型应用程序和快速原型系统的便捷选择。

为了使用 sqlite3 数据库，首先得有一个 `Connection` 对象。只需调用 `connect` 函数即可得到一个 `Connection` 对象，参数是准备用来存储数据的文件名：

```
>>> import sqlite3
>>> conn = sqlite3.connect("datafile.db")
```

也可以用`":memory:"`作为文件名，这样数据就会保存在内存中。如果存储的是 Python 整数、字符串和浮点数，那就不需要其他参数了。如果想让 sqlite3 把某些列的查询结果自动转换为其他类型，则带上 `detect_types` 参数会比较有用，将其设为 `sqlite3.PARSE_DECLTYPES|sqlite3.PARSE_COLNAMES` 就能指导 `Connection` 对象对查询语句中的列名和类型进行解析，并尝试将它们与自定义的转换器进行匹配。

第二步要由 `Connection` 创建一个 `Cursor` 对象：

```
>>> cursor = conn.cursor()
>>> cursor
<sqlite3.Cursor object at 0xb7a12980>
```

到了这一步，就能对数据库进行查询了。在本例中，因为数据库中还没有表或记录，所以需要首先创建一个表并插入几条记录：

```
>>> cursor.execute("create table people (id integer primary key, name text,
    count integer)")
>>> cursor.execute("insert into people (name, count) values ('Bob', 1)")
>>> cursor.execute("insert into people (name, count) values (?, ?)",
...                ("Jill", 15))
>>> conn.commit()
```

最后一条 `insert` 语句演示了用变量查询的推荐写法。这里没有构建查询字符串，而是用“?”表示每个变量，这样更为安全，然后将多个变量组成一个元组，作为参数传给 `execute` 方法。这样的优点是不必担心会转义出错，sqlite3 会处理好的。

在查询中还可以采用带有“:”前缀的变量名，传入的将会是一个字典，其中包含相应要插入的值：

```
>>> cursor.execute("insert into people (name, count) values (:username, \
                  :usercount)", {"username": "Joe", "usercount": 10})
```

表里填入数据后，就可以用 SQL 命令查询数据了，还是可以用“?”代表变量绑定关系，或者用变量名和字典也行：

```
>>> result = cursor.execute("select * from people")
>>> print(result.fetchall())
[('Bob', 1), ('Jill', 15), ('Joe', 10)]
>>> result = cursor.execute("select * from people where name like :name",
...                         {"name": "bob"})
>>> print(result.fetchall())
[('Bob', 1)]
>>> cursor.execute("update people set count=? where name=?", (20, "Jill"))
>>> result = cursor.execute("select * from people")
>>> print(result.fetchall())
[('Bob', 1), ('Jill', 20), ('Joe', 10)]
```

除可用 `fetchall` 方法之外，`fetchone` 方法能从查询结果中获取一行数据，`fetchmany` 则能返回任意数量的数据行。为方便起见，也可以迭代遍历游标（cursor）对象中的数据行，类似于对文件进行迭代遍历：

```
>>> result = cursor.execute("select * from people")
>>> for row in result:
...     print(row)
...
('Bob', 1)
('Jill', 20)
('Joe', 10)
```

默认情况下，sqlite3 不会立即提交事务。这意味着可以选择在事务失败时回滚事务，但这也意味着需要动用 `Connection` 对象的 `commit` 方法才能保证所有修改都得以保存。因为 `close` 方法不会自动提交任何活跃事务，所以在关闭数据库连接之前进行提交就是特别好的做法：

```
>>> cursor.execute("update people set count=? where name=?", (20, "Jill"))
>>> conn.commit()
>>> conn.close()
```

表 23-1 大致列出了最常见的 sqlite3 数据库操作。

表 23-1 常见 sqlite3 数据库操作

操　作	sqlite3 命令
创建数据库连接	`conn = sqlite3.connect(filename)`
在数据库连接中创建游标	`Cursor = conn.cursor()`

续表

操　作	sqlite3 命令
通过游标执行查询	`cursor.execute(query)`

返回查询结果	`cursor.fetchall()`、`cursor.fetchmany(num_rows)`、`cursor.fetchone()`
	`for row in cursor:`
	`....`

向数据库提交事务	`conn.commit()`
关闭数据库连接	`conn.close()`

通常，操作 sqlite3 数据库有以上这些操作就足矣了。当然，有几个参数可以用于控制这些操作的精确行为，更多信息参见 Python 文档。

动手题：创建并修改数据库表 请利用 sqlite3 来编写 21.2 节中的代码，由普通文本文件加载伊利诺伊州（Illinois）的天气数据，并为其创建数据库表。假设还有其他州的类似数据，并且有很多与州有关的信息也需要保存。该如何修改数据库，用关联表来存储州信息呢？

23.3 MySQL、PostgreSQL 和其他关系数据库的使用

正如本章之前所述，其他几个 SQL 数据库都提供了遵循 DB-API 规范的客户端库。因此，用 Python 访问这些数据库的方式非常相似，但需要注意以下几点区别。

- 与 SQLite 不同，这些数据库需要有数据库服务器端，以供客户端连接。客户端和服务器端也许位于同一台机器上，也许位于不同的机器上，因此数据库连接需要携带更多的参数，通常包括主机、账户名和密码。
- `"select * from test where name like:name"`之类在查询中插入参数的方式，可能会采用不同的格式，类似于?、`%s5(name)s` 等。

上述变化并不很大，但往往会妨碍代码在不同数据库之间实现完全的可移植。

23.4 利用 ORM 简化数据库操作

本章之前提到的 DB-API 数据库客户端库存在一些问题，并且要求编写原始的 SQL 语句也会存在问题。

- 不同的 SQL 数据库对 SQL 的实现略有不同，因此如果从一种数据库迁移到另一种数据库，同一条 SQL 语句不一定会始终有效。假如本地开发是对 sqlite3 进行的，之后在生产环境中要使用 MySQL 或 PostgreSQL，这时就可能会产生这种迁移需求。此外，如前所述，不同的数据库产品有不同的实现方式，如将参数传给查询语句的方式。

- 第二个缺点是需要用到原始 SQL 语句。在代码中包含 SQL 语句会更加难以维护，特别是在代码量很大时。这时其中一些语句将成为模板和例行过程，其他语句则会十分复杂和棘手。并且所有语句都需要进行测试，这可能会变得很麻烦。
- 编写 SQL 的要求意味着至少需要考虑两种语言：Python 和某种 SQL。很多情况下用原始 SQL 是值得这么麻烦的，但在其他很多时候却并不划算。

鉴于上述问题，人们需要 Python 有一种更易于管理的数据库处理方式，并且只需要编写普通的 Python 代码即可。解决方案就是对象关系映射器（Object Relational Mapper，ORM），它能将关系数据库的数据类型和数据结构转换或映射为 Python 对象。在 Python 的世界中，最常见的两个 ORM 就是 Django ORM 和 SQLAlchemy，当然其他还有很多。Django ORM 与 Django Web 框架紧密集成，通常不在外面单独使用。因为本书无意于探究 Django，所以不会讨论 Django ORM。这里仅需注意一点，Django ORM 是 Django 应用程序的默认选项，也是一个好选择，具备开发完善的工具和丰富的社区支持。

23.4.1 SQLAlchemy

SQLAlchemy 是 Python 世界中的另一种大牌 ORM。SQLAlchemy 的目标是自动执行冗长的数据库任务，并为数据提供基于 Python 对象的接口，同时仍允许开发人员控制数据库并访问底层 SQL。本节将介绍一些基本示例，先将数据存储到关系数据库，然后用 SQLAlchemy 检索数据。

用 `pip` 即可在 Python 环境中安装 SQLAlchemy：

```
> pip install sqlalchemy
```

注意 从便于使用 SQLAlchemy 及相关工具的角度出发，比较方便的做法是在同一个虚拟环境中打开两个 shell 窗口，一个用于 Python，另一个用于系统的命令行。

SQLAlchemy 提供了几种与数据库和表进行交互的途径。虽然必要时 ORM 也允许编写 SQL 语句，但 ORM 的强大之处正如其名：将关系数据库表和列映射为 Python 对象。

下面利用 SQLAlchemy 重复 23.2 节中的操作：创建表、添加 3 条数据行、查询表并更新 1 行。使用 ORM 时的配置工作会多一些，但在大型项目中这非常值得。

首先，需要导入几个组件，用于连接数据库并将表映射成 Python 对象。在基础 `sqlalchemy` 包中，需要用到方法 `create_engine` 和 `select`，还有类 `MetaData` 和 `Table`。但因为在创建 `Table` 对象时需要指定模式（schema）信息，所以还要导入 `Column` 类和各列数据类型的对应类，本例中为 `Integer` 和 `String`。还需要从 `sqlalchemy.orm` 子包中导入 `sessionmaker` 函数：

```
>>> from sqlalchemy import create_engine, select, MetaData, Table, Column,
     Integer, String
>>> from sqlalchemy.orm import sessionmaker
```

现在就可以考虑连接数据库了。

```
>>> dbPath = 'datafile2.db'
>>> engine = create_engine('sqlite:///%s' % dbPath)
>>> metadata = MetaData(engine)
>>> people  = Table('people', metadata,
...                 Column('id', Integer, primary_key=True),
...                 Column('name', String),
...                 Column('count', Integer),
...                )
>>> Session = sessionmaker(bind=engine)
>>> session = Session()
>>> metadata.create_all(engine)
```

为了创建并连接数据库，需要创建对应数据库的引擎。然后需要有一个 MetaData 对象，它是用于管理表及其结构的容器。然后创建一个名为 people 的 Table 对象，给出的参数为数据库中的表名、刚刚创建的 MetaData 对象、要创建的列及其数据类型。最后，用 sessionmaker 函数为引擎创建 Session 类，并使用该类实例化 session 对象。这时数据库已连接完成，最后一步是用 create_all 方法建表。

数据库表建完后，下一步是插入一些记录。在 SQLAlchemy 中同样有多种插入方式，但在本例中会比较明确。创建一个 insert 对象，然后执行：

```
>>> people_ins = people.insert().values(name='Bob', count=1)
>>> str(people_ins)
'INSERT INTO people (name, count) VALUES (?, ?)'
>>> session.execute(people_ins)
<sqlalchemy.engine.result.ResultProxy object at 0x7f126c6dd438>
>>> session.commit()
```

这里用到 insert()方法创建了一个 insert 对象，同时指定了要插入的字段和值。people_ins 是 insert 对象，用 str()函数就可以显示出，其实在幕后创建了正确的 SQL 命令。然后用 session 对象的 execute()方法执行插入操作，并用 commit()方法提交给数据库：

```
>>> session.execute(people_ins, [
...     {'name': 'Jill', 'count':15},
...     {'name': 'Joe', 'count':10}
... ])
<sqlalchemy.engine.result.ResultProxy object at 0x7f126c6dd908>
>>> session.commit()
>>> result = session.execute(select([people]))
>>> for row in result:
...     print(row)
...
(1, 'Bob', 1)
(2, 'Jill', 15)
(3, 'Joe', 10)
```

通过传入一个字典列表可以简化操作并执行多条记录的插入，每条插入记录为一个字典，其中包含了字段名和字段值：

```
>>> result = session.execute(select([people]).where(people.c.name == 'Jill'))
>>> for row in result:
...     print(row)
...
(2, 'Jill', 15)
```

select()方法还可以与 where()方法一起使用，用于查找指定的记录。以上示例查找的是 name 列等于'Jill'的所有记录。注意，where 表达式采用了 people.c.name，c 表示 name 是 people 表中的列：

```
>>> result = session.execute(people.update().values(count=20).where
     (people.c.name == 'Jill'))
>>> session.commit()
>>> result = session.execute(select([people]).where(people.c.name == 'Jill'))
>>> for row in result:
...     print(row)
...
(2, 'Jill', 20)
>>>
```

update()方法也可以和 where()方法组合使用，实现对单条记录的更新。

将表对象映射为类

到目前为止，都是直接使用表对象，其实还可以用 SQLAlchemy 将表直接映射为类。这种映射技术的优点是，数据列会直接映射成类的属性。下面创建一个类 People 以作演示。

```
>>> from sqlalchemy.ext.declarative import declarative_base
>>> Base = declarative_base()
>>> class People(Base):
...     __tablename__ = "people"
...     id = Column(Integer, primary_key=True)
...     name = Column(String)
...     count = Column(Integer)
...
>>> results = session.query(People).filter_by(name='Jill')
>>> for person in results:
...     print(person.id, person.name, person.count)
...
2 Jill 20
```

只要新建一个映射类的实例，并将其加入 session 中，就可以完成插入操作了：

```
>>> new_person = People(name='Jane', count=5)
>>> session.add(new_person)
>>> session.commit()
>>>
>>> results = session.query(People).all()
>>> for person in results:
...     print(person.id, person.name, person.count)
...
1 Bob 1
2 Jill 20
```

```
3 Joe 10
4 Jane 5
```

更新操作也相当简单。只要检索需要更新的记录，修改映射实例中的值，然后将更新过的记录加入回写数据库的 session 中：

```
>>> jill = session.query(People).filter_by(name='Jill').first()
>>> jill.name
'Jill'
>>> jill.count = 22
>>> session.add(jill)
>>> session.commit()
>>> results = session.query(People).all()
>>> for person in results:
...     print(person.id, person.name, person.count)
...
1 Bob 1
2 Jill 22
3 Joe 10
4 Jane 5
```

删除操作和修改很类似，先获取要删除的记录，然后用 session 对象的 delete()方法删除即可：

```
>>> jane = session.query(People).filter_by(name='Jane').first()
>>> session.delete(jane)
>>> session.commit()
>>> jane = session.query(People).filter_by(name='Jane').first()
>>> print(jane)
None
```

用 SQLAlchemy 时确实要比仅用原始 SQL 增加一点配置工作，但也带来一些实际的好处。首先，采用 ORM 就意味着不必操心不同数据库支持的 SQL 语句的细微差别。上述示例面对 sqlite3、MySQL 和 PostgreSQL 都能正常工作，除了创建引擎时提供的字符串不同，并要确保有正确的数据库驱动程序可用，就不用对代码进行任何修改了。

另一个优点就是数据交互可以通过 Python 对象来完成，对于缺乏 SQL 编程经验的程序员来说，可能会更容易一些。他们可以用 Python 对象及其方法，而不用去构造 SQL 语句了。

动手题：ORM 的运用 利用 22.3 节中的数据库，编写一个 SQLAlchemy 类来映射到数据库表，并用该类读取表中的记录。

23.4.2 用 Alembic 修改数据库结构

在用到关系数据库的开发过程中，常常不得不在开始工作之后对数据库结构进行修改。如果这种情况算不上普遍，那也至少是很常见。要添加字段，要修改字段类型，凡此种种。当然，可以手动修改数据库表和访问它们的 ORM 代码，但会有一些缺点。首先，这种修改很难在必要时进行回滚。其次，某个版本的代码所用的数据库配置也很难被跟踪记录下来。

解决办法就是用数据库迁移（migration）工具协助进行修改，并把改动记录下来。迁移是用代码操纵的，代码中应该包含执行所需的修改和逆操作两部分。这样修改就可以被记录下来，并能按正确的顺序执行或回退。这样一来，数据库就能可靠地升级或降级到开发过程中的任一状态了。

作为示例，本节简要介绍一下 Alembic，这是一种流行的轻量级迁移工具，适用于 SQLAlchemy。为了启动 Alembic，请切换到系统命令行窗口，进入项目所在目录，安装 Alembic，并用 `alemic init` 创建通用的运行环境：

```
> pip install alembic
> alembic init alembic
```

上述代码创建了用 Alembic 进行数据迁移所需的文件结构。这里有一个 alembic.ini 文件，里面至少有一处需要编辑一下。`squalchemy.url` 这一行需要根据当前情况进行修改：

```
sqlalchemy.url = driver://user:pass@localhost/dbname
```

把这行改为：

```
sqlalchemy.url = sqlite:///datafile.db
```

因为用的是本地 sqlite 文件，所以不需要用户名或密码。

下一步用 Alembic 的 `revision` 命令创建一个修订：

```
> alembic revision -m "create an address table"
Generating /home/naomi/qpb_testing/alembic/versions/
     384ead9efdfd_create_a_test_address_table.py ... done
```

上述代码在 alembic/versions 目录中创建了一个修订脚本 384ead9efdfd_create_ a_test_address_table.py，该脚本文件如下所示：

```
"""create an address table

Revision ID: 384ead9efdfd
Revises:
Create Date: 2017-07-26 21:03:29.042762

"""
from alembic import op
import sqlalchemy as sa

# revision identifiers, used by Alembic.
revision = '384ead9efdfd'
down_revision = None
branch_labels = None
depends_on = None

def upgrade():
    pass

def downgrade():
```

```
    pass
```

在文件头部信息中，包含了修订 ID 和日期。文件还包含了一个 down_revision 变量，用于引导各个版本的回滚。如果进行第二次修订，则其 down_revision 变量就应该包含该修订 ID。

为了执行修订，要更新修订脚本，在 upgrade()方法中给出执行修订的代码，并在 downgrade()方法中给出回退代码：

```
def upgrade():
    op.create_table(
        'address',
        sa.Column('id', sa.Integer, primary_key=True),
        sa.Column('address', sa.String(50), nullable=False),
        sa.Column('city', sa.String(50), nullable=False),
        sa.Column('state', sa.String(20), nullable=False),
    )

def downgrade():
    op.drop_table('address')
```

以上代码创建完毕后，就可以执行升级了。但首先请切换回 Python shell 窗口，查看一下数据库中有哪些表存在：

```
>>> print(engine.table_names())
['people']
```

正如所料，这里只有之前创建的一张表。现在，可以运行 Alembic 的 upgrade 命令执行升级并添加一张新表。请切换到系统命令行窗口，然后运行：

```
> alembic upgrade head
INFO  [alembic.runtime.migration] Context impl SQLiteImpl.
INFO  [alembic.runtime.migration] Will assume non-transactional DDL.
INFO  [alembic.runtime.migration] Running upgrade  -> 384ead9efdfd, create an
     address table
```

如果回到 Python shell 窗口查看一下，就会发现数据库中多了两张表：

```
>>> engine.table_names()
['alembic_version', 'people', 'address'
```

第一张新表'alembic version'由 Alembic 创建，用于记录数据库当前所处的版本（供将来升级和降级参考）。第二张新表'address'是通过升级操作加入的，并且已经就绪。

如果想把数据库的状态回滚到之前的状态，只需要在系统命令窗口中运行 Alembic 的 downgrade 命令即可。请给 downgrade 命令带上“-1”参数，告知 Alembic 要降一个版本：

```
> alembic downgrade -1
INFO  [alembic.runtime.migration] Context impl SQLiteImpl.
INFO  [alembic.runtime.migration] Will assume non-transactional DDL.
INFO  [alembic.runtime.migration] Running downgrade 384ead9efdfd -> , create
    an address table
```

现在如果登入 Python 会话，将会回到起始状态，只是版本记录表仍然会存在：

```
>>> engine.table_names()
['alembic_version', 'people']
```

当然，只要愿意就可以再次运行 `upgrade`，将表再升级回去，添加新的修订，进行升级，如此等等。

动手题：用 Alembic 修改数据库 尝试创建一次 Alembic 升级操作，在数据库中添加一张 state 表，数据列有 ID、州名和缩写。请执行升级和降级操作。如果希望 state 表能与现有数据表一起使用，还需要进行哪些改动？

23.5 NoSQL 数据库

尽管流行时日已久，但关系数据库并不是存储数据的唯一选择。关系数据库所做的就是在关联表中完成数据的规格化，而其他方案则以不同方式看待数据。通常，这些类型的数据库称为 NoSQL 数据库，因为它们通常并不遵循行、列、表的结构，而行、列、表则正是创造出 SQL 用以描述的结构。

NoSQL 数据库不是将数据视作行、列和表的集合进行处理的，而是能够将存储的数据视为键/值对、索引文档，甚至是图形。可用的 NoSQL 数据库有很多，它们的数据处理方式都多少有点不同。总体而言，这些数据都不大可能被严格地规格化，而规格化可以让信息检索更加简单快速。作为示例，本章将介绍 Python 如何访问两种常见 NoSQL 数据库：Redis 和 MongoDB。以下内容仅仅涉及 NoSQL 数据库和 Python 能力的皮毛而已，但应该能对可完成的工作给出大致的概念。对于比较熟悉 Redis 或 MongoDB 的人，可以学习到一点儿 Python 客户端库的使用方式。对于 NoSQL 数据库的新手，至少可以了解一下这些数据库的工作方式。

23.6 用 Redis 实现键/值存储

Redis 是基于内存的网络化键/值存储系统。因为值存放在内存中，所以查找速度可以非常快，并且通过网络访问的设计使其能适用于多种场合。Redis 通常用作缓存、消息代理（message broker）和信息快速检索系统。Redis 的名字源于远程字典服务器（remote dictionary server），其实这就是对它的最佳理解方式，它的行为很像是变成了网络服务的 Python 字典。

以下示例演示了在 Python 中使用 Redis 的方式。如果对 Redis 命令行界面比较熟悉，或者在其他编程语言中用过 Redis 客户端，那么这些小例程应该能对 Python 中使用 Redis 提供指导。如果对 Redis 不熟悉，以下内容也可对其工作原理给出大致介绍，更多信息可以访问 Redis 官方网站。

虽然可用的 Python 的 Redis 客户端有好几种，但在撰写本书时，根据 Redis 官方网站的推荐方案是 redis-py。用 `pip install redis` 即可进行安装。

运行 Redis 服务器

进行代码测试需要有正常运行的 Redis 服务器。虽然可以选用基于云的 Redis 服务，但对代码测试而言，最好还是选用 Docker 实例或在计算机上自行安装一套服务。

如果已安装过 Docker，使用 Docker 实例可能是启动和运行 Redis 服务器最快捷简单的方案。使用类似`> docker run -p 6379：6379 redis`的命令，应该就能在命令行上启动 Redis 实例了。

在 Linux 系统中，用系统软件包管理器安装 Redis 应该相当容易。而在 Mac 系统中，只要用`brew install redis`应该就可以正常安装了。在 Windows 系统中，应该查看一下 Redis 官方网站或在线搜索一下，找到当前 Windows 环境运行 Redis 的参数配置。Redis 安装完成后，可能需要在线搜索一下如何确认 Redis 服务器正在运行的教程。

有了正常运行的 Redis 服务器，下面就介绍通过 Python 与 Redis 交互的简单示例。首先需要导入 Redis 库，并创建 Redis 连接对象：

```
>>> import redis
>>> r = redis.Redis(host='localhost', port=6379)
```

创建 Redis 连接时可以采用多个可选的连接参数，包括主机、端口、密码或 SSH 证书。假如 Redis 服务器运行于 localhost 的默认端口 6379 上，那就不需要带可选参数了。有了连接对象，就可以用它访问键/值存储了。

第一件要做的事情，可能就是用`keys()`方法获取数据库中的键列表，返回当前存储的键列表。然后可以设置一些各种类型的键，并尝试通过各种方法来检索对应的值：

```
>>> r.keys()
[]
>>> r.set('a_key', 'my value')
True
>>> r.keys()
[b'a_key']
>>> v = r.get('a_key')
>>> v
b'my value'
>>> r.incr('counter')
1
>>> r.get('counter')
b'1'
>>> r.incr('counter')
2
>>> r.get('counter')
b'2'
```

上述示例演示了如何获取 Redis 数据库中的键列表、用值设置键、用变量`counter`设置键并递增变量。

以下示例将处理数组或列表的存储：

```
>>> r.rpush("words", "one")
1
```

```
>>> r.rpush("words", "two")
2
>>> r.lrange("words", 0, -1)
[b'one', b'two']
>>> r.rpush("words", "three")
3
>>> r.lrange("words", 0, -1)
[b'one', b'two', b'three']
>>> r.llen("words")
3
>>> r.lpush("words", "zero")
4
>>> r.lrange("words", 0, -1)
[b'zero', b'one', b'two', b'three']
>>> r.lrange("words", 2, 2)
[b'two']
>>> r.lindex("words", 1)
b'one'
>>> r.lindex("words", 2)
b'two'
```

一开始设置键时，列表"words"还不在数据库中，但向列表末尾追加或加入（push）值的行为将会创建该键，并创建一个空列表作为值，然后把值'one'追加进去。这里 rpush 中的 r 表示从右侧插入。然后又用 rpush 在末尾继续加入一个单词。用 lrange()函数可以检索列表中的值，参数是键、起始索引和结束索引，索引-1 表示列表的末尾。

另外还请注意，用 lpush()可以在列表的开头或左侧添加值。用 lindex()检索单个值的方式与 lranger()相同，但是给出的是值的索引。

值的到期时间

有一个 Redis 特性对缓存特别有用，能够为键/值对设置到期时间。超时后键和值都将被删除。如果要将 Redis 用作缓存，该技术就特别有用。设置键对应的值时，可以同时设置以秒为单位的超时值：

```
>>> r.setex("timed", "10 seconds", 10)
True
>>> r.pttl("timed")
7165
>>> r.pttl("timed")
5208
>>> r.pttl("timed")
1542
>>> r.pttl("timed")
>>>
```

上面把"timed"的到期时间设为 10 秒。然后用 pttl()方法可以查看到期前的剩余时间，单位为毫秒。当值到期时，键和值都将自动从数据库中删除。这一特性和 Redis 提供的对其细粒度的控制，着实非常有用。对于简单的缓存应用，可能无须再编写更多代码就能解决问题了。

值得注意的是，Redis 将数据保存在内存中，因此请记住数据是非持久性的。如果服务器崩溃，某些数据就可能会丢失。为了减少数据丢失的可能，Redis 有一些用于管理持久性的参数可选，可以选择将每次修改都写入磁盘，可以在预定时间定期做快照（snapshot），也可以根本不存入磁盘。还可以用 Python 客户端的 `save()` 和 `bgsave()` 方法以编程方式强制执行一次快照保存，用 `save()` 会阻塞当前操作直至保存完成，而用 `bgsave()` 则会在后台执行保存操作。

本章只涉及了 Redis 的一小部分功能，包括数据类型及其操作方式。如果有兴趣了解更多信息，可在 Redis 官方网站获取在线文档。

速测题：键/值存储系统的使用 哪些种类的数据和应用程序，将会从 Redis 之类的键/值存储系统中获益最大？

23.7 MongoDB 中的文档

另一种比较流行的 NoSQL 数据库就是 MongoDB，有时也被称为基于文档的数据库。因为 MongoDB 不按行和列来编排，而只是存储文档。MongoDB 被设计成可在跨越多集群的多个节点间自由伸缩，同时具备数十亿个文档的处理能力。在 MongoDB 中，文档存储的格式叫作 BSON（二进制 JSON，Binary JSON），因此文档是由键/值对组成的，貌似 JSON 对象或 Python 字典。以下示例展示了如何用 Python 与 MongoDB 的集合（collection）和文档（document）进行交互，也给出了适当的使用提醒。在数据有伸缩和分布式需求、插入率较高、表结构复杂不定等场合，MongoDB 就是个出色的选择。但在许多情况下，MongoDB 都不是最佳选择。因此在做出选择之前，一定要对需求和可选对象进行彻底的调查。

运行 MongoDB 服务器

与 Redis 一样，如果要测试 MongoDB，就需要访问 MongoDB 服务器。有很多云托管的 Mongo 服务可供选用，但如果只是进行测试，可能最好还是运行 Docker 实例或在自己的服务器上安装。

与 Redis 的情况一样，最简单的解决方案就是运行 Docker 实例。如果已有 Docker，仅需在命令行输入`> docker run -p 27017：27017 mongo` 即可。在 Linux 系统中，应该由软件包管理器进行安装，而在 Mac 系统中用 `brew install mongodb` 即可。在 Windows 系统中，请访问 MongoDB 官方网站获取 Windows 版本和安装说明。与 Redis 一样，有关如何配置和启动服务器的说明，请在线搜索。

与 Redis 的情况一样，连接 MongoDB 数据库的 Python 客户端库有好几种。为了演示它们的工作原理，不妨介绍一下 `pymongo`。使用 `pymongo` 的第一步就是安装，可以用 `pip` 完成：

```
> pip install pymongo
```

`pymongo` 安装完成后，就可以创建 MongoClient 实例，指定常规的连接信息，然后就可以连接到 MongoDB 服务器了：

```
>>> from pymongo import MongoClient
>>> mongo = MongoClient(host='localhost', port=27017)   <—— host='localhost'和 port=27017 是默认值，不需要指定
```

MongoDB 的组织架构包括一个数据库，数据库内包含多个集合，每个集合都可以包含多个文档。但在访问数据库和集合之前，不需要先创建。如果数据库和集合不存在，那么插入时会自动创建，且检索记录时只是没有返回结果而已。

为了能测试客户端，要创建一个示例文档，例如，一个 Python 字典：

```
>>> import datetime
>>> a_document = {'name': 'Jane',
...               'age': 34,
...               'interests': ['Python', 'databases', 'statistics'],
...               'date_added': datetime.datetime.now()
... }
>>> db = mongo.my_data          <—— 选中一个尚未创建的数据库
>>> collection = db.docs        <—— 选中数据库中的一个集合，也尚未创建
>>> collection.find_one()       <—— 查询第一条记录，即使集合或数据库不存在也不会引发异常
>>> db.collection_names()
[]
```

以上就连接到数据库和文档集合了。这时它们不存在，但会在被访问时创建。注意，即使数据库和集合不存在，也不会引发异常。当请求获取集合列表时，会得到一个空列表，因为集合中还没有内容。如果要存入文档，请用集合的 `insert()`方法，操作成功会返回该文档的唯一 `ObjectId`：

```
>>> collection.insert(a_document)
ObjectId('59701cc4f5ef0516e1da0dec')     <—— 唯一的 ObjectId
>>> db.collection_names()
['docs']
```

现在文档已存入 `docs` 集合中，当请求数据库中的集合名称时该集合就会显示出来。文档保存到集合中之后，就可以对其查询、更新、替换和删除了：

```
>>> collection.find_one()     <—— 获取第一条记录
{'_id': ObjectId('59701cc4f5ef0516e1da0dec'), 'name': 'Jane', 'age': 34,
     'interests': ['Python', 'databases', 'statistics'], 'date_added':
     datetime.datetime(2017, 7, 19, 21, 59, 32, 752000)}
>>> from bson.objectid import ObjectId
>>> collection.find_one({"_id":ObjectId('59701cc4f5ef0516e1da0dec')})   <—— 获取符合指定条件的记录，这里是用了ObjectId
{'_id': ObjectId('59701cc4f5ef0516e1da0dec'), 'name': 'Jane',
     'age': 34, 'interests': ['Python', 'databases',
     'statistics'], 'date_added': datetime.datetime(2017,
     7, 19, 21, 59, 32, 752000)}
>>> collection.update_one({"_id":ObjectId('59701cc4f5ef0516e1da0dec')},
     {"$set": {"name":"Ann"}})     <—— 按照$set 对象的内容对记录做出更新
<pymongo.results.UpdateResult object at 0x7f4ebd601d38>
>>> collection.find_one({"_id":ObjectId('59701cc4f5ef0516e1da0dec')})
{'_id': ObjectId('59701cc4f5ef0516e1da0dec'), 'name': 'Ann', 'age': 34,
     'interests': ['Python', 'databases', 'statistics'], 'date_added':
     datetime.datetime(2017, 7, 19, 21, 59, 32, 752000)}
>>> collection.replace_one({"_id":ObjectId('59701cc4f5ef0516e1da0dec')},
```

```
    {"name":"Ann"})        <——用新的对象将记录替换
<pymongo.results.UpdateResult object at 0x7f4ebd601750>
>>> collection.find_one({"_id":ObjectId('59701cc4f5ef0516e1da0dec')})
{'_id': ObjectId('59701cc4f5ef0516e1da0dec'), 'name': 'Ann'}
>>> collection.delete_one({"_id":ObjectId('59701cc4f5ef0516e1da0dec')})   <——
<pymongo.results.DeleteResult object at 0x7f4ebd601d80>
>>> collection.find_one()                                    删除符合条件的记录
```

首先注意，MongoDB 会按照字段（field）的字典及其值进行匹配。字典也用于表示操作符，例如$lt（小于）和$gt（大于），以及更新记录时用到的$set 之类的命令。另一件需要注意的事情是，即便记录已被删除且集合为空，集合仍然是存在的，除非指定要删除集合：

```
>>> db.collection_names()
['docs']
>>> collection.drop()
>>> db.collection_names()
[]
```

当然，MongoDB 还可以做很多事情。除对一条记录进行操作之外，同一命令还有操作多条记录的版本，如 find_many 和 update_many。MongoDB 还支持索引以提高性能，并提供了多个用于数据分组、计数和聚合的方法，以及内置的 MapReduce 方法。

速测题：MongoDB 的使用 请回顾一下本书目前已经介绍过的各种数据样本，以及曾经遇到过的其他数据类型，有哪些类型的数据非常适合在 MongoDB 之类的数据库中存储？其他哪些是明显不适合的？为什么？

研究题 23：创建一个数据库 请在过去几章介绍过的数据集（dataset）中选取一种，确定最适合存储该数据集的数据库类型。创建该数据库，并编写代码将数据载入其中。然后选择两种最常见或适合的搜索条件，编写代码检索单条和多条匹配记录。

23.8 小结

- Python 自带一套数据库 API（DB-API），为几种关系数据库的客户端提供大体一致的接口。
- 采用对象关系映射器（ORM）可以让横跨多种数据库的代码更加标准化。
- 采用 ORM 还可以通过 Python 代码和对象访问关系数据库，而不用通过 SQL 查询了。
- Alembic 之类的工具结合 ORM，可以用代码对关系数据库的表结构进行可逆更改。
- Redis 之类的键/值存储系统，提供了快速的基于内存的数据存取手段。
- MongoDB 提供了可伸缩的、结构不像关系数据库那么严格的数据存储方案。

第 24 章　数据探索

本章主要内容

- Python 用于数据探索的优势
- Jupyter 记事本
- pandas
- 数据聚合
- 用 matplotlib 绘图

之前几章已经讨论了一些用 Python 获取并清洗数据的内容。现在该来谈谈 Python 对操作和探索数据的几点帮助手段了。

24.1　Python 的数据探索工具

本章将会介绍一些用于数据探索的常见 Python 工具：Jupyter 记事本、pandas 和 matplotlib。这里只能简单地介绍这些工具的几个功能，但目的是对其能力做个大致介绍，并给出一些 Python 探索数据的初级工具。

24.1.1　Python 用于数据探索的优势

Python 已成为数据科学的主要语言之一，并继续在数据科学领域不断壮大。如前所述，就原始性能而言，Python 并不总是速度最快的语言。但是有些数据处理库（如 NumPy）主要用 C 语言编写，并且经过大量优化，以至于速度不再是问题。此外，对可读性和可访问性的考虑往往超过了纯粹的速度需求，最大程度地节省开发人员的时间往往更为重要。Python 具有较好的可读性和可访问性，并且无论是单独使用还是与 Python 社区开发的工具相结合，都是极其强大的数据操作和探索工具。

24.1.2 Python 能比电子表格做得更好

数十年来，电子表格一直是即兴（ad-hoc）数据处理的首选工具。熟悉电子表格的人能够发挥出着实惊人的技巧，可以组合有关联的不同数据集、数据透视表，可以用查找表链接数据集等。尽管每天到处都有人用电子表格完成了大量工作，但它确实存在局限性，Python 就能有助于超越这些限制。

之前已经提到过的一个限制是，大多数电子表格软件都有行数限制，目前大约是 100 万行，这对于许多数据集来说是不够用的。另一个限制就是电子表格本身的寓意。电子表格是二维网格，就是行和列，顶多也就是一堆的网格，这限制了复杂数据的操作与思维方式。

有了 Python，就可以绕开电子表格的限制编写代码，按照希望的方式操作数据。可以用无限灵活的方式组合 Python 数据结构，如列表、元组、集合和字典，或者可以创建自己的类，完全根据需要将数据和行为打包在一起。

24.2 Jupyter 记事本

这或许算是最引人注目的 Python 数据探索工具之一，不会增加语言本身的功能，但会改变 Python 与数据的交互方式。Jupyter 记事本是个 Web 应用程序，能够创建和共享包含实时代码、方程式、可视化效果和说明文本的文档。虽然它现在已能支持其他几种语言，但起源与 IPython 有关，IPython 是科学计算社区开发的 Python shell 替代品。

正是因为能在 Web 浏览器中与 Jupyter 进行交互，才使它成为一个便利而强大的工具。它允许混合使用文本和代码，还允许以交互方式修改和执行代码。不仅可以运行和修改大段代码，还可以保存记事本并与他人分享。

了解 Jupyter 记事本功能的最佳方式，就是开始使用。在机器上本地运行 Jupyter 进程相当容易，或者访问在线版本也可以。以下 Jupyter 运行方式中，介绍了一些运行选项。

Jupyter 的运行方式

在线 Jupyter：访问 Jupyter 的在线实例是最简单的入门方式之一。目前，Jupyter 项目组（Jupyter 的支持社区）在 Jupyter 官方网站上提供免费的记事本。这里还可以找到其他语言的演示记事本和内核。在撰写本书时，还可以通过微软 Azure Notbooks 官方网站访问 Microsoft Azure 平台上的免费记事本，还有许多其他方式可供使用。

本地 Jupyter：尽管在线实例的使用非常方便，但在自己的计算机上设置 Jupyter 实例也没那么复杂。通常对于本地版本，要让浏览器指向 localhost:8888。

如果用的是 Docker，那么可有几种容器供选择。如果要运行数据科学记事本容器，可以采用如下命令：

```
docker run -it --rm -p 8888:8888 jupyter/datascience-notebook
```

如果愿意在自己的系统中直接运行，在虚拟环境中安装和运行 Jupyter 也是很简单的。

macOS 和 Linux 系统：首先打开命令窗口，输入以下命令：

```
> python3 -m venv jupyter
> cd jupyter
> source bin/activate
> pip install jupyter
> jupyter-notebook
```

Windows 系统：

```
> python3 -m venv jupyter
> cd jupyter
> Scripts/bin/activate
> pip install jupyter
> Scripts/jupyter-notebook
```

最后一条命令应该会把 Jupyter 记事本 Web 应用程序运行起来，并打开浏览器窗口指向它。

24.2.1　启动内核

Jupyter 安装完毕，在浏览器中运行并打开，然后就需要启动 Python 内核了。Jupyter 有一个好处，就是能够同时运行多个内核。可以为不同版本的 Python 以及其他语言（如 R、Julia 甚至 Ruby）运行各自的内核。

如图 24-1 所示，启动内核很简单，只要点击 new 按钮并选择 Python 3 即可。

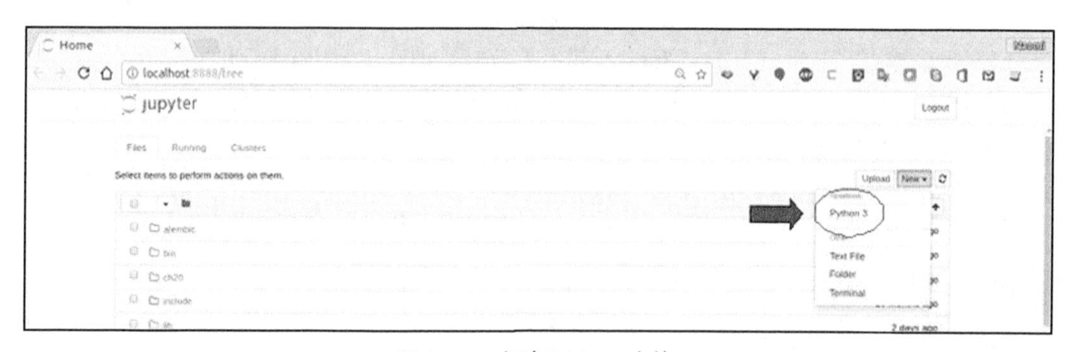

图 24-1　启动 Python 内核

24.2.2　执行单元格中的代码

有了正在运行的内核，就可以开始输入并运行 Python 代码了。大家马上就会发现，这里与普通的 Python 命令 shell 有点不一样。这里看不到标准 Python shell 中的“>>>”提示符，按下 Enter 键也只会在单元格（cell）内添加新行。如图 24-2 所示，要想执行单元格中的代码，可以选择 Cell→Run Cells，也可以在按钮工具栏中点击下箭头右侧的 Run 按钮，或使用组合键 Alt+Enter 也行。在用过几次 Jupyter 记事本之后，很可能使用 Alt+Enter 组合键就比较顺手了。

在新记事本的第一个单元格中输入一些代码或表达式，然后按下 Alt+Enter 键，就可以进行测试了。

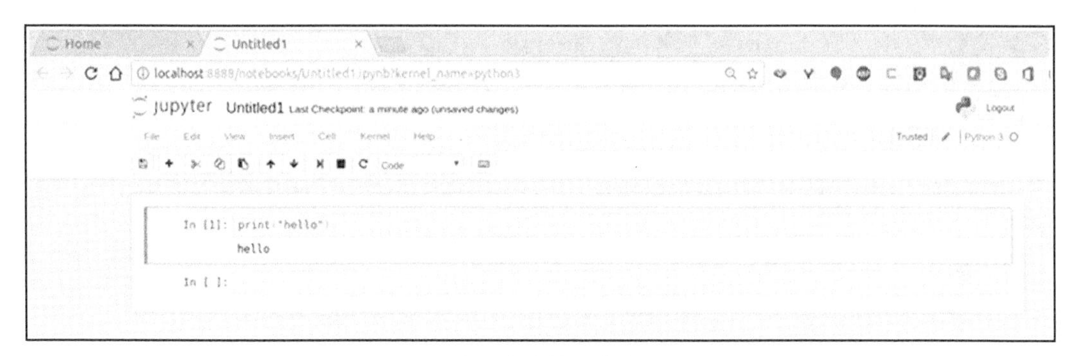

图 24-2　在记事本单元格中执行代码

正如所见，所有输出结果都将马上在单元格下方显示出来，同时会创建一个新的单元格，准备接受下一次输入。另请注意，每个执行过的单元格都按执行顺序编了号。

动手题：Jupyter 记事本的使用　请在记事本中输入一些代码，并尝试运行一下。点开 Edit、Cell 和 Kernel 菜单看一下，了解其中有哪些菜单项。在代码运行过程中，用 Kernel 菜单重启内核，再重复步骤，用 Cell 菜单重新运行所有单元格的代码。

24.3　Python 和 pandas

在探索和操作数据的过程中，需要执行很多的常见操作，例如，将数据加载到列表或字典中、清洗数据并过滤数据。这里的大多数操作经常需要重复执行，且必须在标准的模式下执行，往往既简单又乏味。以上都是上述数据操作应该自动执行的有力理由，这种想法并不少见。pandas 就是一种用 Python 处理数据的当红标准（now-standard）工具之一，创造出来的目的就是将无聊繁重的数据集处理工作自动化。

24.3.1　为什么要选用 pandas

创建 pandas 就是为了能简化表格或关系式数据的操作和分析，它给出了一种数据存放的标准框架，并为常见操作提供了方便的工具。因此它几乎更像是 Python 的扩展，而不只是一个简单的库，完全改变了数据交互的方式。好的方面就是，在了解了 pandas 的工作方式后，可以完成一些惊人的工作并节省大量时间。不过学习如何最大限度地用好 pandas，确实需要花费很多时间。与很多其他工具一样，如果能按照设计目标去使用，那么 pandas 确实很优秀。以下几节演示的简单示例，应该能对 pandas 是否为合适工具给出一个大致的说明。

24.3.2 pandas 的安装

用 pip 就能轻松安装 pandas。因为 pandas 常常会连同 matplotlib 来画图，所以两者可以同时安装这两个工具，在 Jupyter 虚拟环境的命令行中，可以用以下命令安装：

```
> pip install pandas matplotlib
```

在 Jupyter 记事本的单元格中，可以用以下命令安装：

```
In [ ]: !pip install pandas matplotlib
```

在使用 pandas 时，执行以下 3 行命令可以简化很多操作：

```
%matplotlib inline
import pandas as pd
import numpy as np
```

第一行是 Jupyter 的“魔法”（magic）功能，使得 matplotlib 能够在代码所在的单元格中绘制数据，这个功能非常有用。第二行导入 pandas 并指定别名为 pd，pandas 用户往往采用这个别名，也简化了代码的输入。最后一行还导入了 numpy 库。虽然 pandas 对 numpy 的依赖并不少，但在以下示例中不会显式地用到 numpy，不管怎样养成导入它的习惯都是有道理的。

24.3.3 Data Frame

由 pandas 得到的一种基本结构就是 Data Frame。Data Frame 是一个二维网格，类似于关系数据库的表，但是位于内存中。Data Frame 很容易创建，只要给出一些数据即可。为了让事情尽量简单，就给出 3x3 网格的数字作为第一个例子吧。在 Python 中，这种网格就是列表的列表：

```
grid = [[1,2,3], [4,5,6], [7,8,9]]
print(grid)
```

```
[[1, 2, 3], [4, 5, 6], [7, 8, 9]]
```

遗憾的是，Python 中的网格看起来不像是网格，除非多加一些显示格式的处理。下面看看同样的网格数据用 pandas 的 Data Frame 可以做些什么：

```
import pandas as pd
df = pd.DataFrame(grid)
print(df)
```

```
   0  1  2
0  1  2  3
1  4  5  6
2  7  8  9
```

代码非常简单，只要把网格转换为 Data Frame 即可。显示的结果比较像是网格，现在有了行号和列号。当然，要记住列号往往很麻烦，所以可以显示列名：

```
df = pd.DataFrame(grid, columns=["one", "two", "three"] )
```

```
print(df)
     one  two  three
  0    1    2      3
  1    4    5      6
  2    7    8      9
```

或许大家很想知道列的命名是否有用处，但至少列的名称可以与另一个 pandas 技巧一起使用，即能按名称选取列。例如，只想获取"two"列的内容，就非常简单：

```
print(df["two"])
0    2
1    5
2    8
Name: two, dtype: int64
```

与 Python 相比，这里已经节省了不少时间。在 Python 中如果只想获取网格的第二列，需要用到列表推导，同时还要记得采用从零开始的索引，并且仍然无法获得美观的输出：

```
print([x[1] for x in grid])
[2, 5, 8]
```

可以像对推导所得的列表那样，轻松地对 Data Frame 列值进行循环遍历。

```
for x in df["two"]:
    print(x)
2
5
8
```

这是个好的开始，但还能做得更好。利用双括号包围的数据列的列表，就能得到 Data Frame 的子集。下面获取的不是中间列，而是 Data Frame 的第一列和最后一列，形成另一个 Data Frame：

```
edges = df[["one", "three"]]
print(edges)
   one  three
0    1      3
1    4      6
2    7      9
```

Data Frame 还带有几个方法，可以对 Data Frame 中的每一项应用相同的操作和参数。如果要将 Data Frame 每条边上的数据项加 2，可以用 add()方法：

```
print(edges.add(2))
   one  three
0    3      5
1    6      8
2    9     11
```

采用列表推导和/或嵌套循环可以得到相同的结果，但那些技术用起来不大方便。很容易看出，Data Frame 的这些功能是如何让编程生涯过得更加轻松的。如果更感兴趣的是数据蕴含的信息，而不必关心操作的过程，那就特别有意义。

24.4 数据清洗

前面几章讨论了 Python 清洗数据的几种方案。现在已经有了 pandas 的加入，那就来展示一下利用 pandas 的功能来清洗数据的例子。在给出以下操作时，还会涉及在普通 Python 中完成相同操作的方案，既为了说明采用 pandas 的方式有何不同，也是为了演示为什么 pandas 并不适用于所有使用场景或用户。

24.4.1 用 pandas 加载并保存数据

pandas 有一系列令人印象深刻的方法，用于加载来自各种来源的数据。pandas 支持多种文件格式，包括固定宽度和带分隔符的文本文件、电子表格、JSON、XML 和 HTML，但也可以从 SQL 数据库、Google BiqQuery、HDF 甚至剪贴板中读取数据。必须要清楚的是，这里有很多操作其实并不属于 pandas 本身的功能，pandas 有赖于安装的其他库来处理这些操作，例如，SQL 数据库的读取就是用 SQLAlchemy 完成的。当出现问题时，这种区分就很重要了。需要修复的往往是 pandas 之外的问题，只要把底层库的问题解决即可。

用 `read_json()` 方法读取 JSON 文件就很简单：

```
mars = pd.read_json("mars_data_01.json")
```

以上代码会给出下面这个 Data Frame：

```
                                          report
abs_humidity                                None
atmo_opacity                               Sunny
ls                                           296
max_temp                                      -1
max_temp_fahrenheit                         30.2
min_temp                                     -72
min_temp_fahrenheit                        -97.6
pressure                                     869
pressure_string                           Higher
season                                  Month 10
sol                                         1576
sunrise                     2017-01-11T12:31:00Z
sunset                      2017-01-12T00:46:00Z
terrestrial_date                      2017-01-11
wind_direction                                --
wind_speed                                  None
```

再举一个 pandas 轻松读取数据的例子，从第 21 章的温度数据 CSV 文件和第 22 章用到的火星天气数据 JSON 文件中加载一些数据。第一种情况用到了 `read_csv()` 方法：

```
temp = pd.read_csv("temp_data_01.csv")

         4      5    6     7     8      9    10    11    12     13     14 \
```

请注意表头末尾的\表示表格太长了，一行显示不下，剩余的列会在下面继续显示

```
0  1979/01/01  17.48  994   6.0  30.5   2.89  994 -13.6  15.8    NaN    0
1  1979/01/02   4.64  994  -6.4  15.8  -9.03  994 -23.6   6.6    NaN    0
2  1979/01/03  11.05  994  -0.7  24.7  -2.17  994 -18.3  12.9    NaN    0
3  1979/01/04   9.51  994   0.2  27.6  -0.43  994 -16.3  16.3    NaN    0
4  1979/05/15  68.42  994  61.0  75.1  51.30  994  43.3  57.0    NaN    0
5  1979/05/16  70.29  994  63.4  73.5  48.09  994  41.1  53.0    NaN    0
6  1979/05/17  75.34  994  64.0  80.5  50.84  994  44.3  55.7  82.60    2
7  1979/05/18  79.13  994  75.5  82.1  55.68  994  50.0  61.1  81.42  349
8  1979/05/19  74.94  994  66.9  83.1  58.59  994  50.9  63.2  82.87   78

     15    16      17
0   NaN   NaN  0.0000
1   NaN   NaN  0.0000
2   NaN   NaN  0.0000
3   NaN   NaN  0.0000
4   NaN   NaN  0.0000
5   NaN   NaN  0.0000
6  82.4  82.8  0.0020
7  80.2  83.4  0.3511
8  81.6  85.2  0.0785
```

一步就能完成文件载入，这显然很有吸引力，看得出 pandas 在加载文件时没有发生问题。并且第一个空列已被转换为 NaN，而不是数值。对于某些值，确实还会碰到和'Missing'同样的问题，事实上将这些'Missing'值转换为 NaN 可能确实合理：

```
temp = pd.read_csv("temp_data_01.csv", na_values=['Missing'])
```

加上了 na_values 参数之后，就可以控制在加载时要把哪些值转换为 NaN。这里是把字符串'Missing'加上了，因此 Data Frame 的数据行将从

```
NaN  Illinois  17  Jan 01, 1979  1979/01/01  17.48  994  6.0  30.5  2.89994
     -13.6  15.8  Missing  0  Missing  Missing  0.00%
```

转换为

```
NaN  Illinois  17  Jan 01, 1979  1979/01/01  17.48  994  6.0  30.5  2.89994
     -13.6  15.8  NaN0  NaN  NaN  0.00%
```

假如有这么一个数据文件，由于未知的原因，“没有数据”的表示方式会有很多种，如“NA”“N/A”“? ”“-”等，那么以上转换技术就特别有用了。要想处理这种情况，可以对数据进行检查，找出用到的替换字符，然后带上 na_values 参数把所有变体都标准化为 NaN，重新加载数据。

保存数据

如果要保存 Data Frame 的内容，pandas 的 Data Frame 同样提供了大批的方法。对于简单的网格 Data Frame，写入数据的方式有很多种。

```
df.to_csv("df_out.csv", index=False)       <—— index 设为 False 表示不写入行索引
```

以上代码写入的文件将如下所示：

```
one,two,three
1,2,3
4,5,6
7,8,9
```

同理，可以将数据网格转换为 JSON 对象或直接写入文件：

```
df.to_json()    ⊲—— 如果给出文件路径做参数，就会把 JSON 数据写入该文件，而不会再返回数据
'{"one":{"0":1,"1":4,"2":7},"two":{"0":2,"1":5,"2":8},"three":{"0":3,"1":6,"2
     ":9}}'
```

24.4.2 用 Data Frame 进行数据清洗

在加载时将一组特定值转换为 NaN，是一种非常简单的数据清洗过程，pandas 做起来不费吹灰之力。它的能力远不止这些，Data Frame 支持多种操作，以便减少数据清洗的麻烦。为了查看这些功能，请重新打开温度 CSV 文件，但这次不用标题来命名列，而用带 names 参数的 range() 函数给各列指定一个数字，这样就更容易引用了。还记得之前的示例吧，每行的第一个字段 Notes 是空的，载入成了 NaN 值。虽然能够忽略该列，但如果让它消失则会更简单。还是可以用到 range() 函数，这次从 1 开始，通知 pandas 载入除第一列之外的所有列。但如果已知全部数据都来自伊利诺伊州，并且不关心 long-form date 字段，那就可以从列 4 开始加载，以使得数据管理更加简单：

```
                                            header 为 0 将禁止读入标题并用作列标签
temp = pd.read_csv("temp_data_01.csv", na_values=['Missing'], header=0,
     names=range(18), usecols=range(4,18))                        ⊲
print(temp)

            4      5    6     7     8      9   10     11    12      13   14  \
0  1979/01/01  17.48  994   6.0  30.5   2.89  994  -13.6  15.8     NaN    0
1  1979/01/02   4.64  994  -6.4  15.8  -9.03  994  -23.6   6.6     NaN    0
2  1979/01/03  11.05  994  -0.7  24.7  -2.17  994  -18.3  12.9     NaN    0
3  1979/01/04   9.51  994   0.2  27.6  -0.43  994  -16.3  16.3     NaN    0
4  1979/05/15  68.42  994  61.0  75.1  51.30  994   43.3  57.0     NaN    0
5  1979/05/16  70.29  994  63.4  73.5  48.09  994   41.1  53.0     NaN    0
6  1979/05/17  75.34  994  64.0  80.5  50.84  994   44.3  55.7   82.60    2
7  1979/05/18  79.13  994  75.5  82.1  55.68  994   50.0  61.1   81.42  349
8  1979/05/19  74.94  994  66.9  83.1  58.59  994   50.9  63.2   82.87   78

     15    16      17
0   NaN   NaN   0.00%
1   NaN   NaN   0.00%
2   NaN   NaN   0.00%
3   NaN   NaN   0.00%
4   NaN   NaN   0.00%
5   NaN   NaN   0.00%
6  82.4  82.8   0.20%
7  80.2  83.4  35.11%
8  81.6  85.2   7.85%
```

现在的 Data Frame 中只包含可能需要处理的列。但还有一个问题，最后一列，也就是给出

热指数覆盖百分比的列，仍然是以百分号结尾的字符串，而不是实际的百分数。不妨查看一下第17列第一行的值，问题很明显：

```
temp[17][0]
'0.00%'
```

如果要修复该问题，需要做两件事情，先删除数据末尾的“%”，然后从字符串转换为数字。还可选择一步操作，如果要把结果百分数表示为分数，则还需除以100。第一步很简单，因为pandas能够用一条命令在某一列上重复执行操作：

```
temp[17] = temp[17].str.strip("%")
temp[17][0]
'0.00'
```

以上代码将读取一列并对其调用字符串 `strip()` 操作，以便删除尾部的“%”。然后再查看该列的第一个值（或其他任一值），就会发现烦人的百分号消失了。还有一点值得注意，用 `replace("%", "")` 之类的其他操作，也可以获得相同的结果。

第二步操作是将字符串转换为数值。同样，pandas 能够用一条命令执行该操作：

```
temp[17] = pd.to_numeric(temp[17])
temp[17][0]
0.0
```

现在，第17列的值已经变成数字了，如果需要的话，就可以用 `div()` 方法完成转换为分数的工作了：

```
temp[17] = temp[17].div(100)
temp[17]

0    0.0000
1    0.0000
2    0.0000
3    0.0000
4    0.0000
5    0.0000
6    0.0020
7    0.3511
8    0.0785
Name: 17, dtype: float64
```

其实只用一条命令获得同样的结果也是完全可能的，只要把3步操作串接起来即可：

```
temp[17] = pd.to_numeric(temp[17].str.strip("%")).div(100)
```

上述例子非常简单，但已大致展示了 pandas 为数据清洗带来的便利。pandas 有各种各样的转换数据操作，以及使用自定义函数的能力，所以要想出一种无法用 pandas 简化数据清洗的场景，也是很难的。

pandas 可选功能的数量几乎是天下无双，还具备各种各样的教程和视频，并且 pandas 官方网站上的文档也十分优秀。

动手题：用或不用 pandas 进行数据清洗的对比 体验一下上述操作。当最后一列已经转换为分数时，能想个办法变回带百分号的字符串吗？

反之，用 csv 模块将同一份数据载入普通的 Python 列表中，并用普通的 Python 代码实现相同的修改。

24.5 数据聚合和处理

上述示例可能已对 pandas 的众多可选功能做了一定的展示，只需几条命令就能对数据执行相当复杂的操作。正如所料，这类功能也可用于数据的聚合。本节将介绍一些数据聚合的简单示例，演示其中一些功能。虽然有很多功能可供选择，但这里将重点介绍 Data Frame 的合并、简单的数据聚合及分组和过滤。

24.5.1 Data Frame 的合并

在数据处理过程中，往往有关联两个数据集的需求。假设某个文件中包含了销售团队成员每月销售电话的数量，而在另一个文件中包含了他们所属地区的美元销售额：

```
calls = pd.read_csv("sales_calls.csv")
print(calls)

   Team member  Territory  Month  Calls
0        Jorge          3      1    107
1        Jorge          3      2     88
2        Jorge          3      3     84
3        Jorge          3      4    113
4          Ana          1      1     91
5          Ana          1      2    129
6          Ana          1      3     96
7          Ana          1      4    128
8          Ali          2      1    120
9          Ali          2      2     85
10         Ali          2      3     87
11         Ali          2      4     87

revenue = pd.read_csv("sales_revenue.csv")
print(revenue)

    Territory  Month  Amount
0           1      1   54228
1           1      2   61640
2           1      3   43491
3           1      4   52173
4           2      1   36061
5           2      2   44957
6           2      3   35058
7           2      4   33855
```

```
8           3     1   50876
9           3     2   57682
10          3     3   53689
11          3     4   49173
```

将收入和团队成员的活跃度联系起来，显然非常有用。虽然这两个文件非常简单，但要用普通Python代码将它们合并起来，却并不是毫不费力。pandas就提供了合并两个Data Frame的函数：

```
calls_revenue = pd.merge(calls, revenue, on=['Territory', 'Month'])
```

`merge`函数会根据给定的列连接两个Data Frame，并创建一个新的Data Frame。`merge`函数的工作方式与关系数据库的`join`操作类似，给出的是一张数据表，其中组合了来自两个文件的数据列：

```
print(calls_revenue)

   Team member  Territory  Month  Calls  Amount
0        Jorge          3      1    107   50876
1        Jorge          3      2     88   57682
2        Jorge          3      3     84   53689
3        Jorge          3      4    113   49173
4          Ana          1      1     91   54228
5          Ana          1      2    129   61640
6          Ana          1      3     96   43491
7          Ana          1      4    128   52173
8          Ali          2      1    120   36061
9          Ali          2      2     85   44957
10         Ali          2      3     87   35058
11         Ali          2      4     87   33855
```

这里两个字段的行存在一一对应关系，但`merge`函数还可以进行一对多和多对多的连接，以及左连接和右连接。

速测题：数据集的合并　该如何动手对上述Python示例中的那种数据集进行合并？

24.5.2　数据选取

根据某些条件选取或过滤Data Frame中的行，也是很有用的。在销售数据的示例中，可能只想查看第三区的数据，这也很容易：

```
print(calls_revenue[calls_revenue.Territory==3])

  Team member  Territory  Month  Calls  Amount
0       Jorge          3      1    107   50876
1       Jorge          3      2     88   57682
2       Jorge          3      3     84   53689
3       Jorge          3      4    113   49173
```

在以上示例中，仅需采用表达式`revenue.Territory == 3`作为Data Frame的索引，就实现了选取地区编号等于3的行。从普通Python代码的角度来看，这种写法毫无意义，也是非法的。但对于 pandas 的 Data Frame 而言，这种写法能够生效，而且让表达式简洁许多。

当然，还能使用更加复杂的表达式。如果只想选取每个电话的收入超过 500 美元的行，则可以换成以下表达式：

```
print(calls_revenue[calls_revenue.Amount/calls_revenue.Calls>500])

  Team member  Territory  Month  Calls  Amount
1       Jorge          3      2     88   57682
2       Jorge          3      3     84   53689
4         Ana          1      1     91   54228
9         Ali          2      2     85   44957
```

再进一步，甚至还可以在 Data Frame 中把每个电话的收入计算出来并添加为数据列，操作是类似的：

```
calls_revenue['Call_Amount'] = calls_revenue.Amount/calls_revenue.Calls
print(calls_revenue)

   Team member  Territory  Month  Calls  Amount  Call_Amount
0        Jorge          3      1    107   50876   475.476636
1        Jorge          3      2     88   57682   655.477273
2        Jorge          3      3     84   53689   639.154762
3        Jorge          3      4    113   49173   435.159292
4          Ana          1      1     91   54228   595.912088
5          Ana          1      2    129   61640   477.829457
6          Ana          1      3     96   43491   453.031250
7          Ana          1      4    128   52173   407.601562
8          Ali          2      1    120   36061   300.508333
9          Ali          2      2     85   44957   528.905882
10         Ali          2      3     87   35058   402.965517
11         Ali          2      4     87   33855   389.137931
```

注意，pandas 的内建逻辑再次取代了普通 Python 那些烦琐很多的代码结构。

速测题：用 Python 选取数据 采用什么 Python 代码结构可以只把满足指定条件的数据行选取出来？

24.5.3 分组与聚合

正如所料，panda 还拥有大量用于合计和聚合数据的工具。特别是计算某列的合计值、平均值、中位数、最小值、最大值，只要对明确给出名称的列调用方法即可：

```
print(calls_revenue.Calls.sum())
print(calls_revenue.Calls.mean())
print(calls_revenue.Calls.median())
print(calls_revenue.Calls.max())
print(calls_revenue.Calls.min())

1215
101.25
93.5
129
```

```
84
```

例如，要获得每个电话的收入高于中位数的所有行，就可以结合使用聚合与选取操作：

```
print(calls_revenue.Call_Amount.median())
print(calls_revenue[calls_revenue.Call_Amount >=
      calls_revenue.Call_Amount.median()])

464.2539427570093
  Team member  Territory  Month   Calls   Amount  Call_Amount
0       Jorge          3      1     107    50876   475.476636
1       Jorge          3      2      88    57682   655.477273
2       Jorge          3      3      84    53689   639.154762
4         Ana          1      1      91    54228   595.912088
5         Ana          1      2     129    61640   477.829457
9         Ali          2      2      85    44957   528.905882
```

除能挑出合计数之外，基于其他列对数据进行分组往往也很有用。在以下的简单示例中，用 groupby()方法对数据进行分组。例如，可能想知道按月或按地区汇总的电话数和收入，这时就可对这些字段调用 Data Frame 的 groupby()方法：

```
print(calls_revenue[['Month', 'Calls', 'Amount']].groupby(['Month']).sum())

       Calls  Amount
Month
1        318  141165
2        302  164279
3        267  132238
4        328  135201

print(calls_revenue[['Territory', 'Calls',
     'Amount']].groupby(['Territory']).sum())

           Calls  Amount
Territory
1            444  211532
2            379  149931
3            392  211420
```

在以上两种情况下，分别选取需要执行聚合操作的列，按照其中一列的值进行分组，这里还对每组值进行求和。本章之前提到过的其他方法，这时也都可以使用。

上述示例也都很简单，但也演示了用 pandas 操作和选取数据时的一些可用功能。如果这些想法符合需求，就可以研究 pandas 官方网站中的 pandas 文档，以便了解更多信息。

动手题：分组和聚合 体验一下 pandas 和以上示例数据的使用。能否按照团队成员和月份汇总电话数和收入金额呢？

24.6 数据绘图

pandas 还有一个非常吸引人的功能，就是能非常容易地将 Data Frame 中的数据制成图表。

虽然在 Python 和 Jupyter 记事本中有很多数据绘图包可选，但是 pandas 可以直接从 Data Frame 中使用 matplotlib。回想一下，在启动 Jupyter 会话时，最初给出的命令中就有一条 Jupyter 的“魔法”指令，启用 matplotlib 用于内联绘图：

```
%matplotlib inline
```

因为已经具备了绘图能力，下面就来看看如何绘制一些数据（如图 24-3 所示）。继续采用之前的销售示例，如果想按地区绘制季度平均销售额，只需加上“.plot.bar()”就可以在记事本中得到图表了：

```
calls_revenue[['Territory', 'Calls']].groupby(['Territory']).sum().plot.bar()
```

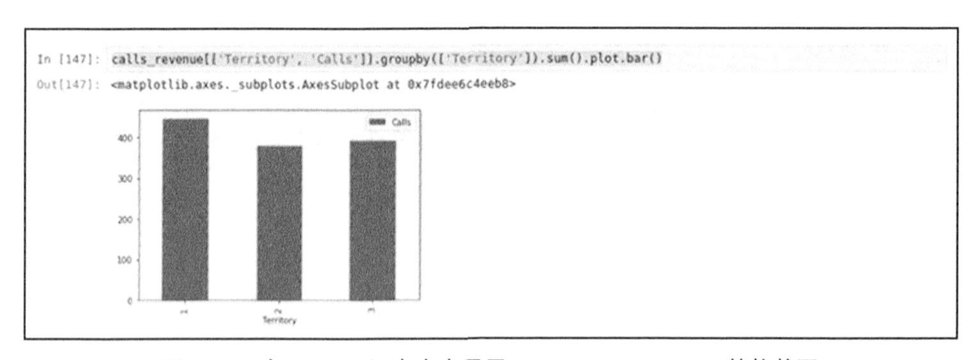

图 24-3 在 Jupyter 记事本中显示 pandas Data Frame 的柱状图

其他还有多种图形可供选择。单独的 plot() 或 .plot.line() 将创建折线图，.plot.pie() 将创建饼图，等等。

正是由于 pandas 和 matplotlib 的组合，在 Jupyter 记事本中的数据绘图就变得相当容易了。不过还是得注意，虽然这种绘图很简单，但有很多地方并没有做得十分出色。

动手题：绘图 按月绘制每个电话的平均收入折线图。

24.7 不用 pandas 的理由

上述例子只是演示了 pandas 的一小部分工具，提供数据清洗、探索和操作功能。正如本章开头提到过的，pandas 是一个出色的工具集，在符合其设计的领域表现优异。但这并不意味着 pandas 是适用于所有情形或所有人的工具。

选用普通 Python 或其他工具的理由有很多。首先，如前所述，为了充分利用 pandas 必须经过学习，在某些方面就像在学习另一门语言，大家可能没有足够的时间或意愿去完成。此外，pandas 可能无法在所有生产环境都有理想的表现，特别是针对非常大的数据集。这些大型数据集对数学运算的方式要求不高，或者数据难以变成 pandas 最擅长处理的格式。例如，大量产品信息的修改可能就不会从 pandas 获益太多，交易数据流的基本处理也是一样。

应该根据手头的问题仔细选择工具，这才是关键所在。在很多情况下，pandas 确实能在处理数据时让人倍感轻松。但在其他情况下，普通的 Python 可能会是最佳选择。

24.8 小结

- Python 为数据处理带来了许多好处，包括处理极大数据集的能力，以及按所需方式处理数据的灵活性。
- Jupyter 记事本是一种通过 Web 浏览器访问 Python 的实用方式，也更容易实现较好的显示效果。
- pandas 是一种工具，能够大大简化很多常见的数据处理操作，包括数据的清洗、合并和汇总。
- pandas 还使得图表绘制操作变得容易很多。

第 25 章　案例研究

在本章的案例研究中，将会经历用 Python 获取数据、清洗数据、绘制图表的全过程。虽然项目可能很短小，但它把已经讨论过的几个语言特性都结合在了一起，让大家有机会看到一个项目从头到尾的实现过程。几乎在每一步中，都会简要地指出可用的替代和改进方案。

全球温度变化是讨论很多的主题，但这些讨论都是基于全球范围的。下面假设要了解所在地区的气温变化情况。有一种方法就是获取所在地区的历史数据，处理这些数据并绘制成图表，以便能确切了解到底发生了什么变化。

获取案例研究的代码

正如第 24 章所述，以下案例研究是用 Jupyter 记事本完成的。如果大家在用 Jupyter，就可以在本书源代码中找到我使用的记事本，名为 `Case Study.ipynb`，里面带有文本和代码。代码在标准 Python shell 中也能执行，支持 Python 标准 shell 的版本在源代码中名为 `Case Study.py`。

幸运的是，很多历史天气数据源都是可以免费获取的。本章将介绍 Global Historical Climatology Network 数据的用法，那里有世界各地的数据。大家或许还能找到其他的数据源，其数据格式可能不一样，但这里讨论的步骤和处理过程应该能适用于任何数据集。

25.1　数据的下载

第一步是要获取数据。http://www.epubit.com:8083/quickpythonbook/daily/上的每日历史天气数据存档中，包含了大量的数据。首先找出所需文件及其确切位置，然后进行下载。获取数据之后，就可以继续处理并最终显示出结果了。

数据文件要通过 HTTPS 协议访问，下载文件需要用到 `requests` 库。在命令提示符下执行 `pip install requests`，即可获得 `requests` 库。`requests` 库安装完毕后，首先请获取 readme.txt 文件，该文件有助于找出所需数据文件的格式和位置：

```
# 导入 requests 库
```

```
import requests
# 获取 readme.txt 文件

r = requests.get('http://www.epubit.com:8083/quickpythonbook/daily/readme.txt')
readme = r.text
```

得到 readme.txt 文件后，应该查看一下：

```
print(readme)
README FILE FOR DAILY GLOBAL HISTORICAL CLIMATOLOGY NETWORK (GHCN-DAILY)
Version 3.24

--------------------------------------------------------------------------------
How to cite:

Note that the GHCN-Daily dataset itself now has a DOI (Digital Object Identifier)
so it may be relevant to cite both the methods/overview journal article as well
as the specific version of the dataset used.

The journal article describing GHCN-Daily is:
Menne, M.J., I. Durre, R.S. Vose, B.E. Gleason, and T.G. Houston, 2012: An overview
of the Global Historical Climatology Network-Daily Database.  Journal of Atmospheric
and Oceanic Technology, 29, 897-910, doi:10.1175/JTECH-D-11-00103.1.

To acknowledge the specific version of the dataset used, please cite:
Menne, M.J., I. Durre, B. Korzeniewski, S. McNeal, K. Thomas, X. Yin, S. Anthony, R. Ray,
R.S. Vose, B.E.Gleason, and T.G. Houston, 2012: Global Historical Climatology Network -
Daily (GHCN-Daily), Version 3. [indicate subset used following decimal,
e.g. Version 3.12].
NOAA National Climatic Data Center.
```

应该特别关注的是第 II 节，其中列出了文件的内容：

```
II. CONTENTS OF ftp://...

all:                    Directory with ".dly" files for all of GHCN-Daily
gsn:                    Directory with ".dly" files for the GCOS Surface Network
                        (GSN)
hcn:                    Directory with ".dly" files for U.S. HCN
by_year:                Directory with GHCN Daily files parsed into yearly
                        subsets with observation times where available.  See the
              /by_year/readme.txt and
              /by_year/ghcn-daily-by_year-format.rtf
              files for further information
grid:                   Directory with the GHCN-Daily gridded dataset known
                        as HadGHCND
papers:             Directory with pdf versions of journal articles relevant
                        to the GHCN-Daily dataset
figures:            Directory containing figures that summarize the inventory
                        of GHCN-Daily station records

ghcnd-all.tar.gz:  TAR file of the GZIP-compressed files in the "all" directory
ghcnd-gsn.tar.gz:  TAR file of the GZIP-compressed "gsn" directory
ghcnd-hcn.tar.gz:  TAR file of the GZIP-compressed "hcn" directory
```

```
ghcnd-countries.txt:  List of country/area codes (FIPS) and names
ghcnd-inventory.txt:  File listing the periods of record for each station and

                      element
ghcnd-stations.txt:   List of stations and their metadata (e.g., coordinates)
ghcnd-states.txt:     List of U.S. state and Canadian Province codes
                      used in ghcnd-stations.txt
ghcnd-version.txt:    File that specifies the current version of GHCN Daily

readme.txt:           This file
status.txt:           Notes on the current status of GHCN-Daily
```

请查看一下这些可供下载的文件。ghcnd-inventory.txt 文件列出了每个观测站的记录周期，这有助于找到一个合适的数据集。而 ghcnd-stations.txt 文件则列出了所有观测站，这有助于找到离所在地区最近的观测站。因此首先要抓取这两个文件：

```
# 获取 inventory 和 stations 文件

r = requests.get('http://www.epubit.com:8083/quickpythonbook/daily/ghcnd-inventory.txt')
inventory_txt = r.text
r = requests.get('http://www.epubit.com:8083/quickpythonbook/daily/ghcnd-stations.txt')
stations_txt = r.text
```

得到这两个文件后，可以存入本地磁盘中，这样在需要恢复原始数据时就不需要重新下载：

```
# 将 inventory 和 stations 文件存入磁盘，以备不时之需

with open("inventory.txt", "w") as inventory_file:
    inventory_file.write(inventory_txt)

with open("stations.txt", "w") as stations_file:
    stations_file.write(stations_txt)
```

下面查看一下 inventory.txt 文件。下面展示的是前 137 个字符：

```
print(inventory_txt[:137])
ACW00011604  17.1167  -61.7833 TMAX 1949 1949
ACW00011604  17.1167  -61.7833 TMIN 1949 1949
ACW00011604  17.1167  -61.7833 PRCP 1949 1949
```

如果查看 readme.txt 文件的第 VII 节，就能发现 inventory.txt 文件的格式说明：

```
VII. FORMAT OF "ghcnd-inventory.txt"

------------------------------
Variable   Columns   Type
------------------------------
ID           1-11    Character
LATITUDE    13-20    Real
LONGITUDE   22-30    Real
ELEMENT     32-35    Character
FIRSTYEAR   37-40    Integer
LASTYEAR    42-45    Integer
------------------------------

These variables have the following definitions:
```

```
ID         is the station identification code.  Please see "ghcnd-stations.txt"
           for a complete list of stations and their metadata.

LATITUDE   is the latitude of the station (in decimal degrees).

LONGITUDE  is the longitude of the station (in decimal degrees).

ELEMENT    is the element type.  See section III for a definition of elements.

FIRSTYEAR  is the first year of unflagged data for the given element.

LASTYEAR   is the last year of unflagged data for the given element.
```

根据上述说明，可以得知 inventory 中包含了要查找的工作站所需的大部分信息。利用纬度和经度可以找到离本地最近的观测站，然后可以用 FIRSTYEAR 和 LASTYEAR 字段查找记录时间较长的观测站。

现在只剩下一个问题了，即 ELEMENT 字段是什么意思。对此，readme.txt 文件建议查看第 III 节。第 III 节将在后续详细介绍，其中能找到元素的说明,主要的几个列出如下：

```
ELEMENT    is the element type.   There are five core elements as well as a number
           of addition elements.

       The five core elements are:

           PRCP = Precipitation (tenths of mm)
           SNOW = Snowfall (mm)
           SNWD = Snow depth (mm)
           TMAX = Maximum temperature (tenths of degrees C)
           TMIN = Minimum temperature (tenths of degrees C)
```

就本例的目标而言，感兴趣的是元素 TMAX 和 TMIN，也就是最高和最低温度，以十分之一摄氏度为单位。

25.2 解析 inventory 数据

readme.txt 文件给出了 inventory.txt 文件的内容说明，因此可以将数据解析为更加有用的格式。当然可以将解析后的 inventory 数据保存为列表或元组的列表。但只要再多做一点工作，就可以用 collections 库中的 `namedtuple` 创建一个带有命名属性的自定义类：

```
# 解析为命名元组

# 用 namedtuple 创建自定义类 Inventory
from collections import namedtuple
Inventory = namedtuple("Inventory", ['station', 'latitude', 'longitude',
     'element', 'start', 'end'])
```

自建的 `Inventory` 类用起来非常简单，只需用适当的值创建实例即可，以上是一行经过解析的 inventory 数据。

解析过程涉及两步操作。首先，要根据指定的字段大小取出每行的各个片段。查看 readme 文件中的字段说明就会发现，文件之间明显存在多余的空白，在提出解析方案时需要考虑到这些空白。本例中因为会指定每个片段的位置，所以多余的空白会被忽略。此外，由于字段 STATION 和 ELEMENT 的大小与其中存放的数值精确对应，因此不用考虑删除多余空白的问题。

第二步应该完美解决的操作，就是把纬度和经度值转换为浮点数，以及把开始和结束年份转换为整数。这可以放到数据清洗的后期去完成，其实只要有某一行出现数据不一致且找不到能正确转换的数值，也许就该停下来等待。但本例的数据可以在解析步骤中进行转换处理，所以就在此时完成吧：

```
# 解析 inventory 数据，将值转换为浮点数和整数

inventory = [Inventory(x[0:11], float(x[12:20]), float(x[21:30]), x[31:35],
     int(x[36:40]), int(x[41:45]))
             for x in inventory_txt.split("\n") if x.startswith("US")]

for line in inventory[:5]:
    print(line)
Inventory(station='US009052008', latitude=43.7333, longitude=-96.6333,
    element='TMAX', start=2008, end=2016)
Inventory(station='US009052008', latitude=43.7333, longitude=-96.6333,
    element='TMIN', start=2008, end=2016)
Inventory(station='US009052008', latitude=43.7333, longitude=-96.6333,
    element='PRCP', start=2008, end=2016)
Inventory(station='US009052008', latitude=43.7333, longitude=-96.6333,
    element='SNWD', start=2009, end=2016)
Inventory(station='US10RMHS145', latitude=40.5268, longitude=-105.1113,
    element='PRCP', start=2004, end=2004)
```

25.3 根据经纬度选择一个观测站

现在 inventory 已加载完毕，然后就可以用纬度和经度找到离当前位置最近的观测站，并根据开始和结束年份挑出具有最久温度记录的观测站。即使是面对第一行数据，也能发现需要考虑下面两件事情。

- 元素的类型有好几种，但这里只关心 TMIN 和 TMAX，即最低和最高温度。
- 这里看到的第一个 inventory 文件的数据都不超过几年。如果要回顾历史，还得找到时间更久的温度数据。

为了能快速找出所需数据，可以用列表推导式来构建仅包含 TMIN 或 TMAX 元素的观测站 inventory 数据项子列表。由于另一件要关心的事就是找到一个包含长期数据的观测站，所以在创建这个子列表时，还得确保开始年份是 1920 年之前，并且结束年份至少是 2015 年。这样就能只关注那些至少具备 95 年有效数据的观测站了：

```
inventory_temps = [x for x in inventory if x.element in ['TMIN', 'TMAX']
```

```
                   and x.end >= 2015 and x.start < 1920]
inventory_temps[:5]

[Inventory(station='USC00010252', latitude=31.3072, longitude=-86.5225,
     element='TMAX', start=1912, end=2017),
 Inventory(station='USC00010252', latitude=31.3072, longitude=-86.5225,
     element='TMIN', start=1912, end=2017),
 Inventory(station='USC00010583', latitude=30.8839, longitude=-87.7853,
     element='TMAX', start=1915, end=2017),
 Inventory(station='USC00010583', latitude=30.8839, longitude=-87.7853,
     element='TMIN', start=1915, end=2017),
 Inventory(station='USC00012758', latitude=31.445, longitude=-86.9533,
     element='TMAX', start=1890, end=2017)]
```

查看一下新列表中的前 5 条记录，看来情况不错。现在只包含温度记录了，开始和结束年份则显示出较久的数据持续时间。

剩下的问题就是选择最近的观测站了。为此，请将观测站 inventory 的经纬度与当前所在位置 inventory 的经纬度进行比较。获得某地经纬度的方法有很多，不过最简单的方法可能就是利用在线地图应用程序或在线搜索。我在芝加哥卢普区操作时，纬度为 41.882，经度为 -87.629。

因为只对离当前所在位置最近的观测站感兴趣，所以这意味着需要根据站点的经纬度与当前位置的经纬度之间的距离进行排序。对列表进行排序很容易，按纬度和经度排序也不算太难。但如何按照经纬度的距离进行排序呢？

答案就是为排序定义一个键函数，该函数可以得到当前位置与观测站之间的纬度差和经度差，并将它们合并成一个数字。唯一要记住的是，需要在合并之前对差值取绝对值，以避免得到一个很大的负值和同样大的正值，这会给排序程序造成困惑：

```
# 通过在线地图获得的芝加哥市区经纬度
latitude, longitude = 41.882, -87.629

inventory_temps.sort(key=lambda x:  abs(latitude-x.latitude) + abs(longitude-
    x.longitude))

inventory_temps[:20]
Out[24]:
[Inventory(station='USC00110338', latitude=41.7806, longitude=-88.3092,
     element='TMAX', start=1893, end=2017),
 Inventory(station='USC00110338', latitude=41.7806, longitude=-88.3092,
     element='TMIN', start=1893, end=2017),
 Inventory(station='USC00112736', latitude=42.0628, longitude=-88.2861,
     element='TMAX', start=1897, end=2017),
 Inventory(station='USC00112736', latitude=42.0628, longitude=-88.2861,
     element='TMIN', start=1897, end=2017),
 Inventory(station='USC00476922', latitude=42.7022, longitude=-87.7861,
     element='TMAX', start=1896, end=2017),
 Inventory(station='USC00476922', latitude=42.7022, longitude=-87.7861,
```

```
    element='TMIN', start=1896, end=2017),
Inventory(station='USC00124837', latitude=41.6117, longitude=-86.7297,
    element='TMAX', start=1897, end=2017),
Inventory(station='USC00124837', latitude=41.6117, longitude=-86.7297,
    element='TMIN', start=1897, end=2017),
Inventory(station='USC00119021', latitude=40.7928, longitude=-87.7556,
    element='TMAX', start=1893, end=2017),
Inventory(station='USC00119021', latitude=40.7928, longitude=-87.7556,
    element='TMIN', start=1894, end=2017),
Inventory(station='USC00115825', latitude=41.3708, longitude=-88.4336,
    element='TMAX', start=1912, end=2017),
Inventory(station='USC00115825', latitude=41.3708, longitude=-88.4336,
    element='TMIN', start=1912, end=2017),
Inventory(station='USC00115326', latitude=42.2636, longitude=-88.6078,
    element='TMAX', start=1893, end=2017),
Inventory(station='USC00115326', latitude=42.2636, longitude=-88.6078,
    element='TMIN', start=1893, end=2017),
Inventory(station='USC00200710', latitude=42.1244, longitude=-86.4267,
    element='TMAX', start=1893, end=2017),
Inventory(station='USC00200710', latitude=42.1244, longitude=-86.4267,
    element='TMIN', start=1893, end=2017),
Inventory(station='USC00114198', latitude=40.4664, longitude=-87.685,
    element='TMAX', start=1902, end=2017),
Inventory(station='USC00114198', latitude=40.4664, longitude=-87.685,
    element='TMIN', start=1902, end=2017),
Inventory(station='USW00014848', latitude=41.7072, longitude=-86.3164,
    element='TMAX', start=1893, end=2017),
Inventory(station='USW00014848', latitude=41.7072, longitude=-86.3164,
    element='TMIN', start=1893, end=2017)]
```

25.4 选择观测站并获取其元数据

在经过排序的新列表前 20 项数据中，似乎第一个站 USC00110338 就挺合适。它的 TMIN 和 TMAX 数据都齐全，持续时间也较长，从 1893 年开始一直持续到 2017 年，有超过 120 年的有效数据。因此，将该观测站存入站点变量中，并快速解析已抓取到的站点数据，以求多获取一点该站点的信息。

再回到 readme 文件，可以找到有关观测站数据的以下信息：

```
IV. FORMAT OF "ghcnd-stations.txt"

------------------------------
Variable   Columns   Type
------------------------------
ID            1-11   Character
LATITUDE     13-20   Real
LONGITUDE    22-30   Real
ELEVATION    32-37   Real
STATE        39-40   Character
NAME         42-71   Character
GSN FLAG     73-75   Character
```

```
HCN/CRN FLAG 77-79   Character
WMO ID       81-85   Character
------------------------------

These variables have the following definitions:

ID          is the station identification code.  Note that the first two
            characters denote the FIPS  country/area code, the third character
            is a network code that identifies the station numbering system
            used, and the remaining eight characters contain the actual
            station ID.

            See "ghcnd-countries.txt" for a complete list of country/area codes.
            See "ghcnd-states.txt" for a list of state/province/territory codes.

            The network code  has the following five values:

            0 = unspecified (station identified by up to eight
            alphanumeric characters)
            1 = Community Collaborative Rain, Hail,and Snow (CoCoRaHS)
                based identification number.  To ensure consistency with
                with GHCN Daily, all numbers in the original CoCoRaHS IDs
                have been left-filled to make them all four digits long.
                In addition, the characters "-" and "_" have been removed
                to ensure that the IDs do not exceed 11 characters when
                preceded by "US1". For example, the CoCoRaHS ID
                "AZ-MR-156" becomes "US1AZMR0156" in GHCN-Daily
            C = U.S. Cooperative Network identification number (last six
                characters of the GHCN-Daily ID)
            E = Identification number used in the ECA&D non-blended
                dataset
            M = World Meteorological Organization ID (last five
                characters of the GHCN-Daily ID)
            N = Identification number used in data supplied by a
                National Meteorological or Hydrological Center
            R = U.S. Interagency Remote Automatic Weather Station (RAWS)
                identifier
            S = U.S. Natural Resources Conservation Service SNOwpack
                TELemtry (SNOTEL) station identifier
                W = WBAN identification number (last five characters of the
                GHCN-Daily ID)

LATITUDE     is latitude of the station (in decimal degrees).

LONGITUDE    is the longitude of the station (in decimal degrees).

ELEVATION    is the elevation of the station (in meters, missing = -999.9).


STATE        is the U.S. postal code for the state (for U.S. stations only).

NAME         is the name of the station.

GSN FLAG     is a flag that indicates whether the station is part of the GCOS
```

```
              Surface Network (GSN). The flag is assigned by cross-referencing
              the number in the WMOID field with the official list of GSN
              stations. There are two possible values:

              Blank = non-GSN station or WMO Station number not available
              GSN   = GSN station

HCN/         is a flag that indicates whether the station is part of the U.S.
CRN FLAG     Historical Climatology Network (HCN). There are three possible values:

              Blank = Not a member of the U.S. Historical Climatology
                  or U.S. Climate Reference Networks
              HCN   = U.S. Historical Climatology Network station
              CRN   = U.S. Climate Reference Network or U.S. Regional Climate
                  Network Station

WMO ID        is the World Meteorological Organization (WMO) number for the
              station.  If the station has no WMO number (or one has not yet
              been matched to this station), then the field is blank.
```

尽管为了能更认真地进行研究，可能更应该关心元数据字段。但现在要做的，是把 inventory 记录的起始和结束年份与 station 文件中的观测站元数据对应起来。

station 文件的筛选可以有好几种方案，只要能找到与所选观测站 ID 匹配的站点即可。可以创建一个 for 循环对每一行进行遍历，在找到之后跳出循环，也可以把数据按行拆分并排序，然后用二分法进行查找，凡此种种。根据已有数据的特点和数量，总有一种方法是合适的。本例中的数据已经载入且数量并不太大，所以可用列表推导式返回一个列表，每个列表元素就是要做检索的观测站数据：

```
station_id = 'USC00110338'

# 解析站点
Station = namedtuple("Station", ['station_id', 'latitude', 'longitude',
     'elevation', 'state', 'name', 'start', 'end'])

stations = [(x[0:11], float(x[12:20]), float(x[21:30]), float(x[31:37]),
     x[38:40].strip(), x[41:71].strip())
            for x in stations_txt.split("\n") if x.startswith(station_id)]

station = Station(*stations[0] + (inventory_temps[0].start,
     inventory_temps[0].end))
print(station)
Station(station_id='USC00110338', latitude=41.7806, longitude=-88.3092,
     elevation=201.2, state='IL', name='AURORA', start=1893, end=2017)
```

到目前为止，已经可以确定要从伊利诺伊州的奥罗拉观测站获取天气数据，这是距离芝加哥市区最近的观测站，并且拥有超过一个世纪的温度数据。

25.5 获取并解析真实的天气数据

观测站确定之后，下一步就是获取该站的实际天气数据并进行解析。该过程与上一节非常相似。

25.5.1 获取数据

首先，要获取数据文件并保存下来，以备以后需要再次用到：

```
# 抓取已选取观测站的每日温度记录

r = requests.get('http://www.epubit.com:8083/quickpythonbook/daily/all/
     {}.dly'.format(station.station_id))
weather = r.text

# 保存为文本文件，这样就不需要再去抓取了

with open('weather_{}.txt'.format(station), "w") as weather_file:
    weather_file.write(weather)

# 按需从保存下来的每日数据文件中读取数据（只有在不想下载文件就开始处理过程时才会用到）

with open('weather_{}.txt'.format(station)) as weather_file:
    weather = weather_file.read()

print(weather[:540])
USC00110338189301TMAX  -11  6  -44  6 -139  6  -83  6 -100  6  -83  6  -72  6
    -83  6  -33  6 -178  6 -150  6 -128  6 -172  6 -200  6 -189  6 -150  6 -
    106  6  -61  6  -94  6  -33  6  -33  6  -33  6  -33  6     6  6  -33  6
    -78  6  -33  6   44  6  -89 I6  -22  6     6  6
USC00110338189301TMIN  -50  6 -139  6 -250  6 -144  6 -178  6 -228  6 -144  6
    -222  6 -178  6 -250  6 -200  6 -206  6 -267  6 -272  6 -294  6 -294  6
    -311  6 -200  6 -233  6 -178  6 -156  6  -89  6 -200  6 -194  6 -194  6
    -178  6 -200  6  -33 I6 -156  6 -139  6 -167  6
```

25.5.2 解析天气数据

现在数据已经有了，还是可以看出这比 station 和 inventory 文件的数据要稍微复杂一些。显然，现在该回头看看 readme.txt 文件，第 III 节里有对天气数据文件的说明。会有很多的条目可供选择，因此需要过滤一下，只看有关的条目，略过其他的元素类型，也略过整个指定了数据来源、品质和数值类型的标志体系：

```
III. FORMAT OF DATA FILES (".dly" FILES)

Each ".dly" file contains data for one station.  The name of the file corresponds
to a station's identification code.  For example,
     "USC00026481.dly"
contains the data for the station with the identification code USC00026481).
```

```
Each record in a file contains one month of daily data.  The variables on each
line include the following:

-----------------------------
Variable   Columns   Type
------------------------------
ID            1-11   Character
YEAR         12-15   Integer
MONTH        16-17   Integer
ELEMENT      18-21   Character
VALUE1       22-26   Integer
MFLAG1       27-27   Character
QFLAG1       28-28   Character
SFLAG1       29-29   Character
VALUE2       30-34   Integer
MFLAG2       35-35   Character
QFLAG2       36-36   Character
SFLAG2       37-37   Character
  .            .          .
  .            .          .
  .            .          .
VALUE31    262-266   Integer
MFLAG31    267-267   Character
QFLAG31    268-268   Character
SFLAG31    269-269   Character
------------------------------

These variables have the following definitions:

ID         is the station identification code. Please see "ghcnd-stations.txt"
           for a complete list of stations and their metadata.
YEAR       is the year of the record.

MONTH      is the month of the record.

ELEMENT    is the element type.   There are five core elements as well as a
           number of addition elements.

       The five core elements are:

           PRCP = Precipitation (tenths of mm)
           SNOW = Snowfall (mm)
           SNWD = Snow depth (mm)
           TMAX = Maximum temperature (tenths of degrees C)
           TMIN = Minimum temperature (tenths of degrees C)
...

VALUE1     is the value on the first day of the month (missing = -9999).

MFLAG1     is the measurement flag for the first day of the month.

QFLAG1     is the quality flag for the first day of the month.

SFLAG1     is the source flag for the first day of the month.
```

```
VALUE2      is the value on the second day of the month

MFLAG2      is the measurement flag for the second day of the month.

QFLAG2      is the quality flag for the second day of the month.

SFLAG2      is the source flag for the second day of the month.

... and so on through the 31st day of the month.  Note: If the month has less than
31 days, then the remaining variables are set to missing (e.g., for April, VALUE31
= -9999, MFLAG31 = blank, QFLAG31 = blank, SFLAG31 = blank).
```

现在应该关注的重点是，在一行数据中，观测站 ID 是前 11 个字符，年份是后面 4 个字符，月份是再后面两个字符，元素是再后面 4 个字符。然后，每日数据有 31 个槽位（slot），每个槽位包含 5 个字符的温度值，以十分之一摄氏度表示，以及 3 个字符的标志位。如前所述，本次练习可以忽略标志位。大家还会发现，温度值如有缺失则用-9999 编码表示。对于当月没有的日期，例如，典型的 2 月份，第 29、30 和 31 个温度值将会是-9999。

因为本次练习的数据处理，要得到的是整体趋势，所以不必太在意单日的数据，而要找到每月的平均值。可以把每月的最大值、最小值和平均值保存下来，以供使用。

这意味着要处理每一行天气数据，就需要：

- 将每行拆分成各个独立的字段，并忽略或丢弃每个日数据的标志位；
- 删除带-9999 的值，并将年份和月份转换为整数，将温度值转换为浮点数，同时请别忘了温度读数的单位为十分之一摄氏度；
- 计算平均值，并挑出最高值和最低值。

为了完成上述全部任务，可以采取几种方案。可以对数据进行多次遍历，拆分为字段，去掉占位符，将字符串转换为数字，最后计算合计数。或者可以编写一个函数，对每一行数据执行所有操作，只用一次遍历就搞定。这两种方法都是有效的。这里采用后一种方法，创建一个 `parse_line()` 函数，用于执行所有数据转换操作：

```
def parse_line(line):
    """ parses line of weather data
        removes values of -9999 (missing value)
    """

    # 如果行为空则返回 None
    if not line:
        return None
    # 拆分出前 4 个字段，以及包含温度值的字符串
    record, temperature_string = (line[:11], int(line[11:15]),
     int(line[15:17]), line[17:21]), line[21:]

    # 如果 temperature_string 长度不足，则引发异常
    if len(temperature_string) < 248:
        raise ValueError("String not long enough - {}
     {}".format(temperature_string, str(line)))
```

```
    # 对 temperature_string 应用列表推导式，提取并转换温度数据
    values = [float(temperature_string[i:i + 5])/10 for i in range(0, 248, 8)
              if not temperature_string[i:i + 5].startswith("-9999")]

    # 获取温度数据的数量、最大值和最小值，计算平均值
    count = len(values)
    tmax = round(max(values), 1)
    tmin = round(min(values), 1)
    mean = round(sum(values)/count, 1)

    # 把温度的统计数据并入之前提取出 4 个字段的 record 中，并返回
    return record + (tmax, tmin, mean, count)
```

如果用第一行原始天气数据对该函数进行测试，将会得到以下结果：

```
parse_line(weather[:270])
Out[115]:
('USC00110338', 1893, 1, 'TMAX', 4.4, -20.0, -7.8, 31)
```

由此已有了一个可以解析数据的函数。如果该函数工作正常，下面就可以解析天气数据，然后保存下来或者继续处理：

```
# 处理所有的天气数据

# 列表推导，空行不会做解析
weather_data = [parse_line(x) for x in weather.split("\n") if x]

len(weather_data)

weather_data[:10]

[('USC00110338', 1893, 1, 'TMAX', 4.4, -20.0, -7.8, 31),
 ('USC00110338', 1893, 1, 'TMIN', -3.3, -31.1, -19.2, 31),
 ('USC00110338', 1893, 1, 'PRCP', 8.9, 0.0, 1.1, 31),
 ('USC00110338', 1893, 1, 'SNOW', 10.2, 0.0, 1.0, 31),
 ('USC00110338', 1893, 1, 'WT16', 0.1, 0.1, 0.1, 2),
 ('USC00110338', 1893, 1, 'WT18', 0.1, 0.1, 0.1, 11),
 ('USC00110338', 1893, 2, 'TMAX', 5.6, -17.2, -0.9, 27),
 ('USC00110338', 1893, 2, 'TMIN', 0.6, -26.1, -11.7, 27),
 ('USC00110338', 1893, 2, 'PRCP', 15.0, 0.0, 2.0, 28),
 ('USC00110338', 1893, 2, 'SNOW', 12.7, 0.0, 0.6, 28)]
```

现在已经有了全部的天气记录，都经过解析并保存在列表中，而不仅只有温度记录。

25.6 将天气数据存入数据库（可选）

此时可以把所有天气记录保存到数据库中，必要的话再加上 station 和 inventory 记录。这样在以后的会话中，就能回来使用相同的数据，免去再次获取和解析数据的麻烦。

举例来说，以下就是将天气数据存入 sqlite3 数据库的代码：

```
import sqlite3

conn = sqlite3.connect("weather_data.db")
cursor = conn.cursor()

# 创建 weather 表

create_weather = """CREATE TABLE "weather" (
    "id" text NOT NULL,
    "year" integer NOT NULL,
    "month" integer NOT NULL,
    "element" text NOT NULL,
    "max" real,
    "min" real,
    "mean" real,
    "count" integer)"""
cursor.execute(create_weather)
conn.commit()

# 把经过解析的天气数据保存到数据库中

for record in weather_data:
    cursor.execute("""insert into weather (id, year, month, element, max,
     min, mean, count) values (?,?,?,?,?,?,?,?) """,
                   record)

conn.commit()
```

数据保存完毕后，就可以用类似以下代码从数据库中检索数据了，这里只读取 TMAX 记录：

```
cursor.execute("""select * from weather where element='TMAX' order by year,
      month""")
tmax_data = cursor.fetchall()
tmax_data[:5]

[('USC00110338', 1893, 1, 'TMAX', 4.4, -20.0, -7.8, 31),
 ('USC00110338', 1893, 2, 'TMAX', 5.6, -17.2, -0.9, 27),
 ('USC00110338', 1893, 3, 'TMAX', 20.6, -7.2, 5.6, 30),
 ('USC00110338', 1893, 4, 'TMAX', 28.9, 3.3, 13.5, 30),
 ('USC00110338', 1893, 5, 'TMAX', 30.6, 7.2, 19.2, 31)]
```

25.7 选取数据并作图

因为只关心温度，所以只需要选取温度记录。可以通过几个列表推导式来快速完成选取操作，得到一个 TMAX 列表和一个 TMIN 列表。或者可以利用 pandas 的功能，用于对每日数据作图，并滤除不需要的记录。因为更关注纯 Python 而不是 pandas，所以这里采取第一种方案：

```
tmax_data = [x for x in weather_data if x[3] == 'TMAX']
tmin_data = [x for x in weather_data if x[3] == 'TMIN']
tmin_data[:5]

[('USC00110338', 1893, 1, 'TMIN', -3.3, -31.1, -19.2, 31),
```

```
 ('USC00110338', 1893, 2, 'TMIN', 0.6, -26.1, -11.7, 27),
 ('USC00110338', 1893, 3, 'TMIN', 3.3, -13.3, -4.6, 31),
 ('USC00110338', 1893, 4, 'TMIN', 12.2, -5.6, 2.2, 30),
 ('USC00110338', 1893, 5, 'TMIN', 14.4, -0.6, 5.7, 31)]
```

25.8 用 pandas 对数据绘图

此时数据已清洗完毕，绘制图表的准备工作已经完成。正如第 24 章所述，为了简化绘制工作，可以利用 pandas 和 matplotlib。为此需要运行 Jupyter 服务器并安装 pandas 和 matplotlib。为了在 Jupyter 记事本中确保它们已经安装完毕，请使用以下命令：

```
# 用pip 安装 pandas 和 matplotlib
! pip3.6 install pandas matplotlib

import pandas as pd
%matplotlib inline
```

pandas 和 matplotlib 安装完毕后，就可以加载 pandas 并由 TMAX 和 TMIN 数据创建 Data Frame 了。

```
tmax_df = pd.DataFrame(tmax_data, columns=['Station', 'Year', 'Month',
     'Element', 'Max', 'Min', 'Mean', 'Days'])
tmin_df = pd.DataFrame(tmin_data, columns=['Station', 'Year', 'Month',
     'Element', 'Max', 'Min', 'Mean', 'Days'])
```

当然可以绘制月度数据，但 123 年乘以 12 个月的数据差不多有 1500 个数据点，而季节的交替也会给数据选取模板的确定带来难度。

将每月的最高温度、最低温度和平均数值按年度平均，再绘制成图标，反而可能更有意义。用 Python 当然可以完成这些操作，但因为数据已载入了 pandas 的 Data Frame 中，所以可以用 Data Frame 按年分组并获取平均值：

```
# 选取年份、最低、最高、平均数这几列，按年分组并计算平均值，绘制折线图

tmin_df[['Year','Min', 'Mean', 'Max']].groupby('Year').mean().plot(
     kind='line', figsize=(16, 4))
```

上述语句的返回结果会有很多变数（依据不同的站点和时间段），但似乎表明过去 20 年来的最低温度一直在上升。

注意，如果不想用 Jupyter 记事本和 matplotlib 获得同样的图表，pandas 还是可以用的，但是应该用 Data Frame 的方法 `to_csv()` 或 `to_excel()` 写入 CSV 或 Microsoft Excel 文件。然后可以把生成的文件加载到电子表格中，并在其中生成图表。

附录 A　Python 文档使用指南

最新最好的 Python 参考手册，就是 Python 自带的文档。有鉴于此，与其把文档页面编辑一下再打印出来，还不如探究一下如何用好官方文档更加有用。

标准的文档包分成若干部分，包括 Python 在各个平台上的文档编写、分发、安装和扩展说明。只要是有关 Python 的问题，这些文档都是寻求答案的逻辑起点。Python 文档最主要的两个内容，可能也是最有用的部分，就是库参考手册（Library Reference）和语言参考手册（Language Reference）。库参考手册是绝对必要的，因为它对内置数据类型和 Python 所有内置模块都做了解释。语言参考手册解释了 Python 内核的工作方式，包括语言内核的官方术语，解释了数据类型、语句等的工作机制。"新特性"（What's New）部分也值得一读，特别是在发布新版 Python 的时候，因为这里对新版本的所有改动都做了汇总介绍。

A.1　访问 Web 端的 Python 文档

对很多人而言，访问 Python 文档最方便的途径就是访问 Python 官方网站并浏览其中的文档。虽然这样需要连入 Web，但优点就是内容始终是最新的。对很多项目而言，通过 Web 检索其他文档和信息是常用操作，因此始终在浏览器的一个标签页中打开并指向在线 Python 文档，就是将 Python 参考文档常备手边的简单方案。

A.1.1　浏览机器上的 Python 文档

Python 的很多发行版本都默认包含了完整的文档。在某些 Linux 发行版本中，文档是独立的包，需要单独安装。不过在大多数情况下，Python 安装完成后计算机中就已包含完整文档了，访问起来也很容易。

1. 在交互式 shell 或命令行中访问联机帮助信息

第 2 章已介绍过了，在交互式命令解释器中如何用 `help` 命令访问 Python 模块或对象的联机帮助信息：

```
>>> help(int)
Help on int object:

class int(object)
 |  int(x[, base]) -> integer
 |
 |  Convert a string or number to an integer, if possible.  A floating
 |  point argument will be truncated towards zero (this does not include a
 |  string representation of a floating point number!)  When converting a
 |  string, use the optional base.  It is an error to supply a base when
 |  converting a non-string.
 |
 |  Methods defined here:
... (后面是 int 对象的方法列表)
```

以上其实是解释器调用 pydoc 模块生成文档的过程。用 pydoc 模块还可以在命令行搜索 Python 文档。在 Linux 或 macOS 系统中，如果要在终端窗口中得到同样的输出，只需在提示符下键入 pydoc int 即可，键入 q 则可以退出。在 Windows 命令窗口中，除非已在搜索路径中包含了 Python 库所在目录，否则就需要键入完整路径，可能类似于 C:\Users\<user>\AppData\Local\Programs\Python\Python36\Lib\pydoc.py int，其中<user>是指 Windows 的用户名。

2. 用 pydoc 创建 HTML 格式的帮助页面

如果希望更加顺畅地查看 pydoc 为 Python 对象或模块生成的文档，可以将输出写入 HTML 文件，这样就可以在任何浏览器中进行浏览了。为此，请将-w 选项添加到 pydoc 命令中，在 Windows 系统中将是 C:\Users\<user>\AppData\Local\Programs\Python \Python36\Lib\ pydoc.py -w int。这时就会查找 int 对象的文档，pydoc 会在当前目录中创建一个名为 int.html 的文件，可以打开并在浏览器中进行查看。图 A-1 显示了 int.html 在浏览器中的样子。

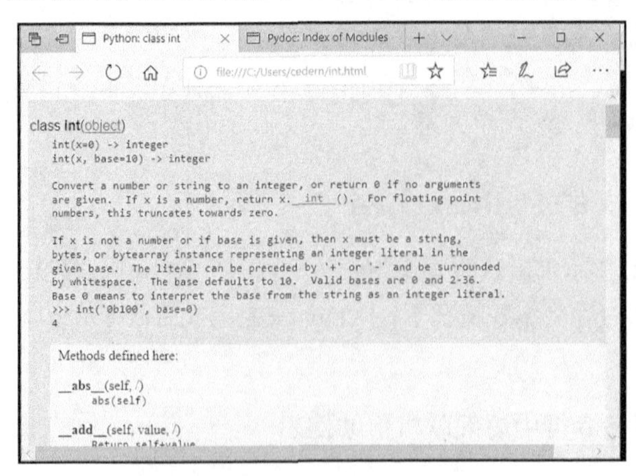

图 A-1　由 pydoc 创建的 int.html

如果由于某种原因只需要数量有限的几页文档，那么这种方案就足够用了。但大多数情况下，最好还是用 pydoc 提供更完整的文档，下一节将会介绍。

3．将 pydoc 用作文档服务器

除了能为任何 Python 对象生成文本文档和 HTML 文档，pydoc 模块还可以被当作服务器来使用，以便提供基于 Web 的文档服务。运行 pydoc 时可以带上-p 和端口号参数，即可在该端口上开启文档服务。然后就可以输入"b"命令，打开浏览器并访问所有可用模块的文档，如图 A-2 所示。

图 A-2　由 pydoc 文档服务提供的模块文档（部分）

用 pydoc 提供文档服务有一个好处，就是它还会扫描当前目录，在找到的模块中由文档字符串提取出文档信息，即便模块不属于标准库也没关系。这样要访问任何 Python 模块的文档时，就比较有用了。但有一点必须说明，为了能从模块中提取文档，pydoc 必须要导入模块，这意味着它会执行模块顶层的所有代码。因此，对导入会带来副作用的代码（如第 11 章所述）也会被执行，因此使用此项功能时务必小心。

4．Windows 帮助文件的使用

在 Windows 系统上，Python 3 标准软件包中包含了完整的 Windows 帮助文件格式的 Python 文档。在 Python 的安装文件夹内的 Doc 文件夹中可以找到这些文件，通常位于“程序”菜单的“Python 3”程序组中。打开主文件时，如图 A-3 所示。

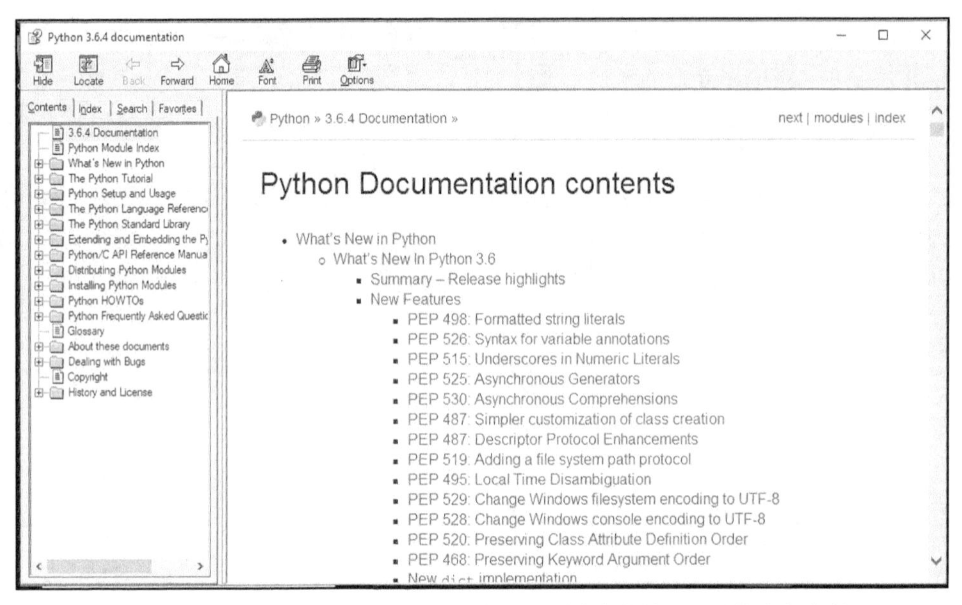

图 A-3　如果习惯使用 Window 帮助文件，则该文件就是所需的全部文档

A.1.2　文档的下载

如果想在计算机上查看 Python 文档，但不一定或不需要运行 Python，也可以从 Python 官方网站下载 PDF、HTML 或文本格式的完整文档。如果需要能在电子书阅读器之类的设备上访问文档，这样就很方便。

A.2　最佳实践：如何成为 Pythonista

每种编程语言都有自己的传统和文化，Python 就是一个很好的例子。最有经验的 Python 程序员，有时被称为 Python 高手（Pythonista），非常关心编码风格，应该符合 Python 的风格和最佳实践。此类代码常被称作 Python 式风格的代码，相对 Java、C 或 JavaScript 风格的 Python 代码，更加受到尊重。

Python 新手面临的问题，就是该如何学习编写 Python 式风格的代码。了解 Python 语言及其风格需要花一些时间和努力，本附录接下来将对如何开始提供一些建议。

成为 Python 高手的 10 条技巧

本节列出的技巧是针对 Python 中级人员的，也是对提升 Python 技能给出的建议。不一定要求每个人都要完全认可，但根据我多年来的观察，这些技巧将让你踏上成为真正 Python 高手的正途。

- 尊重 Python 之禅。Python 之禅即 PEP 20，总结了 Python 成为语言的设计理念。在讨论是什么让代码更具 Python 式风格时，常被提及的就是 Python 之禅。特别是“优美胜于丑陋”“简洁胜于复杂”，应该始终成为编码的指南。本附录末尾收录了“Python 之禅”，只要在 Python shell 提示符下键入 `import this`，就一定可以看到这些话。
- 遵守 PEP 8。PEP 8 是官方的 Python 风格指南，本附录也在下面加以收录。从代码格式化、变量命名到语言的使用，PEP 8 都给出了很好的建议。如果想要写出 Python 式风格的代码，请对 PEP 8 烂熟于胸。
- 熟悉文档。Python 拥有内容丰富、维护良好的文档集，应该经常去查阅一下。最有用的可能就是标准库的文档了，但教程和 how-to 文件也包含了有效使用语言的大量信息。
- 尽可能少写代码。虽然该建议可能对很多语言都适用，但特别适用于 Python。这里的意思是应该努力让程序尽可能短而简单（直至不能更短、更简单为止），应该尽可能多练习一下这种编码风格。
- 尽可能多读代码。从一开始，Python 社区就已经意识到阅读代码比编写代码更为重要。尽可能多读一些 Python 代码，如果有可能就与别人讨论一下读过的代码。
- 优先采用内置数据结构。在编写自己的类保存数据之前，应该首先考虑一下 Python 的内置数据结构。Python 的多种数据类型几乎可以无限灵活地自由组合，优点是经过了多年调试和优化。请充分利用它们。
- 对生成器（generator）和推导（comprehension）多花些精力。Python 新手几乎总是无法体会到，列表和字典推导以及生成器表达式，正是 Python 式风格编码的组成部分。请查看一下已读过的 Python 代码示例，并进行练习。只有几乎不假思索就能写出列表推导，才能成为 Python 高手。
- 采用标准库。如果内置数据结构无法满足需求，接下来应该考虑采用标准库。标准库中的成员，正以 Python 的“功能齐备”特性著称。标准库已经经过了时间的考验，其优化和文档化程度几乎超过了其他任何 Python 代码。只要有可能就请采用标准库。
- 尽可能少写自定义类。仅在必要时才编写自己的类。有经验的 Python 高手往往对自定义类非常节省，因为他们知道设计良好的类并不是件小事，类一旦创建就不得不去做测试和调试工作。
- 小心使用框架。框架可能很有吸引力，特别是对新手而言，因为框架提供了很多强大的便捷功能。当然该用还得用，但请小心框架的弊端。学习 Python 本身的时间，可能还不如学习非 Python 式风格框架的怪异之处来得多。或者你可能会发现自己正在适应框架，而不是让框架适合你。

A.3 PEP 8——Python 编码风格指南

本节收录了稍作剪辑的 PEP 8 摘要（Python Enhancement Proposal，Python 增强提案）。PEP 8

由 Guido van Rossum 和 Barry Warsaw 撰写，是 Python 的最接近编程风格手册的东西。这里省略了一些比较具体的部分，但主要内容都已包括。应该尽可能让代码遵守 PEP 8 规范，代码会由此更具 Python 风格。

访问 Python 官方网站的文档部分并搜索 PEP，就可以获得 PEP 8 全文及 Python 历史上发布的所有其他 PEP。PEP 既是 Python 历史和经验的绝佳来源，也是当前议题和将来计划的解释。

A.3.1 简介

本文档给出的 Python 编码约定，适用于由 Python 主发行版本中的标准库构成的代码。有关 Python 的 C 实现中的 C 代码风格指南，参见相应的 PEP①。本文档改编自 Guido 最初的 Python 风格指南文章，并加入了 Barry 风格指南的一些内容。如果与 Guido 的风格规则存在冲突，应该遵从本 PEP。本 PEP 可能尚未完结（其实可能永远不会完结）。

盲目的一致性是头脑简单的表现

Guido 的一个重要观点是，代码被阅读的次数远多于被编写的次数。本指南旨在提高代码的可读性，使各种各样的 Python 代码能保持风格一致。正如 PEP 20②所述，“Readability counts”（注重可读性）。

风格指南是讨论一致性的。与风格指南保持一致很重要。维持同一个项目内部的一致性更加重要。而保证同一个模块和函数内部的一致性则最重要。

然而最最重要的是，知道何时应打破一致性，有时风格指南并不适用。如果心存疑虑，请采用自己的最佳判断。请看看别人的例子并做出最佳决定。不要犹豫，尽管发出疑问。

以下是两个打破规范的好理由。

- 如果应用风格指南会让代码的可读性变差，甚至对于习惯阅读遵守本规范代码的人来说也是如此。
- 需要与周边的代码保持一致，而这些代码并未遵守规范（可能是历史原因造成的），尽管这也可能是个收拾别人烂摊子的机会（真正的极限编程风格）。

A.3.2 代码布局

1. 缩进

每级缩进采用 4 个空格。

为了对付那些确实陈旧的代码，又不愿做出清理，那么可以继续沿用 8 个空格长度的制表符。

---

① PEP 7，Style Guide for C Code（C 代码风格指南），van Rossum，见 Python 官方网站。

② PEP 20，The Zen of Python（Python 之禅），见 Python 官方网站。

2. 制表符还是空格

绝对禁止制表符和空格的混用。

最流行的 Python 缩进方式是只使用空格。第二流行的方式是只使用制表符。混合使用制表符和空格进行缩进的代码，应该转换为只使用空格的方式。如果调用 Python 命令行解释器时带上-t 参数，它就会对非法混用制表符和空格的代码发出警告。如果用了-tt 参数，这些警告就会上升为错误。强烈推荐使用这些参数！

对全新的项目而言，强烈建议只用空格缩进，换掉所有的制表符。大部分编辑器都具备将制表符替换为空格的便捷功能。

3. 最大行长

所有行都应限制在 79 个字符以内。

将行长限制在 80 个字符的设备还有很多，而且将窗口限制为 80 个字符宽就可以并排放置多个窗口。这些设备上的默认换行会破坏代码的外观，增加理解的难度。因此，请将所有行都限制在 79 个字符以内。对于连续的大段文字（文档字符串或注释），建议将行长限制在 72 个字符以内。

对长行进行换行的首选方案，是利用 Python 隐含的行连接特性，在圆括号、方括号和大括号内部进行断行。必要时可以在表达式外面多加一对圆括号，不过有时候用反斜杠会更好看些。请确保对后续行进行适当的缩进。打断二元运算符的首选位置是在运算符之后，而不是运算符之前。下面给出一些例子：

```
class Rectangle(Blob):
    def __init__(self, width, height,
                 color='black', emphasis=None, highlight=0):
        if (width == 0 and height == 0 and\
            color == 'red' and emphasis == 'strong' or \
            highlight > 100):
             raise ValueError("sorry, you lose")
        if width == 0 and height == 0 and (color == 'red' or
                                           emphasis is None):
            raise ValueError("I don't think so -- values are %s, %s" %
                             (width, height))
        Blob.__init__(self, width, height,
                      color, emphasis, highlight)
```

4. 空行

顶级函数和类定义之间，请用两个空行分隔。

类内部的各个方法定义之间，请用 1 个空行分隔。

为了让有关联的函数成组，可以在各函数组之间有节制地添加空行。相互关联的一组单行函数之间，可以省略空行，如一组函数的伪实现（dummy implementation）。

函数内部可以有节制地用空行来区分出各个逻辑部分。

Python 可将 Ctrl+L（^L）换页符接受为空白符。很多工具都将其视为分页符，所以可以利用其进行分页，使得文件中的关联部分单独成页。

5. 导入

导入语句通常应单独成行，例如：

```
import os
import sys
```

不要像下面这样写在一起：

```
import sys, os
```

不过下面的写法没有问题：

```
from subprocess import Popen, PIPE
```

导入语句通常位于文件的顶部，紧挨着模块注释和文档字符串后面，在模块全局变量和常量定义之前。

导入语句应按照以下顺序进行分组。

（1）标准库的导入。

（2）相关第三方库的导入。

（3）本地应用程序/库——特定库的导入。

每组导入语句之间请加入 1 个空行。

任何对应的`__all__`声明都应位于导入语句之后。

非常不推荐对内部包的导入使用相对导入语法。请始终对所有导入都使用绝对包路径。即便 Python 2.5 现在已完全实现了 PEP 328①，它的显式相对导入语法也是强烈不推荐的。绝对导入的可移植性更好，通常可读性也会更好。

如果是从包含类的模块中导入类，通常可以采用如下写法：

```
from myclass import MyClass
from foo.bar.yourclass import YourClass
```

如果上述写法会导致本地命名冲突，就采用如下写法：

```
import myclass
import foo.bar.yourclass
```

然后用`myclass.MyClass`和`foo.bar.yourclass.YourClass`表示类。

6. 表达式和语句内的空白符

讨厌之事——以下场合应避免使用多余的空白符。

- 紧靠小括号、中括号或大括号内部。

  正确：

① PEP 328，Imports: Multi-Line and Absolute/Relative（多行和绝对/相对导入），见 Python 官方网站。

```
spam(ham[1], {eggs: 2})
```

错误：

```
spam( ham[ 1 ], { eggs: 2 } )
```

- 紧挨着逗号、分号或冒号之前。

  正确：

```
if x == 4: print x, y; x, y = y, x
```

  错误：

```
if x == 4 : print x , y ; x , y = y , x
```

- 紧挨着函数参数列表的左括号之前。

  正确：

```
spam(1)
```

  错误：

```
spam (1)
```

- 紧挨着索引或切片操作的左括号之前。

  正确：

```
dict['key'] = list[index]
```

  错误：

```
dict ['key'] = list [index]
```

- 为了与另一条赋值或其他语句对齐，在运算符两边使用多个空格。

  正确：

```
x = 1
y = 2
long_variable = 3
```

  错误：

```
x                  = 1
y                  = 2
long_variable      = 3
```

7. 其他建议

始终在以下二元操作符两侧各放 1 个空格：赋值（=）、增量赋值（+=，-=等）、比较（==、<、>、!=、<>、<=、>=、in、not、in、is、is not）、布尔（and、or、not）。

- 在数学运算符两侧放置空格。

正确：

```
i = i + 1
submitted += 1

x = x * 2 - 1
hypot2 = x * x + y * y
c = (a + b) * (a - b)
```

错误：

```
i=i+1
submitted +=1
x = x*2 - 1
hypot2 = x*x + y*y
c = (a+b) * (a-b)
```

- 在用于指定关键字参数或默认参数值时，请勿在=两边使用空格。

  正确：

```
def complex(real, imag=0.0):
    return magic(r=real, i=imag)
```

  错误：

```
def complex(real, imag = 0.0):
    return magic(r = real, i = imag)
```

- 通常不鼓励使用复合语句，也就是在同一行放置多条语句。

  正确：

```
if foo == 'blah':
    do_blah_thing()
do_one()
do_two()
do_three()
```

  最好不要：

```
if foo == 'blah': do_blah_thing()
do_one(); do_two(); do_three()
```

- 虽然有时候将小块代码和 if/for/while 放在同一行没什么问题，但多行语句绝对不能如此。同时还要避免过长代码行的折叠！

  最好不要：

```
if foo == 'blah': do_blah_thing()
for x in lst: total += x
    while t < 10: t = delay()
```

  绝对不要：

```
if foo == 'blah': do_blah_thing()
else: do_non_blah_thing()
```

```
try: something()
finally: cleanup()
do_one(); do_two(); do_three(long, argument,
                             list, like, this)
if foo == 'blah': one(); two(); three()
```

A.4　注释

与代码不符的注释还不如不加注释。只要代码发生变化，就一定要优先保证更新注释！

注释应该是完整的句子。如果注释是短语或句子，其首个单词应该大写，除非首个单词是以小写字母开头的标识符，永远不要改变标识符的大小写！。

如果注释很短，尾部的句点则可以省略。块注释通常由一个或多个段落组成，每个段落都由多个完整句子构成，每个句子都以一个句点结尾。

在句子末尾的句点后面，应该加上两个空格。[①]

用英语撰写注释时，请采用 Strunk 和 White 编写的书写规范[②]。

非英语国家的 Python 程序员，请用英语撰写注释，除非 120%确定代码一定不会被用其他语言的人阅读。

1. 块注释

块注释通常用于紧随其后的一些（或全部）代码，并且缩进级别与代码相同。每一行块注释都以一个“#”和一个空格开头，注释内部的缩进文字除外。

块注释内部的段落，由只包含一个“#”的空行分隔。

2. 行内注释

请有节制地使用行内注释。

行内注释是指与代码语句处于同一行的注释。行内注释和代码之间至少要隔开两个空格，应该由一个“#”和一个空格开头。

事实上，如果状况很明了的话，是不需要用到行内注释的。例如，以下情况就不需要：

```
x = x + 1                 # Increment x
```

但有些时候，行内注释还是有用的：

```
x = x + 1                 # Compensate for border
```

3. 文档字符串

如何撰写良好的文档字符串（也叫 docstrings），其规范在 PEP 257[③]中已名垂青史。

---

① 最后一句后面不用加空格。——译者注

② 指 *The Elements of Style*。——译者注

③ PEP 257，Docstring Conventions，Goodger，van Rossum，见 Python 官方网站。

请为所有的公有模块、函数、类和方法撰写文档字符串。非公有的方法不一定需要文档字符串，但是应该带有描述方法用途的注释。该注释应该位于 `def` 行后面。

PEP 257 描述了良好文档字符串的规范。请注意，有一点是最重要的，多行文档字符串结尾的“`"""`”应该自成一行，并且最好是在前面加一行空行。例如：

```
"""Return a foobang
Optional plotz says to frobnicate the bizbaz first.

"""
```

对单行的文档字符串而言，可以让结尾的“`"""`”位于同一行。

4．版本标记

如果不得不在源代码文件中夹杂 Subversion、CVS 或 RCS 标记（bookkeeping），请遵守以下规则：

```
__version__ = "$Revision: 68852 $"     # $Source$
```

这种标记行应该位于模块的文档字符串之后，并在其他任何代码之前，前后各加 1 个空行进行分隔。

A.4.1　命名规范

Python 库的命名规范有点混乱，所以永远无法完全达成一致。不过，这里给出的是目前推荐的命名标准。新的模块和包（包括第三方框架）应该按照这里的标准进行编写，但如果现有库具备不同的风格，则首选保持内部的一致性。

1．说明：命名风格

命名风格有很多种。这里的内容有助于识别正在使用的命名风格，而与所用的风格无关。

以下是通常可以分辨出来的命名风格。

- b（单个小写字母）。
- B（单个大写字母）。
- 小写字母。
- 带下划线的小写字母。
- 大写字母。
- 带下划线的大写字母。
- 单词首字母大写（CapitalizedWord、CapWords 或 CamelCase）。驼峰命名法（CamelCase）的名称源于字母上下起伏的外观[①]。有时也被称为 StudlyCaps。注意，在 CapWords 风格

---

① 完整说明详见维基百科网站。

中使用缩写时，请将缩写的所有字母大写。因此 HTTPServerError 就比 HttpServerError 更为合适。

- 混合大小写（mixedCase，与单词首字母大写不同，首字母是小写！）。
- 带下划线的单词首字母大写（奇丑！）

还有用独有的短前缀把相互关联的名称组在一起的风格。这在 Python 中不常用，但还是得提一下。例如，os.stat()函数会返回一个元组，其中的元素就具有类似 st_mode、st_size、st_mtime 等传统名称。这么做是为了强调与 POSIX 系统调用结构的字段的对应关系，有助于程序员尽快熟悉。

X11 库的所有公有函数都加了 X 前缀。在 Python 里通常没有必要用这种风格，因为属性（attribute）和方法在调用时都会带有对象名前缀，函数名则都会带有模块名前缀。

此外，以下采用前缀或后缀下划线的特殊形式也是可以识别出来的，这些形式通常可与任何规范结合使用。

- 单下划线前缀。这是弱“内部使用”标志。例如，from M import *语句就不会导入以下划线开头命名的对象。
- 单下划线后缀。按惯例这是用于避免与 Python 关键字冲突。例如，tkinter.Toplevel(master, class_='ClassName')。
- 双下划线前缀。如果用于对类的属性进行命名，将会引发名称混淆操作。如果是在类 FooBar 中，__boo 会变为_FooBar__boo，参见下文。
- 双下划线前缀和后缀。表示位于用户控制的命名空间中的“魔法”对象或属性，如__init__、__import__或__file__。绝对不要创建这种名称，仅在撰写文档时才去使用。

2. 规则：命名规范

- 应该避免的名称。

  切勿将字符“l”（小写字母）、“O”（大写字母）或“I”（大写字母）用作单字符变量名称。

  在某些字体中，这些字符与数字 1 和 0 无法区分。如果想用“l”，请用“L”代替。
- 包和模块名称。

  模块名称应该是简短的全小写。如果想提高可读性，则可以在模块名称中使用下划线。Python 包也应该有简短的全小写名称，但不建议使用下划线。

  由于模块名称是映射到文件名的，并且某些文件系统不区分大小写，还会将长文件名称截断，因此保持模块名称的简短就很重要了。这在 UNIX 系统中不是问题，但如果代码要放入较低版本的 Mac、Windows 或者 DOS 中运行，那就可能会成为问题。

  如果需要让 C 或 C++编写的扩展模块与 Python 模块协作使用，以便提供更高级别（如更加面向对象）的接口，该 C/C++模块的名称是带有下划线前缀的，如_socket。

- 类名。

  几乎没有例外，类名都采用单词首字母大写（CapWords）规范。内部使用的类还带有一个下划线前缀。
- 异常名。

  因为异常应该就是类，所以也适用类的命名规范。不过假如异常确实是错误的话，就应该在异常名称后面加上 `Error` 后缀。
- 全局变量名。

  期望这些变量仅在一个模块内使用。命名规范与函数名大致相同。

  如果模块设计成由 `from M import *`方式调用的，那就应该利用`__all__`机制防止输出全局变量，或者利用旧版的规范为全局变量加上下划线前缀，以表示这些全局变量是模块非公有变量。
- 函数名。

  函数名应该为小写字母，必要时可以用下划线分隔单词，以提高可读性。

  只有在上下文中已经普遍使用的情况下，才允许使用混合大小写风格（mixedCase），如 threading.py，以实现向下兼容。
- 函数和方法的参数。

  始终用 `self` 作为实例方法的第一个参数。

  始终用 `cls` 作为类方法的第一个参数。

  如果函数参数的名称与保留关键字冲突，一般还是加一个下划线后缀为妙，而不要用缩写或拼写变形。因此，`print_`要优于 `prnt`。或许更好的方式是用同义词来避免这种冲突。
- 方法名和实例变量。

  采用函数命名规则：小写，必要时用下划线分隔单词，以提高可读性。

  只有非公有方法和实例变量才会用到单下划线前缀。

  为了避免与子类名冲突，请用双下划线前缀来应对 Python 的名称修饰（name-mangling）规则。Python 会用类名对这些名称进行修饰。如果类 `Foo` 具有名为`__a` 的属性，它就无法由 `Foo.__a` 访问。当然比较执着的用户，还可以通过调用 `Foo._Foo__a` 访问它。通常，如果类就是设计成要被继承的，那么仅当为了避免与类的属性名发生冲突，才会用到双下划线的前缀。

注意 关于双下划线前缀的使用尚存一定的争议（见下文）。

- 常量。

  常量通常在模块级别进行声明，并全部写成大写字母，单词间用下划线分隔，如 `MAX_OVERFLOW` 和 `TOTAL`。
- 继承关系的设计。

  类的方法和实例变量（统称为属性）到底是公有还是非公有的，这一点必须确定下来。

如果不能确定，请选择非公有的，后续可以转为公有属性，这比把公有属性转为非公有的要容易。

公有属性是希望能被类的无关调用者使用的成员变量，需要保证不会做出不向下兼容的修改。非公有属性是不打算被第三方使用的成员变量，不保证非公有属性不会修改甚至删除。这里没有使用术语“私有”（private），因为在 Python 中不存在真正的私有属性，也就不存在一些往往是不必要的工作量。

另一类属性包括作为子类 API 的属性，在其他语言中通常被称为受保护属性（protected）。某些类设计的初衷就是为了被继承的，或是要被扩展功能，或是要修改类的行为。在设计这种类时，请小心地做出明确的决断，明确哪些属性是公有的，哪些是子类 API 的一部分，哪些属性确实仅供基类使用。

有鉴于此，下面给出 Python 式风格的指导意见。

- 公有属性不应该带下划线前缀。
- 如果公有属性名与保留关键字冲突，请在属性名后面加上一个下划线后缀。这比缩写或变形拼写更为可取些。即便如此，`cls` 仍是已知为类的变量或参数的首选名称，特别是作为类方法的第一个参数时。

注意 参见上文中类方法参数的命名建议。

- 对于简单的公有数据属性而言，最好只公开属性的名称，而不要使用复杂的访问器/赋值器（mutator）方法。请记住，如果将来发现需要为简单数据属性增加功能，Python 提供了一种简单的升级途径。这时可以利用属性（property），将简单数据属性访问语法背后的功能实现隐藏起来。

注意 1 属性仅对新版中的类起作用。

注意 2 请尽量避免属性的功能带来的副作用，当然缓存之类的副作用通常是没问题的。

注意 3 请避免用属性进行计算成本较高的操作。属性的写法会让调用者相信，访问成本（相对）比较低廉。

- 如果类是用于继承的，并且有些属性不希望被子类使用，那么请考虑使用双下划线前缀且不带下划线后缀来进行命名。这会引发 Python 的名称修饰规则，于是类名将被修饰进入属性名当中。如果子类无意间也拥有名称相同的属性，这就有助于避免属性名称的冲突。

注意 1 在修饰后的名称中，只会用到比较简单的类名。因此如果子类同时采用相同的类名和属性名，那么仍然可能导致名称冲突。

注意 2 名称修饰可能会给某些操作带来不便，如调试和 `__getattr__()` 操作。但是名称修饰的算法有据可查，并且很容易手工执行。

注意 3 不是所有人都喜欢名称修饰行为。有时需要避免意外的命名冲突，有时也要考虑上层调用方的调用可能，请尽量做出权衡。

A.4.2 编程建议

代码的编写方式，应该是不会影响到其他 Python 应用的使用，如 PyPy、Jython、IronPython、Pyrex、Psyco 之类。

例如，不要依赖于 CPython 高效实现的字符串原地拼接，如 a+=b 或 a=a+b 这种语句。这类语句在 Jython 中运行会比较慢。在代码库的性能敏感部分，应该换用''.join()的形式。这将确保在各种应用中都能以线性时间进行字符串拼接。

与 None 这种单实例的比较，应该总是用 is 或 is not，请勿使用等于操作符。

另外，如果真实意思是 if x is not None，就要小心 if x 的写法。例如，在检测默认为 None 的变量或参数是否被设成其他值时，那个其他值可能是带有类型的，例如，是个容器类，在布尔上下文中值可能是 false!

请使用基于类的异常。

新写的代码中禁止使用字符串异常，因为 Python 2.6 中已删除了该语言特性。

模块或包应该自定义限定作用域的异常基类，其应为内置 Exception 类的子类。请务必添加类的文档字符串，例如：

```
class MessageError(Exception):
    """Base class for errors in the email package."""
```

此处适用类命名规范，但如果异常是个错误，则应为异常类名称加上 Error 后缀。非错误异常不需要特别的后缀。

要引发异常，请使用 raise ValueError('message')，而不要使用旧形式 raise ValueError,'message'。

推荐采用带括号的形式（paren-using），因为当异常的参数很长或包含字符串格式时，由于存在括号，就不需要用到行连接符了。旧形式在 Python 3 中已被删除。

捕获异常时，请尽可能指明具体的异常，而不要只用一条纯 except:子句。例如，应该使用：

```
try:
    import platform_specific_module
except ImportError:
    platform_specific_module = None
```

纯 except:子句会捕获 SystemExit 和 KeyboardInterrupt 异常，这会导致程序难以被 Ctrl+C 中断，还有可能将其他问题隐藏起来。如果需要捕获所有表示程序出错的异常，请使用 except Exception:。

有一种好的经验法则，就是将纯 except 子句的用途限制为以下两种情况。

- 假如异常处理程序会把跟踪信息（traceback）打印出来或记入日志，这样至少用户会意识到有错误发生了。
- 假如代码需要进行一些清理工作，但之后会让异常通过 raise 语句向上传播，那么这时更好的处理方式就是 try...finally。

此外，对于所有 try/except 子句，请限制 try 子句中的代码量，只保留必须要有的最少代码。这还可以避免将 bug 掩盖起来。

正确：

```
try:
    value = collection[key]
except KeyError:
    return key_not_found(key)
else:
    return handle_value(value)
```

错误：

```
try:            # 太过宽泛！
    return handle_value(collection[key])
except KeyError:                          <—— 还会捕获由 handle_value()引发的 KeyError
    return key_not_found(key)
```

要使用字符串对象的方法，而不是字符串模块。

字符串方法速度一定会快很多，并且与 Unicode 字符串共享相同的 API。如果需要与 Python 2.0 以下版本保持向下兼容性，忽略本条规则。

应使用''.startswith()和''.endswith()检查前缀或后缀，而不是使用字符串切片。

startswith()和 endswith()更加清晰，也更不容易出错。

正确：

```
if foo.startswith('bar'):
```

错误：

```
if foo[:3] == 'bar':
```

如果代码必须用于 Python 1.5.2，那是例外情况。但希望不要如此！

对象类型的比较应始终采用 isinstance()，而不是直接对类型进行比较。

正确：

```
if isinstance(obj, int):
```

错误：

```
if type(obj) is type(1):
```

如果要检查某个对象是否为字符串，请记住它有可能是 Unicode 字符串！在 Python 2.3 中，str 和 unicode 有一个共同的基类 basestring，所以可以执行以下操作：

```
if isinstance(obj, basestring):
```

在 Python 2.2 中，types 模块为此目的提供了 StringTypes 类型，例如：

```
from types import StringTypes
if isinstance(obj, StringTypes):
```

在 Python 2.0 和 2.1 中，应该写成以下这样：

```
from types import StringType, UnicodeType
if isinstance(obj, StringType) or \
   isinstance(obj, UnicodeType) :
```

对于字符串、列表、元组这些序列类型而言，请利用空序列为 False 的事实。

正确：

```
if not seq:        if seq:
```

错误：

```
if len(seq)        if not len(seq)
```

字符串字面量尾部的空白符并不可靠，请勿书写这种字符串。这种尾部的空白符难以在视觉上加以区分，有一些编辑器（或者最近的 reindent.py）会把这些空白符删除掉。

请勿用“==”将布尔值与 True 或 False 进行比较。

正确：

```
if greeting:
```

错误：

```
if greeting == True:
```

更加错误：

```
if greeting is True:
```

版权——本文档已于公共领域公开。

A.4.3 Python 风格的其他指南

虽然 PEP 8 仍然是最具影响力的 Python 风格指南，但其他可选的指南还是有的。一般而言，这些指南与 PEP 8 并不矛盾，但它们对如何让代码具备 Python 式风格，给出了更多示例和更全面的论证。*The Elements of Python Style* 就是一个不错的选择，另一个比较有用的指南就是 Kenneth Reitz 和 Tanya Schlusser 的 *The Hitchhiker's Guide to Python*。

随着 Python 语言和程序员技能的不断发展，肯定会有其他指南出现。在新的指南出台时，鼓励大家去充分利用，但一开始必须遵守 PEP 8。

A.5 Python 之禅

以下是 PEP 20 的内容，也称作“Python 之禅”，这是一种对 Python 理念略带诙谐的表述。除了位于 Python 文档之中，Python 之禅还是 Python 解释器中的复活节彩蛋。在交互式提示符下键入 import this 就能看到。

Tim Peters 一直是 Python 的先驱者（Pythoneer），他将 BDFL[①]（Benevolent Dictator for Life）的 Python 设计指导原则简洁地归纳为 20 句格言，其中只有 19 句被记录了下来。

Python 之禅

优美胜于丑陋。（Beautiful is better than ugly.）

明确胜于隐晦。（Explicit is better than implicit.）

简单胜于复杂。（Simple is better than complex.）

复杂胜于凌乱。（Complex is better than complicated.）

平直胜于嵌套。（Flat is better than nested.）

稀疏胜于稠密。（Sparse is better than dense.）

注重可读性。（Readability counts.）

特殊不足以违背规则。（Special cases aren't special enough to break the rules.）

虽然实用性胜于纯粹。（Although practicality beats purity.）

错误不应默默放过。（Errors should never pass silently.）

除非明确表示沉默。（Unless explicitly silenced.）

面对疑惑，勿作猜测。（In the face of ambiguity, refuse the temptation to guess.）

明显的方案会有一种，最佳方案也只有一种。（There should be one—and preferably only one—obvious way to do it.）

虽然起初方案并不明显，除非你是荷兰人[②]。（Although that way may not be obvious at first unless you're Dutch.）

现在动手好过什么都不做。（Now is better than never.）

虽然仓促上手但往往不如不做。（Although never is often better than *right* now.）

难以解释的方案一定很糟。（If the implementation is hard to explain, it's a bad idea.）

易于解释的方案或许可行。（If the implementation is easy to explain, it may be a good idea.）

命名空间是一种绝妙的理念，多多益善。（Namespaces are one honking great idea—let's do more of those!）

版权——本文档已于公共领域公开。

---

① BDFL 指 Python 之父 Guido van Rossum。——译者注

② Python 之父 Guido 本人为荷兰人。——译者注